개념 BOOK

구성과 특징

BOOK ①

교과서 개념 마스터

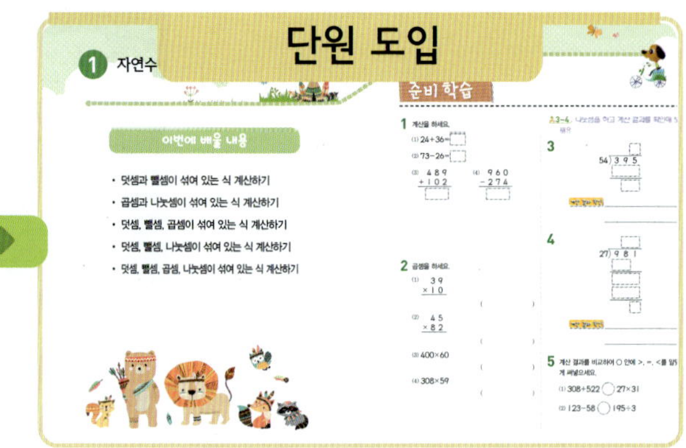

BOOK ②

실력 마스터

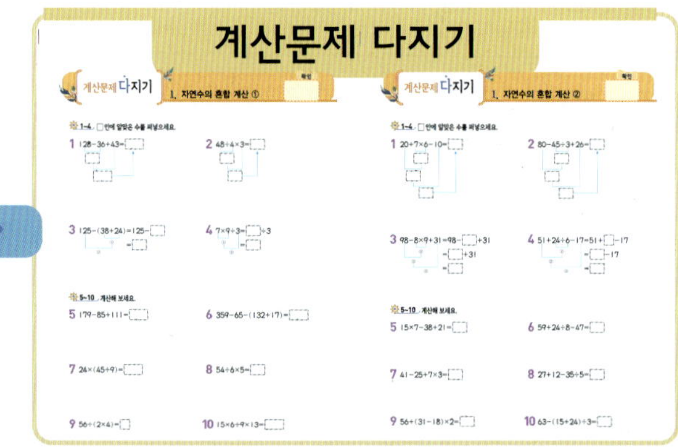

BOOK ③

익힘 마스터

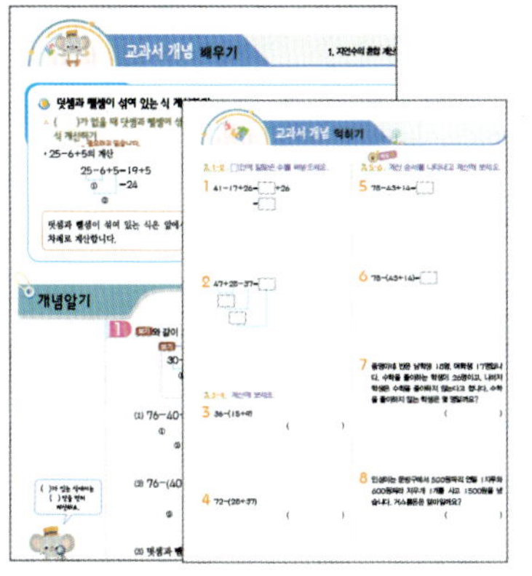

교과서 개념 배우고 익히기

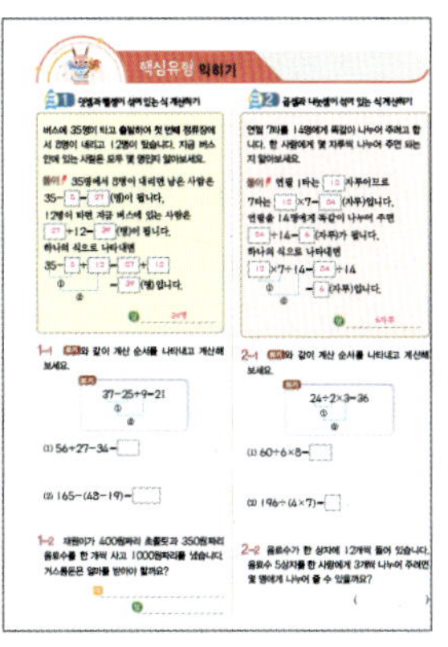

핵심 유형 익히기

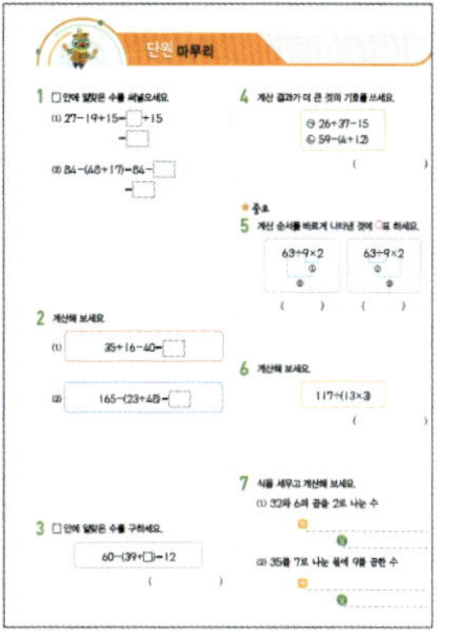

단원 마무리

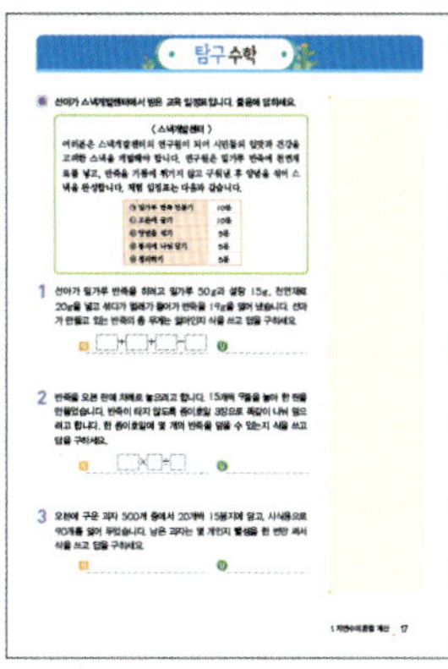

탐구수학

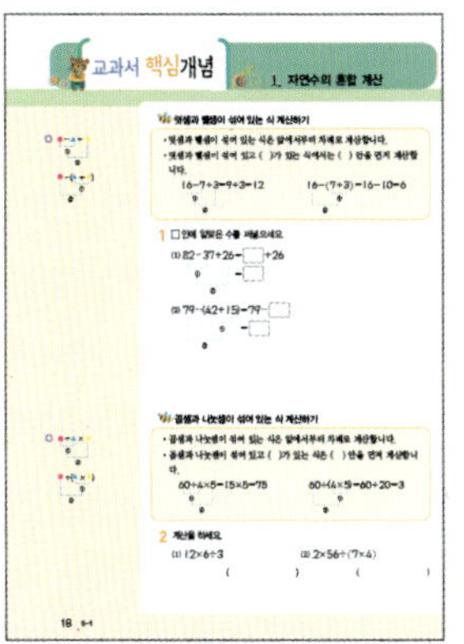

교과서 핵심 개념

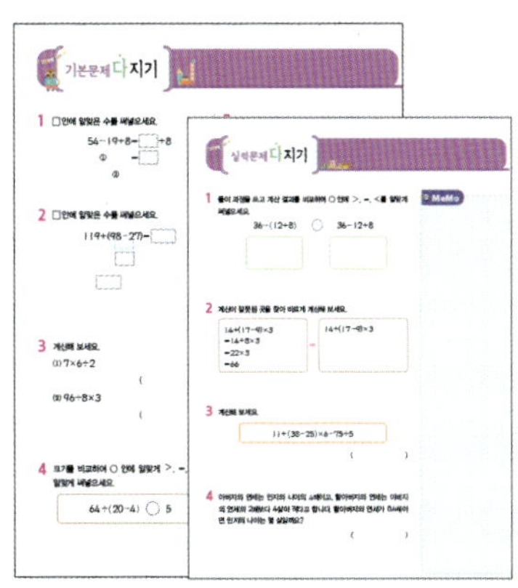

기본문제 실력문제 다지기

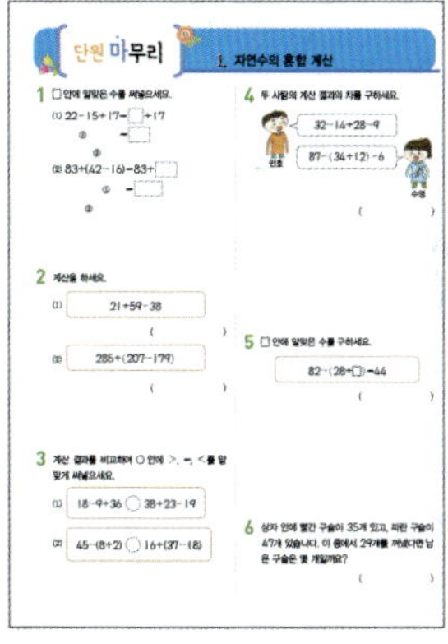

단원 마무리

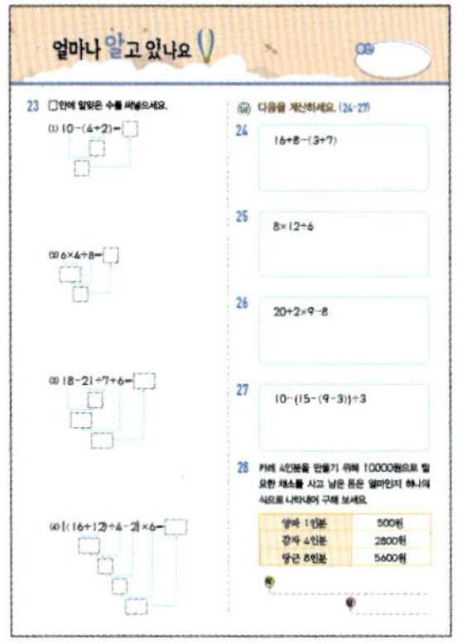

얼마나 알고 있나요

「교과서 개념 마스터」로 개념 잡고
「실력 마스터」로 유형잡고
「익힘 마스터」로 수학 잡자!

교과서 개념 마스터

차례

5-1

1 자연수의 혼합 계산

이번에 배울 내용

- 덧셈과 뺄셈이 섞여 있는 식 계산하기
- 곱셈과 나눗셈이 섞여 있는 식 계산하기
- 덧셈, 뺄셈, 곱셈이 섞여 있는 식 계산하기
- 덧셈, 뺄셈, 나눗셈이 섞여 있는 식 계산하기
- 덧셈, 뺄셈, 곱셈, 나눗셈이 섞여 있는 식 계산하기

준비 학습

1 계산을 하세요.

(1) $24+36=\boxed{}$

(2) $73-26=\boxed{}$

(3)
$$\begin{array}{r} 4\,8\,9 \\ +\,1\,0\,2 \\ \hline \end{array}$$

(4)
$$\begin{array}{r} 9\,6\,0 \\ -\,2\,7\,4 \\ \hline \end{array}$$

2 곱셈을 하세요.

(1)
$$\begin{array}{r} 3\,9 \\ \times\,1\,0 \\ \hline \end{array}$$

(　　　　　)

(2)
$$\begin{array}{r} 4\,5 \\ \times\,8\,2 \\ \hline \end{array}$$

(　　　　　)

(3) 400×60

(　　　　　)

(4) 308×59

(　　　　　)

3~4 나눗셈을 하고 계산 결과를 확인해 보세요.

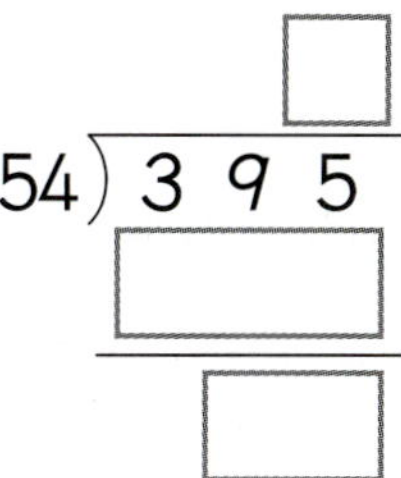

3

$$54\overline{)395}$$

계산 결과 확인 ______________________

____

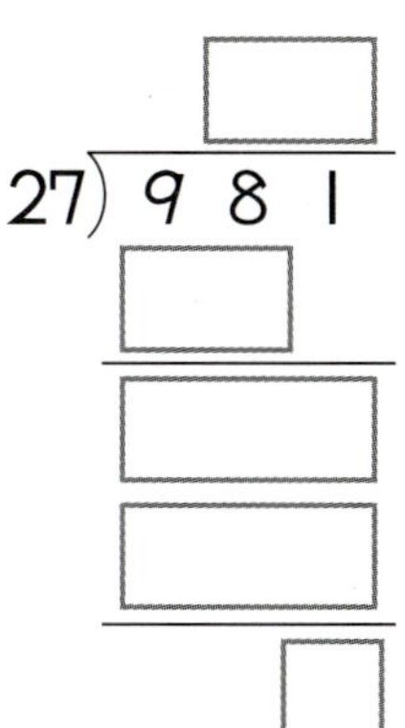

4

$$27\overline{)981}$$

계산 결과 확인 ______________________

____

5 계산 결과를 비교하여 ○ 안에 >, =, <를 알맞게 써넣으세요.

(1) $308+522 \bigcirc 27\times31$

(2) $123-58 \bigcirc 195\div3$

덧셈과 뺄셈이 섞여 있는 식 계산하기

* ( )가 없을 때 덧셈과 뺄셈이 섞여 있는 식 계산하기
  → 괄호라고 읽습니다.

  · 25−6+5의 계산

  $$25-6+5=19+5$$
  $$①$$
  $$②=24$$

  덧셈과 뺄셈이 섞여 있는 식은 앞에서부터 차례로 계산합니다.

* ( )가 있을 때 덧셈과 뺄셈이 섞여 있는 식 계산하기

  · 25−(6+5)의 계산

  $$25-(6+5)=25-11$$
  $$①$$
  $$②=14$$

  덧셈과 뺄셈이 섞여 있고 ( )가 있는 식 에서는 ( ) 안을 먼저 계산합니다.

개념알기

1 보기와 같이 계산 순서를 보고 □ 안에 알맞은 수나 말을 써넣으세요.

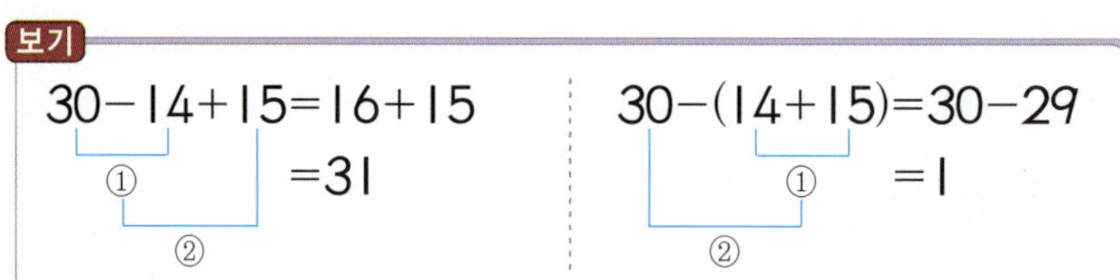

(1) $76-40+23=\boxed{}+23$
$$①$$
$$②=\boxed{}$$

(2) $76-(40+23)=76-\boxed{}$
$$①$$
$$②=\boxed{}$$

(3) 덧셈과 뺄셈이 섞여 있는 식은 $\boxed{}$ 에서부터 차례로 계산합니다.

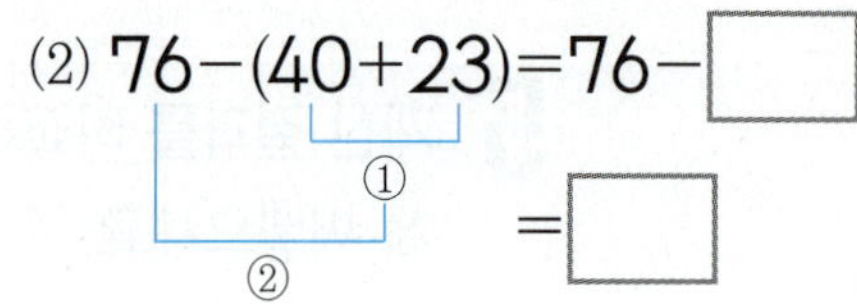

1~2 □ 안에 알맞은 수를 써넣으세요.

1 $41-17+26=$ □ $+26$

  $=$ □

2 $47+28-37=$ □

5~6 계산 순서를 나타내고 계산해 보세요.

5 $78-43+14=$ □

6 $78-(43+14)=$ □

3~4 계산해 보세요.

3 $36-(15+9)$

( )

4 $72-(28+37)$

( )

7 종명이네 반은 남학생 18명, 여학생 17명입니다. 수학을 좋아하는 학생이 26명이고, 나머지 학생은 수학을 좋아하지 않는다고 합니다. 수학을 좋아하지 <u>않는</u> 학생은 몇 명일까요?

( )

8 민성이는 문방구에서 500원짜리 연필 1자루와 600원짜리 지우개 1개를 사고 1500원을 냈습니다. 거스름돈은 얼마일까요?

( )

곱셈과 나눗셈이 섞여 있는 식 계산하기

♣ ( )가 없을 때 곱셈과 나눗셈이 섞여 있는 식 계산하기

· $24 \div 4 \times 3$의 계산

$$24 \div 4 \times 3 = 6 \times 3$$
① ② $= 18$

> 곱셈과 나눗셈이 섞여 있는 식은 앞에서부터 차례로 계산합니다.

♣ ( )가 있을 때 곱셈과 나눗셈이 섞여 있는 식 계산하기

· $24 \div (4 \times 3)$의 계산

$$24 \div (4 \times 3) = 24 \div 12$$
① ② $= 2$

> 곱셈과 나눗셈이 섞여 있고 ( )가 있는 식에서는 ( ) 안을 먼저 계산합니다.

개념알기

1 보기와 같이 계산 순서를 보고 □ 안에 알맞은 수나 말을 써넣으세요.

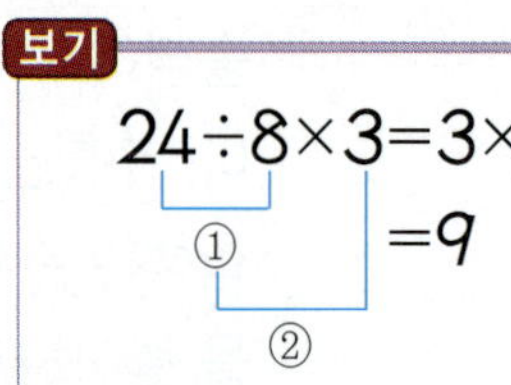

보기

$$24 \div 8 \times 3 = 3 \times 3$$
① ② $= 9$

$$24 \div (8 \times 3) = 24 \div 24$$
① ② $= 1$

(1) $36 \div 3 \times 4 = \boxed{} \times 4$
① ② $= \boxed{}$

(2) $36 \div (3 \times 4) = 36 \div \boxed{}$
① ② $= \boxed{}$

(3) 곱셈과 나눗셈이 섞여 있는 식은 $\boxed{}$ 에서부터 차례로 계산합니다.

1 □ 안에 알맞은 수를 써넣으세요.

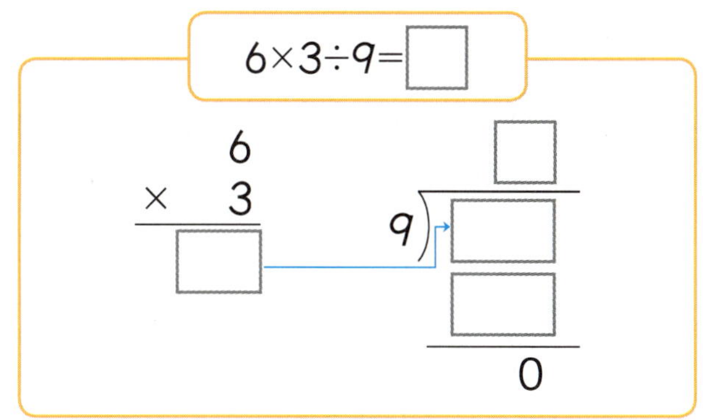

$6 \times 3 \div 9 = \square$

2~3 □ 안에 알맞은 수를 써넣으세요.

2 $4 \times 3 \div 6 = \square \div 6$
$ = \square$

3 $12 \div (2 \times 2) = 12 \div \square$
$ = \square$

4 다음은 <u>잘못된</u> 계산입니다. 계산을 바르게 하세요.

$$24 \div 4 \times 2 = 24 \div 8$$
$$= 3$$

(   )

5~6 계산 순서를 나타내고 계산해 보세요.

5 $150 \div 5 \times 6$

(   )

6 $150 \div (5 \times 6)$

(   )

7 정재네 농장에서는 어제 감자를 $96\,\text{kg}$ 캤습니다. 이 감자들을 8자루에 똑같이 나누어 담았습니다. 그중 3자루에 담은 감자는 모두 몇 kg일까요?

(   )

8 같은 크기의 오븐 하나에는 빵을 3개씩 5줄로 넣을 수 있습니다. 빵 45개를 한 번에 구울 때 필요한 오븐은 몇 대일까요?

(   )

🔵 덧셈, 뺄셈, 곱셈이 섞여 있는 식 계산하기, 덧셈, 뺄셈, 나눗셈이 섞여 있는 식 계산하기

덧셈, 뺄셈, 곱셈이 섞여 있는 식 계산하기

- 덧셈, 뺄셈, 곱셈이 섞여 있는 식은 곱셈을 먼저 계산하고 앞에서부터 차례로 계산합니다.

- $15+4\times7-6$의 계산

$$15+4\times7-6=15+28-6$$
$$=43-6$$
$$=37$$

- $15+4\times(7-6)$의 계산

$$15+4\times(7-6)=15+4\times1$$
$$=15+4$$
$$=19$$

> 덧셈, 뺄셈, 곱셈이 섞여 있는 식은 곱셈을 먼저 계산하고, (　　)가 있으면 (　　) 안을 가장 먼저 계산합니다.

덧셈, 뺄셈, 나눗셈이 섞여 있는 식 계산하기

- 덧셈, 뺄셈, 나눗셈이 섞여 있는 식은 나눗셈을 먼저 계산하고 앞에서부터 차례로 계산합니다.

- $24-8\div4+6$의 계산

$$24-8\div4+6=24-2+6$$
$$=22+6$$
$$=28$$

- $(24-8)\div4+6$의 계산

$$(24-8)\div4+6=16\div4+6$$
$$=4+6$$
$$=10$$

> 덧셈, 뺄셈, 나눗셈이 섞여 있는 식은 나눗셈을 먼저 계산하고, (　　)가 있으면 (　　) 안을 가장 먼저 계산합니다.

개념알기

1 □ 안에 알맞은 말을 써넣으세요.

(1) 덧셈, 뺄셈, 곱셈이 섞여 있는 식은 □ 을 먼저 계산합니다.

(2) 덧셈, 뺄셈, 나눗셈이 섞여 있는 식은 □ 을 먼저 계산합니다.

1~2 □ 안에 알맞은 수를 써넣으세요.

1 98−27×2=□

2 (98−27)×2=□

3~4 □ 안에 알맞은 수를 써넣으세요.

3 26+6×4−18=26+□−18
  = □−18
  = □

4 52−60÷3−7=52−□−7
  = □−7
  = □

5~6 계산해 보세요.

5 19+4×3

( )

6 56−12÷3

( )

7 용준이는 색종이를 40장 가지고 있었습니다. 그중에서 오늘 5장씩 3묶음을 사용했고, 8장을 더 샀습니다. 현재 용준이가 가지고 있는 색종이는 몇 장일까요?

( )

8 감자를 민영이는 하루에 36 kg, 은영이는 이틀에 70 kg, 종국이는 하루에 45 kg을 캤습니다. 민영이와 은영이가 하루에 캔 감자의 양은 종국이가 하루에 캔 감자의 양보다 몇 kg 더 많을까요?

식 ____________________

답 ____________________

덧셈, 뺄셈, 곱셈, 나눗셈이 섞여 있는 식 계산하기

( )가 없을 때 덧셈, 뺄셈, 곱셈, 나눗셈이 섞여 있는 식 계산하기

- $12 \times 4 - 8 + 32 \div 4$의 계산

$$12 \times 4 - 8 + 32 \div 4 = 48 - 8 + 32 \div 4$$
$$= 48 - 8 + 8$$
$$= 48$$

> 덧셈, 뺄셈, 곱셈, 나눗셈이 섞여 있는 식은 곱셈과 나눗셈을 먼저 계산합니다.

( )가 있을 때 덧셈, 뺄셈, 곱셈, 나눗셈이 섞여 있는 식 계산하기

- $12 \times 4 - (8 + 32) \div 4$의 계산

$$12 \times 4 - (8 + 32) \div 4 = 12 \times 4 - 40 \div 4$$
$$= 48 - 10$$
$$= 38$$

> 덧셈, 뺄셈, 곱셈, 나눗셈이 섞여 있는 식은 곱셈과 나눗셈을 먼저 계산하고, ( )가 있으면 ( ) 안을 가장 먼저 계산합니다.

개념알기

1 보기와 같이 계산 순서를 보고 □ 안에 알맞은 수를 써넣으세요.

보기
$$20 \div 5 + 3 \times 4 - 9 = 4 + 3 \times 4 - 9$$
$$= 4 + 12 - 9$$
$$= 16 - 9$$
$$= 7$$

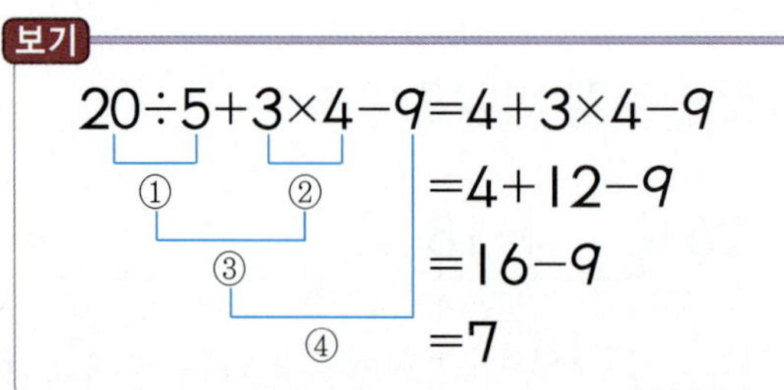

(1) $47 - 3 \times 7 + 36 \div 9 = 47 - \square + 36 \div 9$
$$= 47 - \square + \square$$
$$= \square + \square$$
$$= \square$$

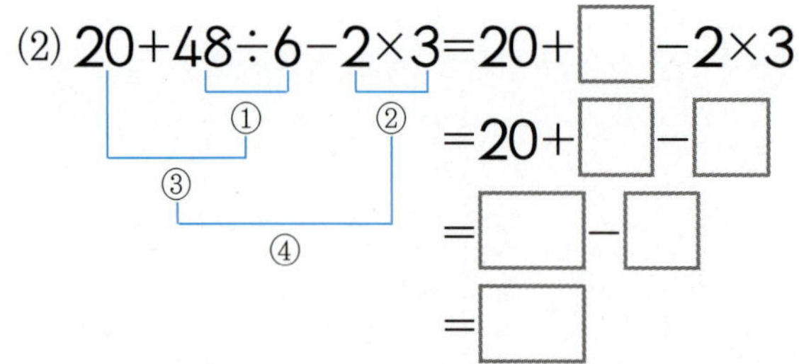

(2) $20 + 48 \div 6 - 2 \times 3 = 20 + \square - 2 \times 3$
$$= 20 + \square - \square$$
$$= \square - \square$$
$$= \square$$

1~2 □ 안에 알맞은 수를 써넣으세요.

1 $2 \times 15 - 9 \div 3 + 16 = \boxed{}$

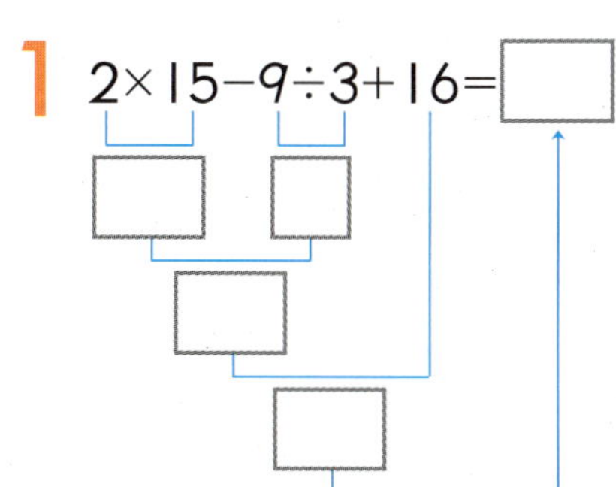

2 $2 \times (15 - 9) \div 3 + 16 = \boxed{}$

3~4 계산해 보세요.

3 $4 \times 9 + 36 \div 6 - 19$

( )

4 $57 + 45 \div 9 - 8 \times 6$

( )

5~6 계산해 보세요.

5 $8 \times 6 + 15 \div (7 - 2)$

( )

6 $72 \div 3 + (140 - 8) \times 3$

( )

7 계산 결과를 비교하여 ○ 안에 >, =, <를 알맞게 써넣으세요.

$2 \times 16 - 54 \div 9 \ \bigcirc \ 37 + 6 \div 3 - 8 \times 2$

8 사과 2개의 값은 840원, 귤 3개의 값은 540원입니다. 사과 1개와 귤 8개의 값은 모두 얼마일까요?

( )

 **1** 덧셈과 뺄셈이 섞여 있는 식 계산하기

버스에 35명이 타고 출발하여 첫 번째 정류장에서 8명이 내리고 12명이 탔습니다. 지금 버스 안에 있는 사람은 모두 몇 명인지 알아보세요.

풀이 35명에서 8명이 내리면 남은 사람은
$35 - \boxed{8} = \boxed{27}$ (명)이 됩니다.
12명이 타면 지금 버스에 있는 사람은
$\boxed{27} + 12 = \boxed{39}$ (명)이 됩니다.
하나의 식으로 나타내면
$35 - \boxed{8} + \boxed{12} = \boxed{27} + \boxed{12}$
①
②
$= \boxed{39}$ (명)입니다.

답 39명

1-1 보기와 같이 계산 순서를 나타내고 계산해 보세요.

보기
$37 - 25 + 9 = 21$
①
②

(1) $56 + 27 - 34 = \boxed{}$

(2) $165 - (48 - 19) = \boxed{}$

1-2 재원이가 400원짜리 초콜릿과 350원짜리 음료수를 한 개씩 사고 1000원짜리를 냈습니다. 거스름돈은 얼마를 받아야 할까요?

식

답

 **2** 곱셈과 나눗셈이 섞여 있는 식 계산하기

연필 7타를 14명에게 똑같이 나누어 주려고 합니다. 한 사람에게 몇 자루씩 나누어 주면 되는지 알아보세요.

풀이 연필 1타는 $\boxed{12}$ 자루이므로
7타는 $\boxed{12} \times 7 = \boxed{84}$ (자루)입니다
연필을 14명에게 똑같이 나누어 주면
$\boxed{84} \div 14 = \boxed{6}$ (자루)가 됩니다.
하나의 식으로 나타내면
$\boxed{12} \times 7 \div 14 = \boxed{84} \div 14$
①
②
$= \boxed{6}$ (자루)입니다.

답 6자루

2-1 보기와 같이 계산 순서를 나타내고 계산해 보세요.

보기
$24 \div 2 \times 3 = 36$
①
②

(1) $60 \div 6 \times 8 = \boxed{}$

(2) $196 \div (4 \times 7) = \boxed{}$

2-2 음료수가 한 상자에 12개씩 들어 있습니다. 음료수 5상자를 한 사람에게 3개씩 나누어 주려면 몇 명에게 나누어 줄 수 있을까요?

( )

3 덧셈, 뺄셈, 곱셈이 섞여 있는 식 계산하기

태현이네 반 학생 38명은 11명씩 2팀으로 나누어 축구를 하고 나머지는 다른 반 학생 8명과 함께 피구를 하였습니다. 피구를 한 학생은 모두 몇 명인지 알아보세요.

풀이 태현이네 반 학생 중에서 축구를 한 학생은 $\boxed{11} \times 2 = \boxed{22}$ (명)입니다.

태현이네 반 학생 중에서 피구를 한 학생은 $38 - \boxed{22} = \boxed{16}$ (명)입니다.

피구를 한 학생은 모두 $\boxed{16} + 8 = \boxed{24}$ (명)입니다.

하나의 식으로 나타내면
$$38 - \boxed{11} \times 2 + 8 = 38 - \boxed{22} + 8$$
$$= \boxed{16} + 8 = \boxed{24} \text{(명)입니다.}$$

답 _____24명_____

3-1 보기와 같이 계산 순서를 나타내고 계산해 보세요.

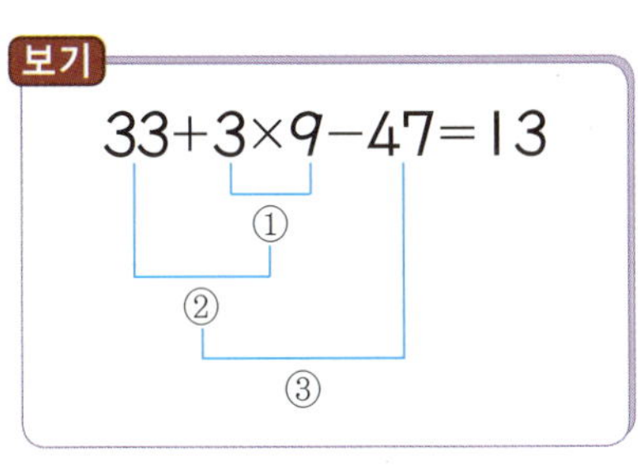

$$6 + 20 \times 4 - 15 = \boxed{}$$

3-2 펜 3자루와 300원짜리 지우개 5개를 샀더니 4800원이었습니다. 펜 3자루의 값은 얼마일까요?

(   )

4 덧셈, 뺄셈, 곱셈, 나눗셈이 섞여 있는 식 계산하기

미정이가 과일 가게에서 사과 3개와 귤 10개를 사려고 합니다. 사과는 1개에 1200원이고 귤은 20개에 5000원일 때 미정이가 내야 할 돈은 얼마인지 알아보세요.

풀이 미정이가 사려고 하는 과일은 사과 3개와 귤 10개입니다.

사과는 1개에 1200원이므로 사과 3개의 가격은 $1200 \times \boxed{3} = \boxed{3600}$ (원)입니다.

귤은 20개에 5000원이므로 귤 10개의 가격은 $5000 \div \boxed{2} = \boxed{2500}$ (원)입니다.

하나의 식으로 나타내면
$$1200 \times \boxed{3} + 5000 \div \boxed{2}$$
$$= \boxed{3600} + 5000 \div \boxed{2}$$
$$= \boxed{3600} + \boxed{2500} = \boxed{6100} \text{(원)입니다.}$$

답 _____6100원_____

4-1 계산 순서에 맞게 □ 안에 알맞은 수를 써넣으세요.

$$50 - 56 \div 7 + 3 \times 5 = 50 - \boxed{} + 3 \times 5$$
$$= 50 - \boxed{} + \boxed{}$$
$$= \boxed{} + \boxed{}$$
$$= \boxed{}$$

4-2 ○ 안에 >, =, <를 알맞게 써넣으세요.

$$7 \times 5 - 42 \div 7 + 11 \;\bigcirc\; 3 \times (36 - 14) \div 2$$

1 □ 안에 알맞은 수를 써넣으세요.

(1) $27-19+15=$ □ $+15$

　　　　　　　$=$ □

(2) $84-(48+17)=84-$ □

　　　　　　　　　　$=$ □

2 계산해 보세요.

(1) $35+16-40=$ □

(2) $165-(23+48)=$ □

3 □ 안에 알맞은 수를 구하세요.

$60-(39+$□$)=12$

(　　　　　　)

4 계산 결과가 더 큰 것의 기호를 쓰세요.

㉠ $26+37-15$
㉡ $59-(4+12)$

(　　　　　　)

★중요

5 계산 순서를 바르게 나타낸 것에 ○표 하세요.

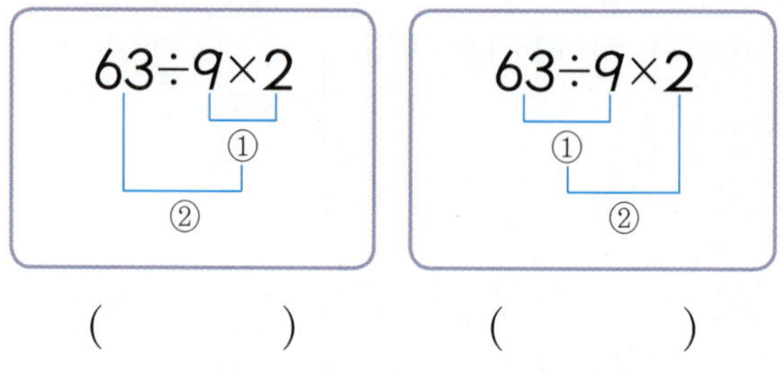

(　　　　　)　　　(　　　　　)

6 계산해 보세요.

$117÷(13×3)$

(　　　　　　)

7 식을 세우고 계산해 보세요.

(1) 32와 6의 곱을 2로 나눈 수

식 ______________________

답 ______________________

(2) 35를 7로 나눈 몫에 9를 곱한 수

식 ______________________

답 ______________________

8 계산 결과를 보고 ○ 안에 >, =, <를 알맞게 써넣으세요.

$$75 \div (5 \times 5) \bigcirc 45 \div 3 \times 5$$

9 관계있는 것끼리 이어 보세요.

$12 \times 9 \div 6$ ・　　　・ 46

$72 - (39 + 17)$ ・　　　・ 16

$90 - (102 - 58)$ ・　　　・ 18

10 계산 순서에 따라 □ 안에 알맞은 수를 써넣으세요.

(1) $18 + 3 \times 4 - 6 = 18 + \boxed{} - 6$
　　　　　　　　　　　　$= \boxed{} - 6$
　　　　　　　　　　　　$= \boxed{}$

(2) $128 - 17 \times (5 - 2) = 128 - 17 \times \boxed{}$
　　　　　　　　　　　　　$= 128 - \boxed{}$
　　　　　　　　　　　　　$= \boxed{}$

11 계산해 보세요.

(1) $63 - 9 \times 5 + 27$

（　　　　　　）

(2) $13 \times 4 - 11 \times 3$

（　　　　　　）

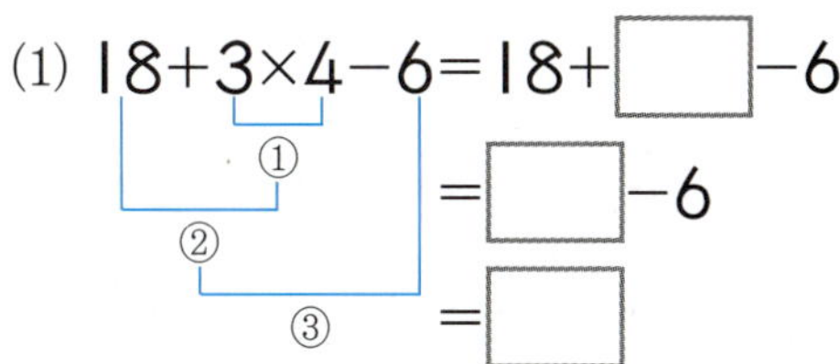

12 효정이는 빨간색 색종이 25장씩 2묶음과 노란색 색종이 9장씩 4묶음을 가지고 있었습니다. 그중에서 동생에게 20장을 주었다면 남은 색종이는 몇 장인지 풀이 과정을 쓰고 답을 구하세요.

풀이 과정

답

13 가장 먼저 계산해야 하는 부분에 ○표 하세요.

(1) $96 \div 12 - 4$

(2) $96 \div (12 - 4)$

14 계산 순서에 따라 □ 안에 알맞은 수를 써넣으세요.

$$40-20\div5+17=40-\boxed{}+17$$
$$=\boxed{}+17$$
$$=\boxed{}$$

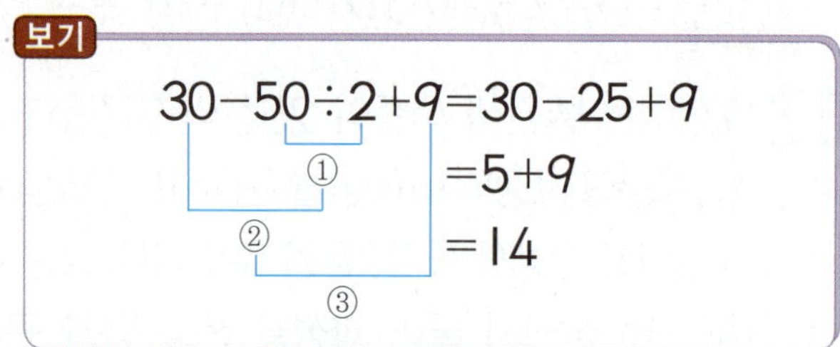

◈적중

15~16 보기 와 같이 계산 순서를 나타내고 □ 안에 알맞은 수를 써넣으세요.

> **보기**
>
> $$30-50\div2+9=30-25+9$$
> $$=5+9$$
> $$=14$$

15 $91-84\div7=91-\boxed{}$
$$=\boxed{}$$

16 $35+20\div(9-4)=35+20\div\boxed{}$
$$=35+\boxed{}$$
$$=\boxed{}$$

17 가장 먼저 계산해야 하는 것은 어느 것인가요?
··· ( )

> $$75-8\times(5+7)\div6+9$$

① $75-8$ ② 8×5 ③ $5+7$
④ $7\div6$ ⑤ $6+9$

18 계산해 보세요.

(1) $5\times6-72\div3+9$

( )

(2) $24+(60-18)\div6\times8$

( )

19 계산 순서에 따라 □ 안에 알맞은 수를 써넣으세요.

(1) $74-6\times8+60\div4=74-\boxed{}+60\div4$
$$=74-\boxed{}+\boxed{}$$
$$=\boxed{}+\boxed{}$$
$$=\boxed{}$$

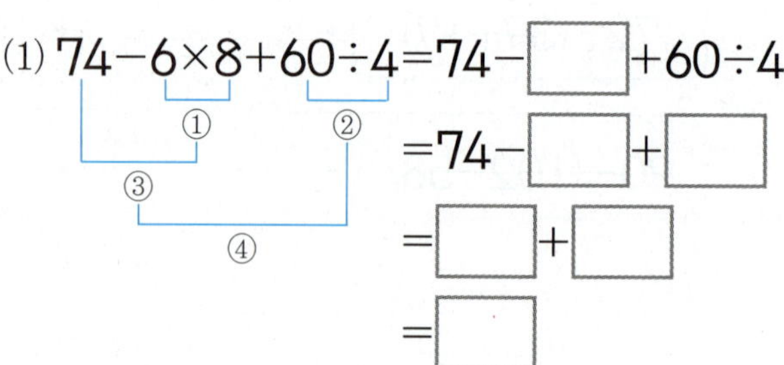

(2) $(40-28)\div2\times4+19=\boxed{}\div2\times4+19$
$$=\boxed{}\times4+19$$
$$=\boxed{}+\boxed{}$$
$$=\boxed{}$$

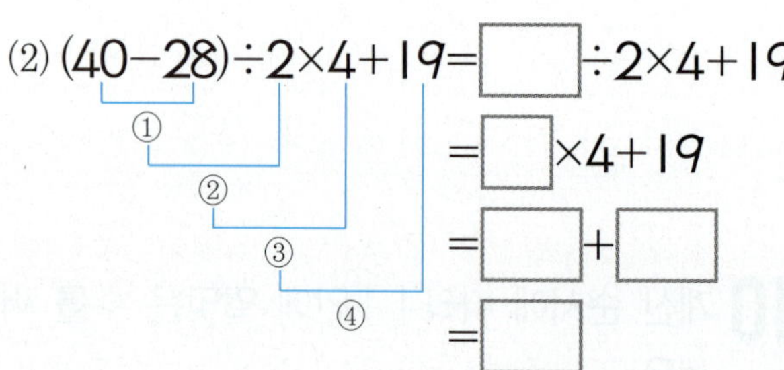

❋ 앗 주의! ( )안을 먼저 계산한다는 것을 생각해서 기호를 넣어 보아요.

20 $+$, $-$, $\times$, $\div$의 기호를 사용하여 등식이 성립하도록 ○ 안에 알맞게 써넣으세요.

> $$2\bigcirc(9\bigcirc5)=8$$

● 선아가 스낵개발센터에서 받은 교육 일정표입니다. 물음에 답하세요.

〈 스낵개발센터 〉

여러분은 스낵개발센터의 연구원이 되어 시민들의 입맛과 건강을 고려한 스낵을 개발해야 합니다. 연구원은 밀가루 반죽에 천연재료를 넣고, 반죽을 기름에 튀기지 않고 구워낸 후 양념을 섞어 스낵을 완성합니다. 체험 일정표는 다음과 같습니다.

㉠ 밀가루 반죽 만들기	10분
㉡ 오븐에 굽기	10분
㉢ 양념을 섞기	5분
㉣ 봉지에 나눠 담기	5분
㉤ 정리하기	5분

1 선아가 밀가루 반죽을 하려고 밀가루 50 g과 설탕 15 g, 천연재료 20 g을 넣고 섞다가 벌레가 들어가 반죽을 19 g을 덜어 냈습니다. 선아가 만들고 있는 반죽의 총 무게는 얼마인지 식을 쓰고 답을 구하세요.

식 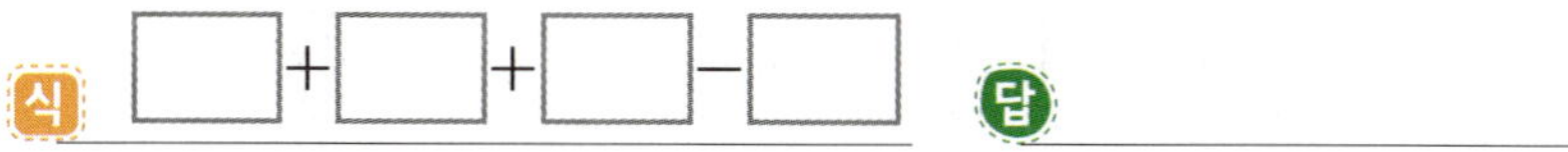 답

2 반죽을 오븐 판에 차례로 놓으려고 합니다. 15개씩 9줄을 놓아 한 판을 만들었습니다. 반죽이 타지 않도록 종이호일 3장으로 똑같이 나눠 덮으려고 합니다. 한 종이호일에 몇 개의 반죽을 덮을 수 있는지 식을 쓰고 답을 구하세요.

식 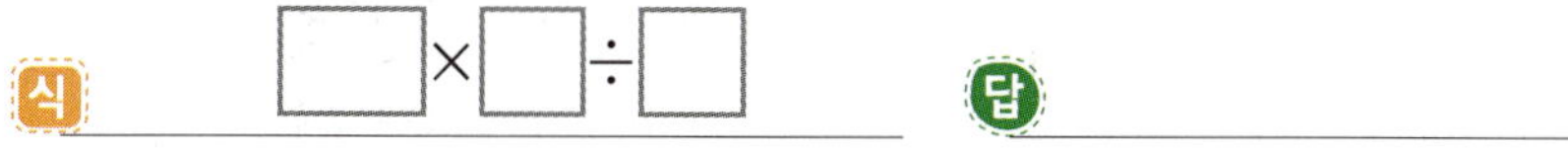 답

3 오븐에 구운 과자 500개 중에서 20개씩 15봉지에 담고, 시식용으로 90개를 덜어 두었습니다. 남은 과자는 몇 개인지 뺄셈을 한 번만 써서 식을 쓰고 답을 구하세요.

식   답

2 약수와 배수

이번에 배울 내용

- 약수와 배수 찾아보기

- 곱을 이용하여 약수와 배수의 관계 알아보기

- 공약수와 최대공약수 구하기

- 최대공약수 구하는 방법 알아보기

- 공배수와 최소공배수 구하기

- 최소공배수 구하는 방법 알아보기

준비 학습

1 빈칸에 알맞은 수를 써넣으세요.

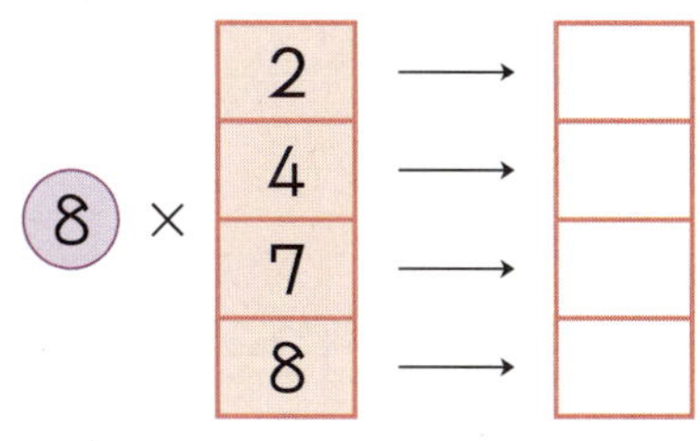

2 □ 안에 알맞은 수를 써넣으세요.

$$\boxed{} \times 18 = 18$$

$$2 \times \boxed{} = 18$$

$$3 \times \boxed{} = 18$$

3 그림을 보고 □ 안에 알맞은 수를 써넣으세요.

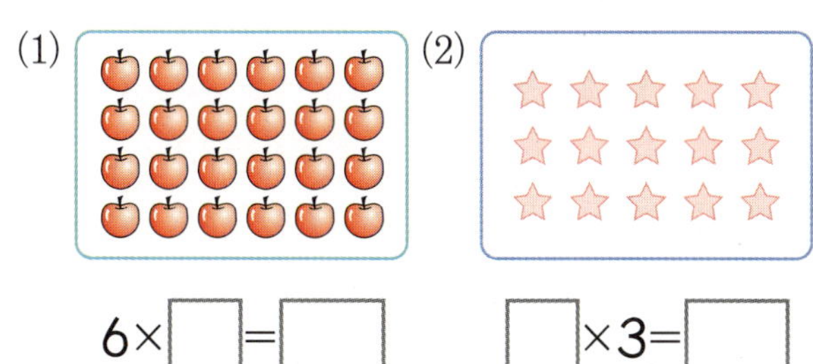

(1) $6 \times \boxed{} = \boxed{}$ (2) $\boxed{} \times 3 = \boxed{}$

4 □ 안에 알맞은 수를 써넣으세요.

$$36 \div 1 = 36$$

$$36 \div 2 = \boxed{}$$

$$36 \div 3 = \boxed{}$$

$$36 \div \boxed{} = 9$$

$$36 \div \boxed{} = \boxed{}$$

5 나눗셈식으로 쓰세요.

> 36에서 4씩 9를 덜어 내면 0이 됩니다.

(   )

6 곱셈식을 보고 2개의 나눗셈식으로 나타내어 보세요.

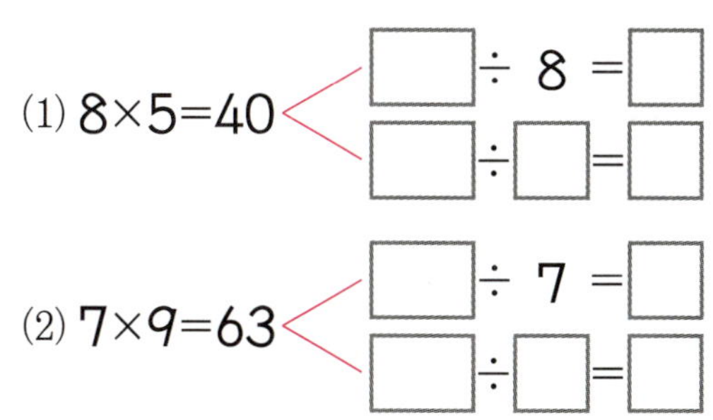

(1) $8 \times 5 = 40$

(2) $7 \times 9 = 63$

약수와 배수 찾아보기, 곱을 이용하여 약수와 배수의 관계 알아보기

약수 찾아보기

어떤 수의 약수에 1과 어떤 수 자신은 항상 포함됩니다.

• 6의 약수 구하기

$$6 \div 1 = 6 \qquad 6 \div 2 = 3$$
$$6 \div 3 = 2 \qquad 6 \div 6 = 1$$

└── 6의 약수 ──┘

8을 나누어떨어지게 하는 수를 8의 약수라고 합니다. 1, 2, 4, 8은 8의 약수입니다.
어떤 수를 나누어떨어지게 하는 수를 그 수의 약수라고 합니다.

배수 찾아보기

• 5의 배수 구하기

5를 1배 한 수 ➡ 5×1= 5
5를 2배 한 수 ➡ 5×2= 10   ⎬ 5의 배수
5를 3배 한 수 ➡ 5×3= 15

5를 1배, 2배, 3배……한 수를 5의 배수라고 합니다.
5, 10, 15……는 5의 배수입니다.
어떤 수를 1배, 2배, 3배……한 수를 그 수의 배수라고 합니다.

배수와 약수의 관계

┌──────── 12의 약수 ────────┐

$$12 = 1 \times 12 \qquad 12 = 4 \times 3$$
$$12 = 2 \times 6 \qquad 12 = 2 \times 2 \times 3$$

1, 2, 3, 4, 6, 12의 배수

• 1, 2, 3, 4, 6, 12는 12의 약수입니다.
• 12는 1, 2, 3, 4, 6, 12의 배수입니다.

➡ 12=2×6에서 12는 2와 6의 배수이고, 2와 6은 12의 약수입니다.

개념알기

1 8의 약수를 구하는 과정입니다. □ 안에 알맞은 수를 써넣으세요.

(1) 8÷□=8, 8÷□=4, 8÷□=2, 8÷□=1

(2) 8의 약수는 □, □, □, □입니다.

1은 어떤 수의 약수에 항상 들어가요.

2 주어진 식을 보고 □ 안에 알맞은 말을 써넣으세요.

$$20 = 4 \times 5$$

(1) 20은 4와 5의 □입니다.

(2) 4와 5는 20의 □입니다.

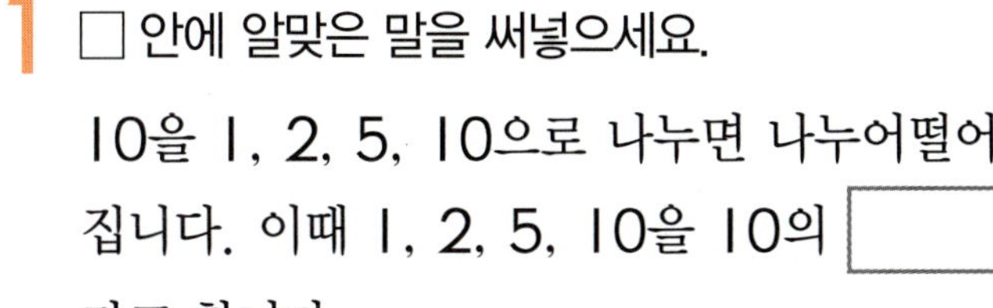

1 □ 안에 알맞은 말을 써넣으세요.

10을 1, 2, 5, 10으로 나누면 나누어떨어집니다. 이때 1, 2, 5, 10을 10의 □ 라고 합니다.

2 □ 안에 알맞은 수를 써넣으세요.

(1) $4 \div \square = 4$, $\qquad 4 \div \square = 2$,

$\quad 4 \div \square = 1 \cdots 1$, $\qquad 4 \div \square = 1$

(2) 4의 약수는 □, □, □ 입니다.

3 나눗셈식을 보고 14의 약수를 모두 쓰세요.

$14 \div 1 = 14$	$14 \div 2 = 7$
$14 \div 7 = 2$	$14 \div 14 = 1$

( )

4 3의 배수가 <u>아닌</u> 수는 어느 것일까요?
·· ( )

① 9 ② 12 ③ 13
④ 15 ⑤ 18

5 □ 안에 알맞은 수를 써넣으세요.

> 2를 10배한 수

➡ $2 \times 10 = \square$

6 7의 배수를 가장 작은 수부터 3개 쓰세요.

( )

7~8 곱셈식을 보고 물음에 답하세요.

$24 = 1 \times 24$	$24 = 2 \times 12$
$24 = 3 \times 8$	$24 = 4 \times 6$

7 24는 1, 2, 3, 4, 6, 8, 12, 24의 □ 입니다.

8 24의 약수를 모두 쓰세요.

( )

9 빵 9개를 접시에 똑같이 담는 방법은 모두 몇 가지일까요?

( )

10 1에서 20까지의 자연수 중 홀수이면서 3의 배수가 되는 수를 모두 쓰세요.

( )

🟡 공약수와 최대공약수 구하기

♣ 공약수 구하기

- 4와 6의 공약수 구하기
  - 흰 바둑돌 4개와 검은 바둑돌 6개를 똑같이 나누어 담을 수 있는 접시의 수 구하기
    $$4 \div ① = 4, \ 4 \div ② = 2$$
    $$6 \div ① = 6, \ 6 \div ② = 3$$

➡️ 접시가 1개 있을 때는 흰 바둑돌 4개와 검은 바둑돌 6개를 똑같이 나누어 담을 수 있습니다.
접시가 2개 있을 때는 흰 바둑돌 2개와 검은 바둑돌 3개를 똑같이 나누어 담을 수 있습니다.

  - 4와 6의 공통된 약수 구하기
    4의 약수 : ①, ②, 4
    6의 약수 : ①, ②, 3 , 6
➡️ 4와 6의 공약수 : ①, ②

> 1은 모든 수를 나누어떨어지게 하므로 모든 수의 약수가 되어 모든 수의 공약수가 됩니다.

> 1, 2는 4의 약수도 되고 6의 약수도 됩니다. 4와 6의 공통된 약수 1, 2를 4와 6의 공약수라고 합니다.

♣ 최대공약수 구하기

- 8과 12의 최대공약수 구하기
  - 8의 약수 : ①, ②, ④, 8
  - 12의 약수 : ①, ②, 3 , ④, 6 , 12
  - 8과 12의 공약수 : ①, ②, ④
  - 8과 12의 최대공약수 : ④

♣ 최대공약수 구하는 방법 알아보기

방법 ❶
$$8 = 2 \times 2 \times 2 \qquad 12 = 2 \times 2 \times 3$$
$$4 \qquad\qquad\qquad 4$$
8과 12의 최대공약수

방법 ❷

8과 12의 공약수 ➡️ 2) 8　12
4와 6의 공약수 ➡️ 2) 4　6
　　　　　　　　　　　　2　3

8과 12의 최대공약수
$$2 \times 2 = 4$$

> 8과 12의 공통된 약수 1, 2, 4를 8과 12의 공약수라고 합니다. 공약수 중에서 가장 큰 수인 4를 8과 12의 최대공약수라고 합니다.

개념알기

1 4와 8의 최대공약수를 구하려고 합니다. ☐ 안에 알맞은 수를 써넣으세요.

(1) 4의 약수 : 1, ☐, ☐

(2) 8의 약수 : 1, ☐, ☐, ☐

(3) 4와 8의 공약수는 공통된 약수이므로 1, ☐, ☐ 입니다.

(4) 4와 8의 최대공약수는 ☐ 입니다.

1 □ 안에 알맞은 수를 써넣으세요.

(1) 8의 약수 : 1, □, □, □

(2) 10의 약수 : 1, □, □, □

(3) 8과 10의 공약수는 □, □ 입니다.

2 10과 15의 공통된 약수를 모두 쓰세요.

( )

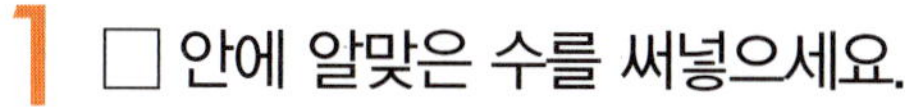 **3~5** 두 수의 공약수를 모두 쓰세요.

3 | 12 28 |

( )

4 27 45

( )

5 32 56

( )

6 □ 안에 알맞은 수를 써넣고, 두 수 15와 45의 최대공약수를 구하세요.

```
□ ) 15  45
□ )  5  15
      1   3
```

( )

7~8 두 수의 최대공약수를 구하세요.

7) 24 36

( )

8) 80 60

( )

9 유진이는 연필 12자루와 지우개 16개를 샀습니다. 이것을 될 수 있는대로 많은 사람에게 남김없이 똑같이 나누어 주려고 합니다. 몇 명까지 나누어 줄 수 있을까요?

( )

10 가로가 54 m, 세로가 90 m인 직사각형 모양의 땅이 있습니다. 이 땅을 남는 부분이 없이 가장 큰 정사각형 모양의 땅으로 나누려고 합니다. 정사각형의 한 변의 길이를 몇 m로 하면 될까요?

( )

공배수와 최소공배수 구하기

공배수 구하기

• 2와 3의 공배수 구하기
 – 2분마다 출발하는 버스와 3분마다 출발하는 버스가 동시에 출발하는 시각 구하기

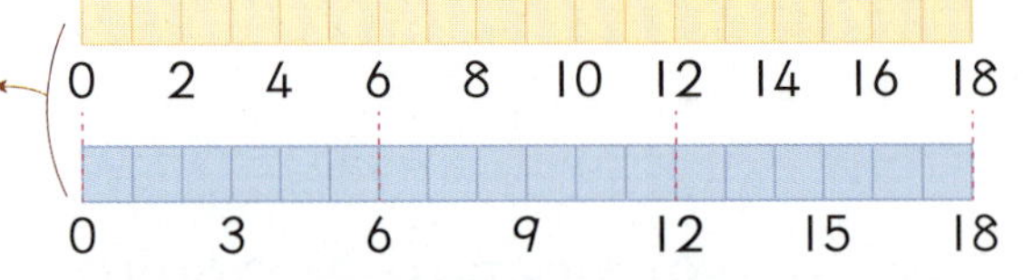

6분마다 동시에 출발합니다.

 – 2와 3의 공통된 배수 구하기
  2의 배수 : 2 , 4 , ⑥, 8 , 10 , ⑫, 14 , 16 , ⑱……
  3의 배수 : 3 , ⑥, 9 , ⑫, 15 , ⑱……

 ➡ 2와 3의 공배수 : 6 , 12 , 18……

6, 12, 18……은 2의 배수도 되고 3의 배수도 됩니다. 2와 3의 공통된 배수 6, 12, 18……을 2와 3의 공배수라고 합니다.

최소공배수 구하기

• 4와 6의 최소공배수 구하기
 – 4의 배수 : 4 , 8 , ⑫, 16 , 20 , ㉔, 28……
 – 6의 배수 : 6 , ⑫, 18 , ㉔, 30……
 – 4와 6의 공배수 : ⑫, ㉔……
 – 4와 6의 최소공배수 : 12

최소공배수 구하는 방법 알아보기

방법 ❶

$4 = 2 \times 2 \qquad 6 = 2 \times 3$

최소공배수 : $2 \times 2 \times 3 = 12$

방법 ❷

$$2 \,)\, \underline{4 \quad 6}$$
$$\; 2 \quad 3 \;\longrightarrow\; 최소공배수 : 2 \times 2 \times 3 = 12$$

4와 6의 공통된 배수 12, 24, 36……을 4와 6의 공배수라고 합니다. 공배수 중에서 가장 작은 수인 12를 4와 6의 최소공배수라고 합니다.

개념알기

1 □ 안에 알맞은 수를 써넣으세요.

공배수와 최소공배수의 관계를 생각해 봐요.

(1) 3을 1배, 2배, 3배, 4배, 5배, 6배……한 수는 3, 6, □, □, □, □……입니다.

(2) 4를 1배, 2배, 3배, 4배, 5배, 6배……한 수는 4, 8, □, □, □, □……입니다.

(3) 3과 4의 공배수는 □, □……입니다. 이 공배수 중에서 가장 작은 수는 □이고, 이때 □를 3과 4의 최소공배수라고 합니다.

1 □ 안에 알맞은 수를 써넣으세요.

(1) 4와 10의 공배수 : ☐ , ☐ ……

(2) 4와 10의 최소공배수 : ☐

2 두 수의 공배수를 작은 수부터 3개 쓰세요.

| 20 | 30 |

( )

3 10과 15의 최소공배수는 어느 것일까요?
……………………………………… ( )

① 5 ② 10 ③ 15
④ 30 ⑤ 60

4 8=2×2×2, 12=2×2×3임을 이용하여 8과 12의 최소공배수를 구하세요.

( )

5 다음을 보고 두 수 12와 15의 최소공배수를 구하세요.

```
3) 12  15
   4   5
```

( )

6~7 최소공배수를 구하는 과정입니다. □ 안에 알맞은 수를 써넣으세요.

6
```
2) 6  8
   3  4
```
➡ 최소공배수 : 2×3×4=☐

7
```
2) 12 42
 ☐) 6 21
    2  7
```
➡ 최소공배수 : 2×☐×2×7=☐

8 지선이는 3일마다 달리기를 하고, 지영이는 4일마다 달리기를 합니다. 이번 달 5일에 두 사람이 같이 달리기를 했다면, 바로 다음에 달리기를 같이 한 날은 며칠일까요?

( )

9 어느 버스 정류장에서 버스가 상행선은 10분마다, 하행선은 12분마다 출발한다고 합니다. 두 버스가 9시 정각에 동시에 출발했다면, 바로 다음에 동시에 출발하는 시각은 언제일까요?

( )

1 공약수, 최대공약수 구하기

12와 18의 최대공약수를 알아보세요.

풀이 12의 약수 : 1, 2, 3, 4, 6, 12

18의 약수 : 1, 2, 3, 6 , 9 , 18

12와 18의 공약수 : 1, 2 , 3 , 6

12와 18의 최대공약수 : 6

답 6

1-1 15와 25의 최대공약수를 구하려고 합니다.
□ 안에 알맞은 수를 써넣으세요.

15의 약수 : 1, □ , □ , □

25의 약수 : 1, 5, 25

15와 25의 공약수 : 1, □

15와 25의 최대공약수 : □

1-2 24와 30의 최대공약수를 구하려고 합니다.
□ 안에 알맞은 수를 써넣으세요.

24의 약수 : 1, 2, 3, 4, 6, □ , □ , □

30의 약수 : 1, 2, 3, 5, □ , □ , □ , □

24와 30의 공약수 : 1, 2, □ , □

24와 30의 최대공약수 : □

2 최대공약수 구하기

연필 14자루와 색연필 21자루를 될 수 있는 대로 많은 사람에게 남김없이 똑같이 나누어 주려고 합니다. 몇 명까지 똑같이 나누어 줄 수 있는지 알아보세요.

풀이 14와 21의 최대공약수를 구합니다.

7)14 21
    2 3

14와 21의 최대공약수가 7 이므로 7 명까지 똑같이 나누어 줄 수 있습니다.

답 7명

2-1 동화책 12권과 공책 30권을 될 수 있는 대로 많은 사람에게 남김없이 똑같이 나누어주려고 합니다. 몇 명까지 똑같이 나누어 줄 수 있을까요?

(   )

2-2 동화책 12권과 공책 30권을 될 수 있는 대로 많은 사람에게 남김없이 똑같이 나누어 주려고 합니다. 한 사람에게 줄 수 있는 동화책과 공책의 수는 각각 몇 권일까요?

동화책 (   )

공책 (   )

3 공배수, 최소공배수 구하기

6과 10의 최소공배수를 알아보세요.

풀이 6의 배수 : 6, 12, 18, 24, 30, 36, 42, 48, 54 , 60 ……

10의 배수 : 10, 20, 30 , 40 , 50 , 60 , 70 ……

6과 10의 공배수 : 30 , 60 ……

6과 10의 최소공배수 : 30

답   30

3–1 10과 15의 최소공배수를 구하려고 합니다. □ 안에 알맞은 수를 써넣으세요.

10의 배수 : 10, 20, 30, 40, □ , □ ……

15의 배수 : 15, 30, □ , □ , □ ……

10과 15의 공배수 : □ , □ ……

10과 15의 최소공배수 : □

3–2 8과 20의 최소공배수를 구하려고 합니다. □ 안에 알맞은 수를 써넣으세요.

8의 배수 : 8, 16, 24, 32, □ , □ , □ , □ , □ ……

20의 배수 : 20, □ , □ , □ ……

8과 20의 공배수 : □ , □ ……

8과 20의 최소공배수 : □

4 최소공배수 구하기

가로가 9cm, 세로가 6cm인 직사각형 모양의 카드를 늘어놓아 가장 작은 정사각형을 만들려고 합니다. 만들 수 있는 가장 작은 정사각형의 한 변의 길이는 몇 cm인지 알아보세요.

풀이 정사각형의 한 변의 길이는 9와 6의 최소공배수와 같습니다.

$$3 \overline{)\,9 \quad 6}$$
3   2

9와 6의 최소공배수 : $3 \times$ 3 $\times$ 2 $=$ 18

➡ 한 변의 길이는 18 cm입니다.

답   18cm

4–1 가로가 14cm, 세로가 21cm인 직사각형 모양의 카드를 늘어놓아 가장 작은 정사각형을 만들려고 합니다. 만들 수 있는 가장 작은 정사각형의 한 변의 길이는 몇 cm일까요?

(   )

4–2 기계 ㉮와 ㉯가 있습니다. ㉮는 8일마다, ㉯는 12일마다 정기 점검을 합니다. 오늘 두 기계를 함께 점검한다면, 바로 다음에 두 기계를 동시에 점검하는 날은 며칠 후일까요?

(   )

1 45의 약수를 찾아 기호를 쓰세요.

> ㉠ 12 　　 ㉡ 8 　　 ㉢ 15
> ㉣ 7 　　 ㉤ 10 　　 ㉥ 43

(　　　　)

2 16의 약수 중에서 가장 작은 수와 가장 큰 수를 차례로 쓰세요.

(　　 , 　　)

3 모든 수의 약수가 되는 수를 쓰세요.

(　　　　)

4 □ 안에 알맞은 수나 말을 써넣으세요.

6을 1배, 2배, 3배, □배……한 수 6, 12, 18, □ ……를 6의 □ 라고 합니다.

5 5의 배수를 찾아 기호를 쓰세요.

> ㉠ 36 　　　　 ㉡ 31
> ㉢ 45 　　　　 ㉣ 42

(　　　　)

6 짝수는 어떤 수의 배수일까요?

(　　　　)

7 약수와 배수의 관계인 것을 모두 찾아 기호를 쓰세요.

> ㉠ (3, 5) 　　　　 ㉡ (25, 1)
> ㉢ (50, 10) 　　　 ㉣ (80, 9)

(　　　　)

★ 중요

8 12=3×4인 식을 보고 바르게 설명한 것을 모두 찾아 기호를 쓰세요.

> ㉠ 12는 3의 약수입니다.
> ㉡ 3과 4는 12의 약수입니다.
> ㉢ 3은 12의 배수입니다.
> ㉣ 12는 3과 4의 배수입니다.

(　　　　)

9 다음은 어떤 수에 대한 설명입니다. 어떤 수를 구하세요.

> • 30보다 크고 50보다 작습니다.
> • 12의 배수입니다.
> • 18을 약수로 가지고 있습니다.

(   )

10 다음 두 수의 공약수를 모두 구하세요.

| 6   9 |

(   )

11 18=2×3×3, 24=2×2×2×3임을 이용하여 18과 24의 최대공약수를 구하세요.

(   )

12 최대공약수를 구하는 과정입니다. □ 안에 알맞은 수를 써넣으세요.

(1)
$$2 \,) \, \underline{8 \quad 20}$$
$$2 \,) \, \underline{4 \quad 10}$$
$$ 2 \quad 5$$

└→ 최대공약수 : 2×2=□

(2)
$$2 \,) \, \underline{12 \quad 18}$$
$$\square \,) \, \underline{6 \quad 9}$$
$$ 2 \quad 3$$

└→ 최대공약수 : 2×□=□

13 16과 20의 최대공약수를 구하세요.

(   )

14 두 수의 공배수를 작은 수부터 3개 쓰세요.

| 12   18 |

(   )

15 다음 조건에 알맞은 수를 모두 구하세요.

> • 9와 12의 공배수입니다.
> • 100보다 작은 수입니다.

( )

16 다음과 같이 10과 어떤 수의 최소공배수를 구하였습니다. 어떤 수를 구하세요.

$$2\,)\underline{10\quad\square}$$
$$\ \ 5\quad\ 6$$

( )

17 다음을 보고 20과 32의 최소공배수를 구하세요.

$$2\,)\underline{20\quad 32}$$
$$2\,)\underline{10\quad 16}$$
$$\ \ 5\quad\ \ 8$$

( )

18 20으로 나누거나 12로 나누어도 나머지 없이 나누어떨어지는 수 중에서 가장 작은 수를 구하세요.

( )

서술형

19 색종이 15장과 연필 40자루가 있습니다. 이것을 될 수 있는 대로 많은 사람에게 남김없이 똑같이 나누어 주려고 합니다. 몇 명까지 나누어 줄 수 있는지 풀이 과정을 쓰고 답을 구하세요.

풀이 과정

답

20 민주는 화단 왼쪽 끝에서부터 칸나는 6 m 간격으로, 해바라기는 8 m 간격으로 심으려고 합니다. 칸나와 해바라기가 처음으로 같이 심어지는 곳은 시작점으로부터 몇 m 떨어진 곳일까요?

( )

창경궁은 경복궁, 창덕궁에 이어 세 번째로 지어진 조선시대 궁궐입니다. 조선 왕조는 건국 초기부터 경복궁을 법궁으로, 창덕궁을 보조 궁궐로 사용하는 양궐 체제를 이어왔습니다. 그러나 역대 왕들은 경복궁보다는 창덕궁에 거처하는 것을 더 좋아하였고, 왕실 가족이 늘어나면서 차츰 창덕궁의 생활 공간도 비좁아졌습니다. 이에 성종이 왕실의 웃어른인 세조 비 정희왕후, 예종 비 안순왕후, 덕종 비 소혜왕후 등 세 분의 대비가 편히 지낼 수 있도록 창덕궁 이웃에 마련한 궁궐이 창경궁입니다. 혜영이는 친구들과 창경궁에 갔습니다. 물음에 답하세요.

1 고궁에서 먹기 위해 김밥을 6줄 만들었습니다. 김밥 6줄을 도시락에 어떻게 나누어 담으면 똑같이 나누어 담을 수 있는지 나눗셈을 이용하여 알아보려고 할 때 □ 안에 알맞은 수를 써넣으세요.

$6 \div \square = 6$,　　　$6 \div \square = 3$,　　　$6 \div \square = 2$,

$6 \div \square = 1 \cdots 2$,　　$6 \div \square = 1 \cdots 1$,　　$6 \div \square = 1$

따라서 도시락 □개, □개, □개, □개에 담으면 똑같이 나누어 담을 수 있습니다.

2 학생 한 명에게 김밥을 2줄씩 주려고 합니다. 4명에게 김밥을 주려면 몇 줄이 필요한지 알아보려고 할 때 □ 안에 알맞은 수를 써넣으세요.

2를 1배 한 수 ➡ $2 \times 1 = \square$,　2를 2배 한 수 ➡ $2 \times 2 = \square$,

2를 3배 한 수 ➡ $2 \times 3 = \square$,　2를 4배 한 수 ➡ $2 \times 4 = \square$

따라서 4명에게 김밥을 주려면 □줄이 필요합니다.

도자기 타일과
정조대왕 능행반차도

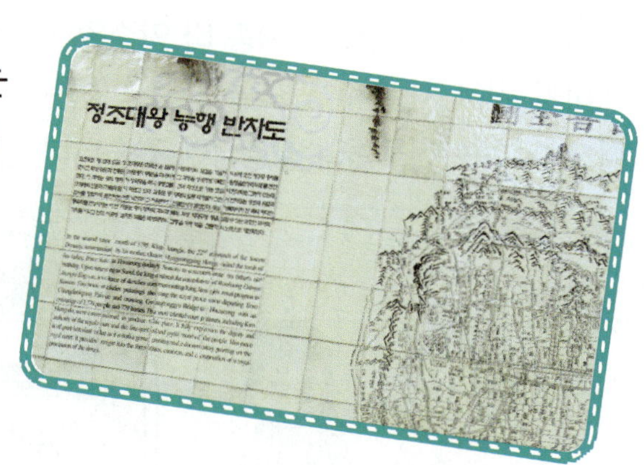

서울 한복판에 흐르는 청계천에 있는 도자기 타일은 조선 22대 국왕 정조가 그의 아버지인 장조(사도세자)가 잠들어 있는 경기도 화성의 현륭원까지의 참배 행사를 그린 기록화 '정조대왕 능행반차도'를 현대적으로 재현한 벽화입니다. 한 변의 길이가 30cm인 정사각형 모양의 도자기

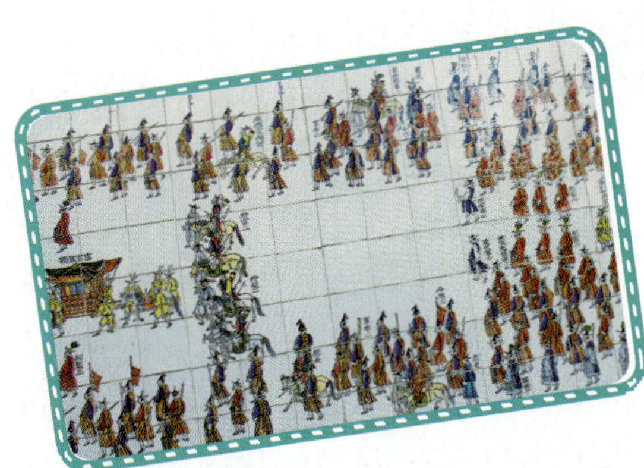

타일을 이어 붙인 세계 최대의 도자벽화로 가로의 길이가 총 192m입니다. 위의 내용에서

(1) 가로에는 몇 장의 도자기 타일이 필요할까요?

(2) 세로에 8장의 타일을 붙일 때, 전체 몇 장의 도자기 타일이 필요할까요?

최대공약수와 최소공배수를 확실하게 익혀 두면 실생활에서 매우 유용하게 활용할 수 있습니다. 타일 붙이기, 벽돌 쌓기, 어떤 주기 알기, 모둠 짜기, 톱니바퀴 문제 등 많은 문제들이 있습니다.

화를 냈더니 소화가 안 돼!

　온 가족이 식사를 하고 있었습니다. 그런데 그만 사소한 문제로 부모님께서 다투셨습니다. 식사 후에 다시 화해를 하셨지만, 또다른 문제가 생겼습니다. 그만 어머니께서 체하신 것입니다.

　"화를 내면서 음식을 먹었더니 소화가 안 되었나 봐요."

　그 소리에 아빠도 안절부절 어쩔 줄 모르십니다.

　"내가 소리를 지르는 바람에 그렇게 되었나 봐. 미안해서 어떡하지?"

　우리가 음식을 먹으면 소화를 시켜 주는 것이 바로 위에서 나오는 위액입니다. 이 위액이 제대로 나오지 않을 때에는 소화가 잘 안 됩니다. 이 위액은 기분이 좋은 상태에서는 잘 나오지만, 기분이 안 좋은 상태에서는 잘 나오지 않게 됩니다.

　즉, 화를 내거나 누구에게 야단을 맞으면 우리 뇌의 '부교감신경'에 영향을 주어 위액이 줄어들거나 나오지 않게 됩니다. 따라서 위액이 부족하여 소화가 잘 이루어지지 않는 것입니다.

　반대로, 반가운 친구나 친척을 만나서 또는 좋은 일이 있어서 즐거운 상태에서 식사를 하거나 잔잔하고 차분한 음악을 들으면서 식사를 하면 소화가 훨씬 더 잘 됩니다. 이때는 반대로 위액이 잘 나오기 때문입니다.

　그래서 예로부터 어른들은 우리가 식사할 때 야단을 치지 않으셨으며 즐거운 마음으로 식사를 하라고 하셨습니다.

　여러분도 오늘부터 밝은 얼굴로, 즐거운 마음으로 식사를 하도록 노력해 보세요. 한결 더 소화가 잘 될 것입니다.

3 규칙과 대응

이번에 배울 내용

- 두 양 사이의 관계 알아보기

- 대응 관계를 식으로 나타내는 방법 알아보기

- 생활 속에서 대응 관계를 찾아 식으로 나타내기

준비 학습

1 수 배열표를 보고 물음에 답하세요.

210	410	610	810
220	420	620	820
230	430	630	
240	440	640	840

(1) 가로는 210부터 오른쪽으로 몇씩 커지고 있나요?

( )

(2) 세로는 410부터 아래쪽으로 몇씩 커지고 있나요?

( )

(3) 수 배열표의 빈칸에 알맞은 수를 써넣으세요.

2~3 수 배열의 규칙에 따라 빈칸에 알맞은 수를 써넣으세요.

2 | 5290 | 4280 | | 2260 | |

3 | 28 | 56 | 112 | | |

4 그림과 같이 바둑돌을 늘어놓을 때 다섯째에 늘어놓을 바둑돌은 몇 개일까요?

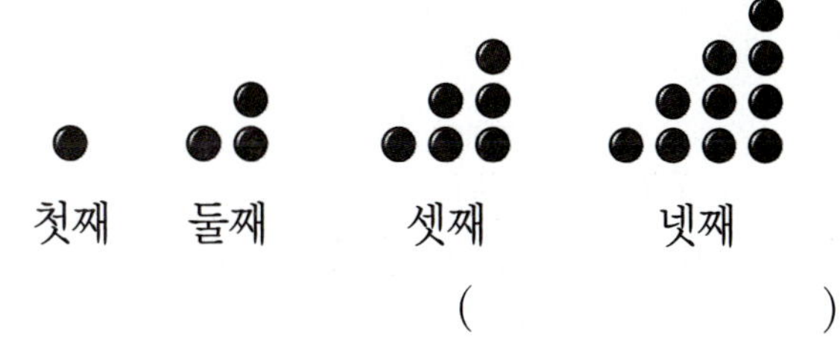

( )

5 설명에 맞는 계산식을 찾아 기호를 쓰세요.

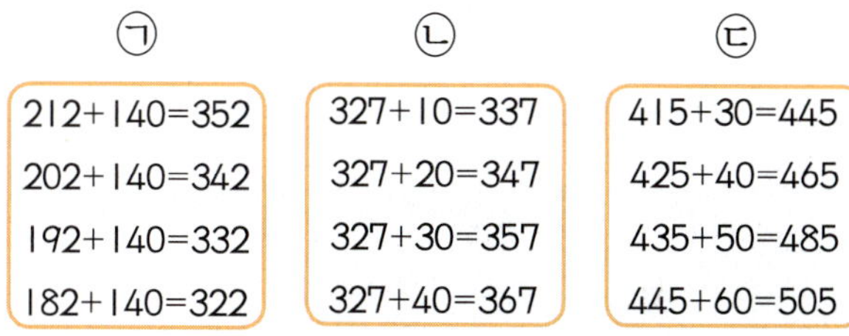

㉠	㉡	㉢
212+140=352	327+10=337	415+30=445
202+140=342	327+20=347	425+40=465
192+140=332	327+30=357	435+50=485
182+140=322	327+40=367	445+60=505

십의 자리 수가 각각 1씩 커지는 두 수의 합은 20씩 커집니다.

( )

6 규칙에 맞게 □ 안에 알맞은 식을 써넣으세요.

118	119	120	121	122	123	124
125	126	127	128	129	130	131

118+126=119+125

119+127=120+126

| |

121+129=122+128

두 양 사이의 관계 알아보기, 대응 관계를 식으로 나타내는 방법 알아보기(1)

두 양 사이의 관계 알아보기

• 색 테이프를 자른 횟수와 색 테이프 도막 수의 대응 관계 알아보기

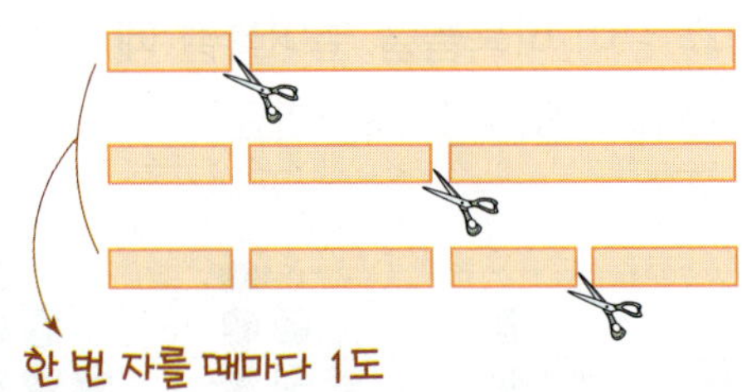

➡ 색 테이프의 도막 수는 자른 횟수보다 1씩 더 많습니다.
➡ 자른 횟수는 색 테이프의 도막 수보다 1씩 더 적습니다.

대응 관계를 식으로 나타내는 방법 알아보기(1)

• 표로 나타내기

자른 횟수(회)	1	2	3	4	5
색 테이프 도막 수(도막)	2	3	4	5	6

• 식으로 나타내기
➡ (색 테이프 도막 수)=(자른 횟수)+1
➡ (자른 횟수)=(색 테이프 도막 수)−1

• 색 테이프 도막 수를 ○, 자른 횟수를 ☆이라고 할 때, 두 양 사이의 대응 관계를 식으로 나타내기
➡ ○=☆+1
➡ ☆=○−1

개념알기

1 표를 보고 □ 안에 알맞은 수를 써넣으세요.

☆	0	1	2	3	4	5	6
△	3	4	5	6	7	8	9

(1) ☆이 2일 때 △는 □입니다.

(2) △가 9일 때 ☆은 □입니다.

(3) △는 ☆보다 □씩 더 큽니다.

(4) ☆과 △ 사이의 대응 관계를 식으로 나타내면 △=☆+□입니다.

1~5 글을 읽고 물음에 답하세요.

> 형은 용돈을 동생보다 500원 더 많이 받습니다.

1 형은 용돈을 동생보다 얼마 더 받을까요?

( )

2 형이 용돈을 1000원 받는다면 동생은 용돈을 얼마 받을까요?

( )

3 동생이 용돈을 2000원 받는다면 형은 용돈을 얼마 받을까요?

( )

4 형과 동생의 용돈을 표로 나타내어 보세요.

형의 용돈(원)	1000	1500	2000	2500
동생의 용돈(원)				

5 형의 용돈(□)과 동생의 용돈(△) 사이의 대응 관계를 □와 △를 사용한 식으로 나타내어 보세요.

(□= 또는 △=)

6 식을 보고 표를 완성하세요.

$$□=△×5$$

△	0	1	2	3	4
□	0				

7~9 표를 보고 □와 △ 사이의 대응 관계를 식으로 나타내어 보세요.

7

□	0	1	2	3	4	5
△	3	4	5	6	7	8

(△=)

핵심 콕

8

□	11	12	13	14	15	16
△	6	7	8	9	10	11

(△=)

9

□	1	2	3	4	5	6
△	5	10	15	20	25	30

(□=)

🟡 대응 관계를 식으로 나타내는 방법 알아보기(2)

🔸 대응 관계를 식으로 나타내는 방법 알아보기

• 형의 나이와 동생의 나이 사이의 대응 관계 알아보기

> 형의 나이가 11살일 때, 동생의 나이는 8살입니다.

➡ 동생은 형보다 3살 더 적습니다.
➡ 형은 동생보다 3살 더 많습니다.

• 표로 나타내기

형의 나이(살)	11	12	13	14	15	16
동생의 나이(살)	8	9	10	11	12	13

• 알맞은 카드를 골라 식으로 나타내기

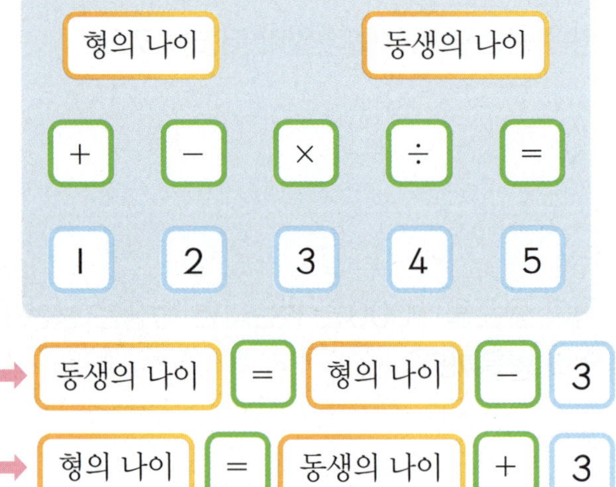

개념알기

1 세발자전거의 수와 바퀴의 수 사이의 대응 관계를 식으로 나타내려고 합니다. 물음에 답하세요.

(1) 표를 완성해 보세요.

세발자전거의 수(대)	1	2	3	4	……
바퀴의 수(대)	3	6			……

(2) 세발자전거의 수를 □(대), 바퀴의 수를 ○(개)라고 할 때 두 양 사이의 대응 관계를 식으로 나타내어 보세요.

（○=　　　　　　또는 □=　　　　　　）

1~2 서울과 런던의 시각 사이의 대응 관계를 나타낸 표입니다. 물음에 답하세요.

서울의 시각(시)	오전 9시	오전 10시	오전 11시	낮 12시	오후 1시
런던의 시각(시)	오전 1시	오전 2시			

1 빈칸에 알맞게 써넣으세요.

2 서울의 시각과 런던의 시각 사이의 대응 관계를 식으로 나타내려고 합니다. 알맞은 카드를 골라 나열해 보세요.

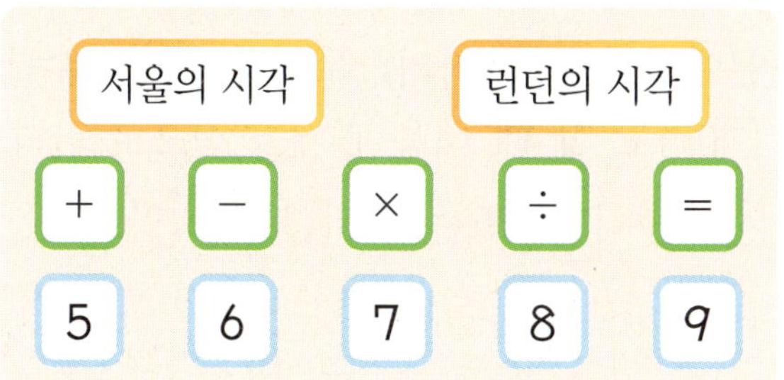

| 런던의 시각 | | | = | 서울의 시각 |

| 서울의 시각 | | | = | 런던의 시각 |

3~4 꼬치 1개에 떡을 5개씩 꽂아 떡꼬치를 만들었습니다. 꼬치의 수(□)와 떡의 수(△) 사이의 대응 관계를 나타낸 표를 보고 물음에 답하세요.

□	1	2	3	4	5
△	5	10			

3 빈칸에 알맞은 수를 써넣고 □와 △ 사이의 대응 관계를 식으로 나타내어 보세요.

(△ =　　　　　 또는 □ =　　　　　)

4 꼬치가 10개일 때 떡은 모두 몇 개일까요?

(　　　　　　)

5~8 나비는 4장의 날개와 6개의 다리를 가지고 있습니다. 나비의 수(○)와 날개의 수(□), 다리의 수(△) 사이의 대응 관계를 나타낸 표입니다. 물음에 답하세요.

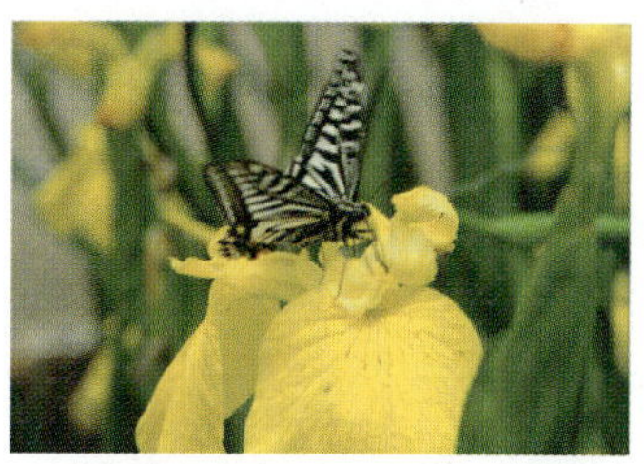

○	1	2	3	4	……
□	4				……
△	6				……

5 빈칸에 알맞은 수를 써넣으세요.

6 나비의 수(○)와 날개의 수(□) 사이의 대응 관계를 ○와 □를 사용한 식으로 나타내어 보세요.

(□ =　　　　　 또는 ○ =　　　　　)

7 나비의 수(○)와 다리의 수(△) 사이의 대응 관계를 ○와 △를 사용한 식으로 나타내어 보세요.

(△ =　　　　　 또는 ○ =　　　　　)

8 나비가 9마리일 때 날개와 다리는 각각 몇 개일까요?

(　　　　 ,　　　　)

1 두 양 사이의 관계 알아보기

재혁이는 다음과 같이 삼각판과 사각판으로 도형을 만들었습니다. 삼각판과 사각판의 수는 어떤 규칙으로 변하는지 알아보세요.

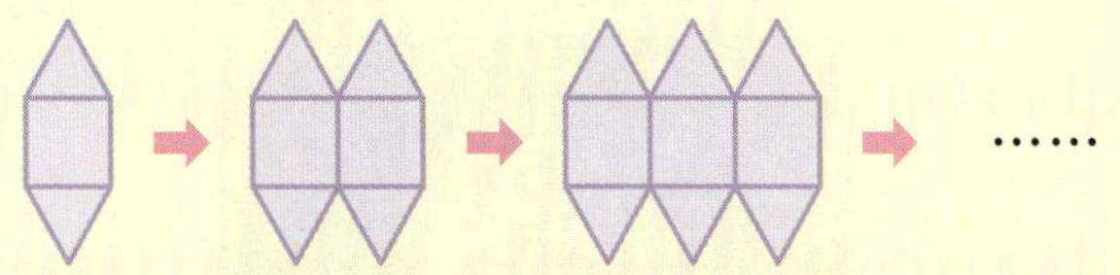

풀이 재혁이는 사각판 1개에 삼각판 을 위, 아래로 1개씩 붙였습니다.

따라서 사각판의 수가 1 개씩 증가할 때, 삼각판의 수는 2 개씩 증가합니다.

또 삼각판의 수는 사각판의 수의 2 배씩 증가합니다.

1-1 도형의 배열을 보고 물음에 답하세요.

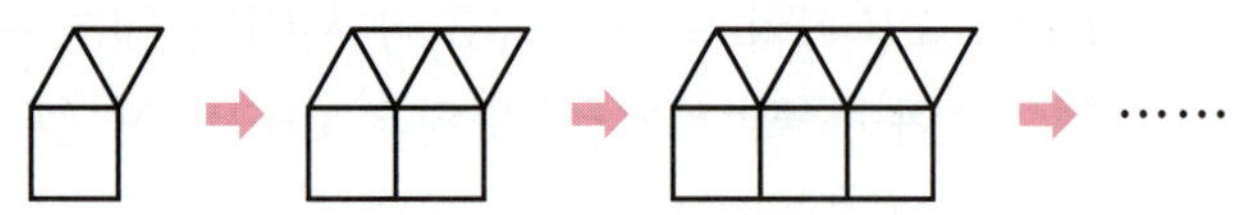

(1) 다음에 이어질 알맞은 도형을 그려보세요.

(2) 사각형이 15개일 때 삼각형은 몇 개일까요?

( )

(3) 삼각형이 20개일 때 사각형은 몇 개일까요?

( )

2 대응 관계를 식으로 나타내는 방법 알아보기(1)

문어의 다리는 8개입니다. 문어의 수와 문어의 다리의 수 사이의 대응 관계를 식으로 나타내려고 합니다. 표를 완성하고 대응 관계를 나타내는 식은 무엇인지 알아보세요.

풀이 문어의 수가 1마리씩 증가할 때마다 문어의 다리의 수는 8개씩 증가하므로 표로 나타내면 다음과 같습니다.

문어의 수(마리)	1	2	3	……
문어의 다리의 수(개)	8	16	24	……

문어의 수를 ○(마리), 문어의 다리의 수를 □(개)라고 할 때 대응 관계를 식으로 나타내면 □=○× 8 또는 ○=□÷ 8 입니다.

답 

2-1 타조의 수와 타조의 다리의 수 사이의 대응 관계를 식으로 나타내려고 합니다. 물음에 답하세요.

(1) 표를 완성해 보세요.

타조의 수(마리)	1	2	3	……
타조의 다리의 수(개)	2			……

(2) 타조의 수를 ☆(마리), 타조의 다리의 수를 △(개)라고 할 때 대응 관계를 식으로 나타내어 보세요.

( )

(3) 타조가 10마리일 때 타조의 다리의 수는 몇 개일까요?

( )

3 대응 관계를 식으로 나타내는 방법 알아보기(2)

표를 보고 ○와 △ 사이의 대응 관계를 알아보세요.

○	0	1	2	3	4
△	7	8	9	10	11

풀이 두 양 사이의 대응 관계를 살펴보고, 공통된 규칙을 찾아봅니다.

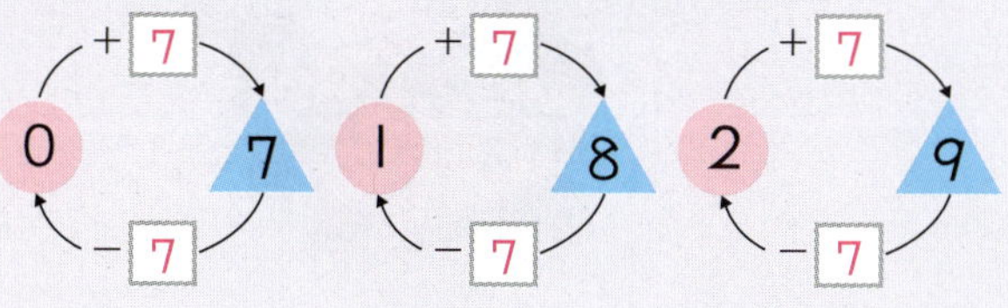

△는 ○보다 7 크고, ○는 △보다 7 작습니다.

답 △=○+7 또는 ○=△−7

3–1 표를 보고 □와 ☆ 사이의 대응 관계를 식으로 나타내어 보세요.

□	1	2	3	4	5	6
☆	5	10	15	20	25	30

(   )

3–2 표를 완성하고 △와 ○ 사이의 대응 관계를 식으로 나타내어 보세요.

△	5	10	15	20	25	30
○	15	20	25			

(   )

4 생활 속에서 대응 관계를 찾아 식으로 나타내기

민성이는 자석을 이용하여 칠판에 미술 작품을 붙였습니다. 사용한 자석의 수와 미술 작품의 수 사이의 대응 관계를 표를 이용하여 식으로 나타내고 사용한 자석의 수가 12개일 때 붙인 미술 작품의 수는 몇 개인지 알아보세요.

자석의 수(개)	2	3	4	……
미술 작품의 수(개)	4	6	8	……

풀이 사용한 자석의 수가 1 개씩 증가할 때 미술 작품의 수가 2 개씩 증가합니다.

따라서 미술 작품의 수는 자석의 수의 2 배입니다.

➡ (미술 작품의 수)=(자석의 수)× 2

사용한 자석의 수가 12개일 때 붙인 미술 작품의 수는

(미술 작품의 수)=12× 2 = 24 (개)입니다.

답 24개

4–1 찬이가 1자루에 400원 하는 연필을 사려고 합니다. 연필의 수와 가격 사이의 대응 관계를 식으로 나타내려고 할 때 물음에 답하세요.

(1) 표를 완성하고, □ 안에 알맞은 수를 써넣으세요.

연필의 수(자루)	1	2	3	……
가격(원)	400			……

➡ (가격)=(연필의 수)× □

(2) 돈을 3600원 냈을 때 연필은 몇 자루 샀을까요?

(   )

1~3 도형의 배열을 보고 물음에 답하세요.

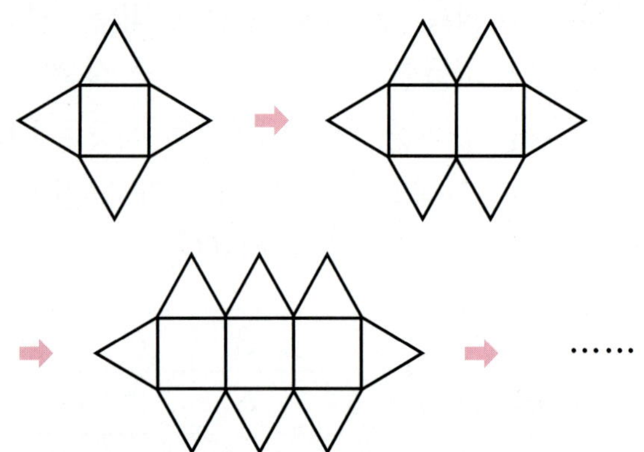

1 다음에 이어질 알맞은 도형을 그려 보세요.

2 사각형의 수와 삼각형 수 사이의 대응 관계를 표로 나타내어 보세요.

사각형의 수(개)	1	2	3	4	……
삼각형의 수(개)	4				……

◈ 적중

3 삼각형의 수와 사각형의 수 사이의 관계를 생각하며 □ 안에 알맞은 수를 써넣으세요.

- 사각형이 5개일 때 필요한 삼각형의 수는 □개입니다.
- 사각형이 7개일 때 필요한 삼각형의 수는 □개입니다.

4~5 형진이네 반 학생들은 모둠 활동을 하기 위해 4명이 한 모둠을 이루었습니다. 모둠의 수와 학생 수 사이의 대응 관계를 알아보려고 합니다. 물음에 답하세요.

4 모둠의 수와 학생 수 사이의 대응 관계를 표로 나타내어 보세요.

모둠의 수(개)	1	2	3	4	……
학생 수(명)	4				……

5 □ 안에 알맞은 수를 써넣으세요.

(1) 학생 수는 모둠의 수의 □배입니다.
➡ (학생 수)=(모둠의 수)×□

(2) 모둠의 수는 학생 수를 □로 나눈 몫입니다.
➡ (모둠의 수)=(학생 수)÷□

(3) 모둠의 수가 6개이면 학생 수는 □명입니다.

(4) 32명의 학생이 이루는 모둠의 수는 □개입니다.

6 표를 보고 □ 안에 알맞은 수를 써넣으세요.

◇	5	6	7	8	9	10
○	0	1	2	3	4	5

(1) ◇가 8일 때 ○는 □입니다.

(2) ○가 2일 때 ◇는 □입니다.

(3) ○는 ◇보다 □씩 더 작습니다.

(4) ◇와 ○ 사이의 대응 관계를 식으로 나타내면 ○=◇-□입니다.

7~8 표를 보고 □와 △ 사이의 대응 관계를 식으로 나타내어 보세요.

7

□	2	3	4	5	6
△	9	10	11	12	13

(△=)

★ 중요

8

□	0	1	2	3	4	5
△	0	4	8	12	16	20

(△=)

9 표를 보고 □와 △ 사이의 대응 관계를 식으로 나타내어 보세요.

□	2	3	4	5	6
△	6	9	12	15	18

(또는)

10~11 표를 보고 물음에 답하세요.

○	1	3	5	7	9
☆	2	6	10	14	18

10 ○가 15일 때 ☆은 얼마인지 구하세요.

( )

11 ☆이 54일 때 ○는 얼마인지 구하세요.

( )

12 빈칸에 알맞은 수를 써넣고 강아지의 다리 수와 강아지의 수 사이의 관계를 말하여 보세요.

강아지의 다리의 수(개)	4	8	12		20
강아지의 수(마리)	1	2		4	

13~16 코스모스 꽃 한 송이의 꽃잎은 8장입니다. 꽃의 수와 꽃잎의 수 사이의 대응 관계를 나타낸 표를 보고 물음에 답하세요.

꽃의 수(송이)	1	2	3	4	……
꽃잎의 수(장)					……

13 빈칸에 알맞은 수를 써넣으세요.

14 꽃의 수를 □, 꽃잎의 수를 △라 할 때 □와 △ 사이의 대응 관계를 식으로 나타내어 보세요.

(또는   )

★ **중요**

15 꽃이 9송이일 때 꽃잎의 수는 모두 몇 장일까요?

(   )

16 꽃잎의 수가 96장일 때 꽃의 수는 모두 몇 송이일까요?

(   )

17~20 주현이의 나이와 아버지의 나이 사이의 대응 관계를 나타낸 표를 보고 물음에 답하세요.

주현이의 나이(살)	12	13	14		……
아버지의 나이(세)	43			46	……

17 빈칸에 알맞은 수를 써넣으세요.

18 주현이의 나이를 ◎(살), 아버지의 나이를 ☆(세)라고 할 때, ◎와 ☆ 사이의 대응 관계를 식으로 나타내어 보세요.

(   )

서술형

19 아버지의 나이가 58세일 때 주현이의 나이는 몇 살인지 풀이 과정을 쓰고 답을 구하세요.

풀이 과정 ______________

____

____

____

답 ______

20 주현이의 동생은 주현이와 5살 차이가 납니다. 아버지의 나이가 50세일 때 주현이의 동생의 나이는 몇 살일까요?

(   )

도넛(doughnut)은 밀가루 반죽을 의미하는 도우(dough)와 잣이나 호두 등의 견과류를 의미하는 넛(nut)을 합친 말입니다. 대략 400년 전 네덜란드에서 밀가루 반죽의 가운데에 호두를 얹어서 튀긴 것이 도넛의 시초라고 합니다. 도넛을 다음 그림과 같이 자르려고 합니다. 물음에 답하세요.

1 도넛을 자른 횟수와 도막 수 사이의 대응 관계를 나타낸 표를 완성해 보세요.

자른 횟수(번)	1	2	3	4	5	……
도막 수(개)	2					……

2 도넛이 16도막이 되려면 몇 번 잘라야 할까요?

(   )

3 자른 횟수를 ○(번), 도막 수를 △(개)라고 할 때, ○와 △ 사이의 대응 관계를 식으로 나타내어 보세요.

(△ =   또는 ○ =   )

4 약분과 통분

이번에 배울 내용

- 크기가 같은 분수 알아보기

- 분수를 간단하게 나타내기

- 분모가 같은 분수로 나타내기

- 분수의 크기 비교하기

- 분수와 소수의 크기 비교하기

1 □ 안에 알맞은 수를 써넣으세요.

(1) 15개를 5개씩 묶으면 5는 15의

□ 입니다.

(2) 15개를 5개씩 묶으면 10은 15의

□ 입니다.

2 네 분수 중 가분수를 모두 찾아 쓰세요.

$$\frac{11}{11} \quad \frac{2}{4} \quad 1\frac{6}{7} \quad \frac{5}{3}$$

(　　　　　　　　)

3 색칠한 부분을 분수로 나타내어 보세요.

(1) 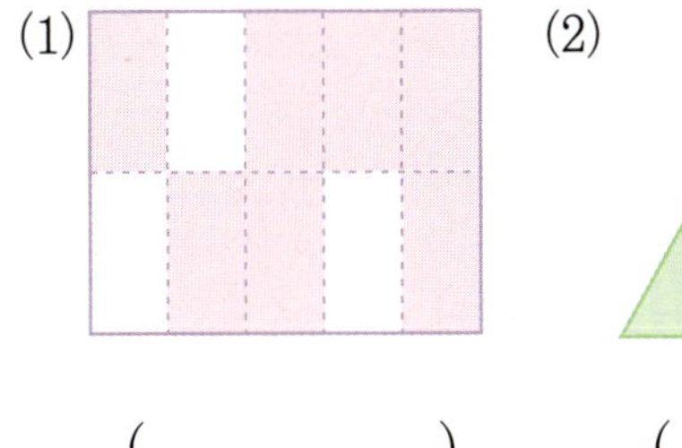　　(2)

(　　　　)　　　(　　　　　)

4 두 분수의 크기를 비교하여 ○ 안에 >, =, <를 알맞게 써넣으세요.

(1) $\frac{2}{5}$ ○ $\frac{4}{5}$　　(2) $3\frac{3}{7}$ ○ $2\frac{2}{7}$

(3) $3\frac{2}{9}$ ○ $\frac{32}{9}$　　(4) $\frac{17}{5}$ ○ $3\frac{3}{5}$

5 두 수의 최대공약수와 최소공배수를 구하세요.

(1) $(9, 15)$

최대공약수 (　　　　　　　)
최소공배수 (　　　　　　　)

(2) $(8, 20)$

최대공약수 (　　　　　　　)
최소공배수 (　　　　　　　)

(3) $(7, 21)$

최대공약수 (　　　　　　　)
최소공배수 (　　　　　　　)

크기가 같은 분수 알아보기, 분수를 간단하게 나타내기

크기가 같은 분수 알아보기

• $\dfrac{1}{2}$과 $\dfrac{2}{4}$의 크기 비교

어떤 분수와 크기가 같은 분수는 무수히 많습니다.

$\dfrac{1}{2}$

$\dfrac{2}{4}$

− $\dfrac{1}{2}$과 $\dfrac{2}{4}$는 크기가 같은 분수입니다.

− 분모와 분자에 각각 2를 곱하거나 나누면 크기가 같은 분수가 됩니다.

$$\dfrac{1}{2}=\dfrac{1\times2}{2\times2}=\dfrac{2}{4} , \dfrac{2}{4}=\dfrac{2\div2}{4\div2}=\dfrac{1}{2}$$

• 분모와 분자에 각각 0이 아닌 같은 수를 곱하면 크기가 같은 분수가 됩니다.
• 분모와 분자를 각각 0이 아닌 같은 수로 나누면 크기가 같은 분수가 됩니다.

분수를 간단하게 나타내기

• $\dfrac{8}{12}$을 약분하기

8과 12의 최대공약수는 4입니다.

$$\dfrac{8}{12}=\dfrac{8\div2}{12\div2}=\dfrac{4}{6} , \dfrac{8}{12}=\dfrac{8\div4}{12\div4}=\dfrac{2}{3}$$

− $\dfrac{8}{12}, \dfrac{4}{6}, \dfrac{2}{3}$는 크기가 같은 분수입니다.

− 분모와 분자의 공약수 2와 4로 약분할 수 있습니다.

− 분수에서 분모와 분자를 최대공약수로 나누면 기약분수가 됩니다.

• 분모와 분자를 공약수로 나누어 간단히 하는 것을 약분한다고 합니다.
• 분모와 분자의 공약수가 1뿐인 분수를 기약분수라고 합니다.

개념알기

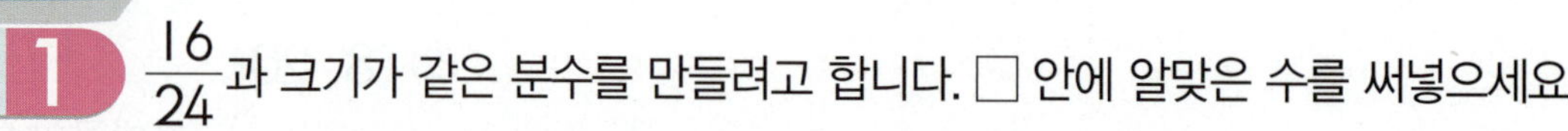

1 $\dfrac{16}{24}$과 크기가 같은 분수를 만들려고 합니다. □ 안에 알맞은 수를 써넣으세요.

(1) $\dfrac{16}{24}=\dfrac{16\div\square}{24\div2}=\dfrac{\square}{12}$, $\dfrac{16}{24}=\dfrac{16\div\square}{24\div4}=\dfrac{\square}{6}$,

$\dfrac{16}{24}=\dfrac{16\div\square}{24\div8}=\dfrac{\square}{3}$

(2) $\dfrac{16}{24}, \dfrac{\square}{12}, \dfrac{\square}{6}, \dfrac{\square}{3}$는 크기가 같은 분수이고 이 분수 중에서 기약분수는 $\square$ 입니다.

1 □ 안에 알맞은 수를 써넣으세요.

$$\frac{4}{5} = \frac{4 \times \square}{5 \times 4} = \square$$

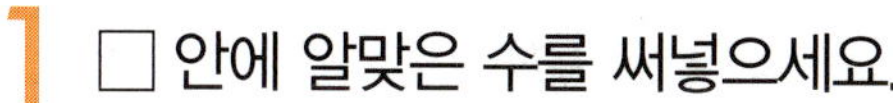

2~3 크기가 같은 분수를 만들려고 합니다. □ 안에 알맞은 수를 써넣으세요.

2 $\frac{2}{3}$ 와 크기가 같은 분수 만들기

$$\frac{2 \times \square}{3 \times 2} = \frac{\square}{6} \, , \quad \frac{2 \times \square}{3 \times 3} = \frac{\square}{9}$$

➡ $\frac{2}{3}$, $\frac{\square}{6}$, $\frac{\square}{9}$ 은 크기가 같습니다.

3 $\frac{12}{18}$ 와 크기가 같은 분수 만들기

$$\frac{12 \div \square}{18 \div 2} = \frac{\square}{9} \, , \quad \frac{12 \div \square}{18 \div 6} = \frac{\square}{3}$$

➡ $\frac{12}{18}$, $\frac{\square}{9}$, $\frac{\square}{3}$ 는 크기가 같습니다.

4 $\frac{3}{4}$ 과 크기가 같은 분수를 찾아 기호를 쓰세요.

㉠ $\frac{3}{2}$ ㉡ $\frac{4}{6}$ ㉢ $\frac{6}{8}$ ㉣ $\frac{8}{9}$

(   )

5 $\frac{1}{4}$ 과 크기가 같은 분수를 분모가 작은 수부터 3개 쓰세요.

(   )

6 □ 안에 알맞은 말을 써넣으세요.

> 분모와 분자의 공약수가 1뿐인 분수를 □ 라고 합니다.

핵심 콕

7~8 분수를 약분하려고 합니다. □ 안에 알맞은 수를 써넣으세요.

7 $\frac{14}{21} = \frac{14 \div \square}{21 \div 7} = \frac{\square}{\square}$

8 $\frac{27}{48} = \frac{27 \div 3}{48 \div \square} = \frac{\square}{\square}$

9 분수를 약분하여 기약분수로 나타내어 보세요.

$$\frac{12}{20}$$

(   )

10 기약분수를 모두 찾아 기호를 쓰세요.

㉠ $\frac{8}{18}$ ㉡ $\frac{7}{9}$ ㉢ $\frac{17}{51}$ ㉣ $\frac{11}{23}$

(   )

분모가 같은 분수로 나타내기

분모가 같은 분수로 나타내기

- $\dfrac{1}{2}$과 $\dfrac{1}{3}$의 통분

  − 크기가 같은 분수 만들기

  $$\dfrac{1}{2}=\dfrac{2}{4}=\boxed{\dfrac{3}{6}}=\dfrac{4}{8}=\dfrac{5}{10}=\boxed{\dfrac{6}{12}}=\cdots\cdots$$

  $$\dfrac{1}{3}=\boxed{\dfrac{2}{6}}=\dfrac{3}{9}=\boxed{\dfrac{4}{12}}=\cdots\cdots$$

  ➡ 분모가 같은 분수끼리 짝 지으면

  $$\left(\dfrac{3}{6},\ \dfrac{2}{6}\right),\ \left(\dfrac{6}{12},\ \dfrac{4}{12}\right)\cdots\cdots$$ 입니다.

  > 분수의 분모를 같게 하는 것을 통분한다고 하고, 통분한 분모를 공통분모라고 합니다.

  분수를 통분할 때 공통분모가 될 수 있는 수는 두 분모의 공배수입니다.

통분하는 방법 알아보기

- $\dfrac{1}{4}$과 $\dfrac{1}{6}$의 통분

  − 분모의 곱을 공통분모로 하여 통분하기

  $$\dfrac{1}{4}=\dfrac{1\times6}{4\times6}=\boxed{\dfrac{6}{24}},\ \dfrac{1}{6}=\dfrac{1\times4}{6\times4}=\boxed{\dfrac{4}{24}}$$

  ➡ 분모의 곱 24를 공통분모로 하면 최소공배수를 구하지 않고도 통분할 수 있습니다.

  − 최소공배수를 공통분모로 하여 통분하기

  $$\dfrac{1}{4}=\dfrac{1\times3}{4\times3}=\boxed{\dfrac{3}{12}},\ \dfrac{1}{6}=\dfrac{1\times2}{6\times2}=\boxed{\dfrac{2}{12}}$$

  ➡ 4와 6의 최소공배수 12를 공통분모로 하여 통분하면 계산 과정이 편리합니다.

  $$\begin{array}{r} 2\,)\underline{\ 4\quad 6\ } \\ 2\quad 3 \end{array}\quad\text{최소공배수}:2\times2\times3=12$$

개념알기

1 $\dfrac{3}{4}$과 $\dfrac{2}{3}$를 통분하려고 합니다. □ 안에 알맞은 수를 써넣으세요.

> 통분하는 방법 중 분모가 작을 때는 두 분모의 곱을 공통분모로, 분모가 클 때는 두 분모의 최소공배수를 공통분모로 하는 것이 편리해요.

$$\dfrac{3}{4}=\dfrac{\square}{8}=\dfrac{\square}{12}=\dfrac{12}{\square}=\dfrac{\square}{20}=\dfrac{18}{\square}=\cdots\cdots$$

$$\dfrac{2}{3}=\dfrac{\square}{6}=\dfrac{\square}{9}=\dfrac{\square}{12}=\dfrac{10}{\square}=\dfrac{12}{\square}=\dfrac{\square}{21}=\dfrac{\square}{24}=\cdots\cdots$$

➡ 분모가 같은 분수끼리 짝 지으면 $\left(\dfrac{\square}{12},\ \dfrac{\square}{12}\right),\ \left(\dfrac{18}{\square},\ \dfrac{\square}{24}\right)$

　　……이고, 이때 공통분모는 $\square$, $\square$ ……입니다.

1~2 두 분수 $\dfrac{5}{6}$와 $\dfrac{3}{8}$을 통분하려고 합니다. 물음에 답하세요.

1 크기가 같은 분수를 만들어 보세요.

$$\dfrac{5}{6} = \dfrac{10}{\boxed{}} = \dfrac{15}{\boxed{}} = \dfrac{\boxed{}}{24} = \cdots\cdots$$

$$\dfrac{3}{8} = \dfrac{6}{\boxed{}} = \dfrac{\boxed{}}{24} = \dfrac{12}{\boxed{}} = \cdots\cdots$$

2 $\dfrac{5}{6}$와 $\dfrac{3}{8}$을 통분하면 $\left(\dfrac{\boxed{}}{24}, \dfrac{\boxed{}}{24}\right)$ 입니다.

3~4 $\dfrac{3}{8}$과 $\dfrac{5}{12}$를 통분하려고 합니다. □ 안에 알맞은 수를 써넣으세요.

3 분모의 곱을 공통분모로 하여 통분해 보세요.

$$\dfrac{3}{8} = \dfrac{3\times\boxed{}}{8\times\boxed{}} = \dfrac{\boxed{}}{96}$$

$$\dfrac{5}{12} = \dfrac{5\times\boxed{}}{12\times\boxed{}} = \dfrac{\boxed{}}{96}$$

4 분모의 최소공배수를 공통분모로 하여 통분해 보세요.

$$\dfrac{3}{8} = \dfrac{3\times\boxed{}}{8\times\boxed{}} = \dfrac{\boxed{}}{24}$$

$$\dfrac{5}{12} = \dfrac{5\times\boxed{}}{12\times\boxed{}} = \dfrac{\boxed{}}{24}$$

5 42를 공통분모로 하여 $\dfrac{9}{14}$와 $\dfrac{5}{6}$를 통분하려고 합니다. □ 안에 알맞은 수를 써넣으세요.

$$\left(\dfrac{9}{14}, \dfrac{5}{6}\right) \rightarrow \left(\dfrac{\boxed{}}{42}, \dfrac{\boxed{}}{42}\right)$$

핵심 콕

6 분모의 곱을 공통분모로 하여 통분해 보세요.

(1) $\left(\dfrac{2}{5}, \dfrac{5}{8}\right) \rightarrow \left(\dfrac{\boxed{}}{\boxed{}}, \dfrac{\boxed{}}{\boxed{}}\right)$

(2) $\left(\dfrac{3}{4}, \dfrac{5}{6}\right) \rightarrow \left(\dfrac{\boxed{}}{\boxed{}}, \dfrac{\boxed{}}{\boxed{}}\right)$

핵심 콕

7 분모의 최소공배수를 공통분모로 하여 통분해 보세요.

(1) $\left(\dfrac{3}{5}, \dfrac{7}{10}\right) \rightarrow \left(\dfrac{\boxed{}}{\boxed{}}, \dfrac{\boxed{}}{\boxed{}}\right)$

(2) $\left(\dfrac{7}{8}, \dfrac{7}{12}\right) \rightarrow \left(\dfrac{\boxed{}}{\boxed{}}, \dfrac{\boxed{}}{\boxed{}}\right)$

8 $\left(\dfrac{1}{4}, \dfrac{5}{6}\right)$를 통분하려고 합니다. 공통분모가 될 수 없는 것을 찾아 ×표 하세요.

12	16	24	36

분수의 크기 비교하기, 분수와 소수의 크기 비교하기

두 분수의 크기 비교하기

- $\dfrac{3}{4}$과 $\dfrac{5}{6}$의 크기 비교

  – 두 분수를 통분하여 크기를 비교합니다.

$$\left(\dfrac{3}{4},\ \dfrac{5}{6}\right) \Rightarrow \left(\dfrac{9}{12},\ \dfrac{10}{12}\right) \Rightarrow \dfrac{3}{4} < \dfrac{5}{6}$$

세 분수의 크기 비교하기

- $\left(\dfrac{3}{10},\ \dfrac{1}{4},\ \dfrac{2}{5}\right)$의 크기 비교

① $\left(\dfrac{3}{10},\ \dfrac{1}{4}\right) \Rightarrow \left(\dfrac{6}{20},\ \dfrac{5}{20}\right) \Rightarrow \dfrac{3}{10} > \dfrac{1}{4}$

② $\left(\dfrac{1}{4},\ \dfrac{2}{5}\right) \Rightarrow \left(\dfrac{5}{20},\ \dfrac{8}{20}\right) \Rightarrow \dfrac{1}{4} < \dfrac{2}{5}$

③ $\left(\dfrac{3}{10},\ \dfrac{2}{5}\right) \Rightarrow \left(\dfrac{3}{10},\ \dfrac{4}{10}\right) \Rightarrow \dfrac{3}{10} < \dfrac{2}{5}$

따라서 $\dfrac{2}{5} > \dfrac{3}{10} > \dfrac{1}{4}$입니다.

분수와 소수의 크기 비교하기

- $\dfrac{3}{5}$과 0.7의 크기 비교

  – 분수를 소수로 나타내어 크기 비교하기

$$\dfrac{3}{5} = \dfrac{6}{10} = 0.6 \qquad \dfrac{3}{5} < 0.7$$

  – 소수를 분수로 나타내어 크기 비교하기

$$\dfrac{3}{5} < 0.7 \qquad 0.7 = \dfrac{7}{10}$$

➡ 분수와 소수의 크기 비교는 분수를 소수로 나타내어 소수끼리 비교하거나 소수를 분수로 나타내어 분수끼리 비교합니다.

➡ 분수를 소수로 나타낼 때에는 분모를 10으로 고친 다음 소수로 나타내고, 소수를 분수로 나타낼 때에는 분모가 10인 분수로 고치거나 약분을 합니다.

개념알기

1 $\dfrac{3}{5}$과 $\dfrac{5}{9}$의 크기를 비교하려고 합니다. 물음에 답하세요.

(1) ☐ 안에 알맞은 수를 써넣으세요.

$$\dfrac{3}{5} = \dfrac{3 \times \square}{5 \times \square} = \dfrac{\square}{45}, \quad \dfrac{5}{9} = \dfrac{5 \times \square}{9 \times \square} = \dfrac{\square}{45}$$

(2) ☐ 안에 알맞은 수를 써넣고 ○ 안에 >, =, <를 알맞게 써넣으세요.

$$\dfrac{3}{5} = \dfrac{\square}{45} \ \bigcirc \ \dfrac{\square}{45} = \dfrac{5}{9}$$

핵심 콕

1~2 두 분모를 통분한 후 크기를 비교하려고 합니다. □ 안에 알맞은 수를 써넣고 ○ 안에 >, =, <를 알맞게 써넣으세요.

1 $\left(\dfrac{3}{8}, \dfrac{5}{12}\right) \rightarrow \left(\dfrac{\square}{96}, \dfrac{\square}{96}\right)$

$\rightarrow \dfrac{3}{8} \bigcirc \dfrac{5}{12}$

2 $\left(\dfrac{4}{5}, \dfrac{5}{6}\right) \rightarrow \left(\dfrac{\square}{30}, \dfrac{\square}{30}\right)$

$\rightarrow \dfrac{4}{5} \bigcirc \dfrac{5}{6}$

3 $\left(\dfrac{3}{4}, \dfrac{1}{2}, \dfrac{5}{8}\right)$의 크기를 비교하려고 합니다. □ 안에 알맞은 수를 써넣고 ○ 안에 >, =, <를 알맞게 써넣으세요.

(1) $\left(\dfrac{3}{4}, \dfrac{1}{2}\right) \rightarrow \left(\dfrac{\square}{4}, \dfrac{\square}{4}\right) \rightarrow \dfrac{3}{4} \bigcirc \dfrac{1}{2}$

(2) $\left(\dfrac{1}{2}, \dfrac{5}{8}\right) \rightarrow \left(\dfrac{\square}{8}, \dfrac{\square}{8}\right) \rightarrow \dfrac{1}{2} \bigcirc \dfrac{5}{8}$

(3) $\left(\dfrac{3}{4}, \dfrac{5}{8}\right) \rightarrow \left(\dfrac{\square}{8}, \dfrac{\square}{8}\right) \rightarrow \dfrac{3}{4} \bigcirc \dfrac{5}{8}$

(4) 큰 분수부터 차례로 쓰면

$\left(\dfrac{\square}{}, \dfrac{\square}{}, \dfrac{\square}{}\right)$입니다.

핵심 콕

4 $\dfrac{5}{8}$와 0.7을 비교하려고 합니다. □ 안에 알맞은 수를 써넣고 ○ 안에 >, =, <를 알맞게 써넣으세요.

(1) $\left(\dfrac{5}{8}, 0.7\right) \rightarrow \left(\dfrac{\square}{40}, \dfrac{\square}{40}\right)$

$\rightarrow \dfrac{5}{8} \bigcirc 0.7$

(2) $\left(\dfrac{5}{8}, 0.7\right) \rightarrow \left(\boxed{}, 0.7\right)$

$\rightarrow \dfrac{5}{8} \bigcirc 0.7$

5 분수와 소수의 크기를 비교하여 더 큰 수를 쓰세요.

$$0.2 \qquad \dfrac{1}{2}$$

(   )

6 종철이네 집에서는 전체 밭의 $\dfrac{2}{5}$에 배추를 심고, 전체 밭의 $\dfrac{4}{9}$에 무를 심었습니다. 배추를 심은 밭과 무를 심은 밭 중 어느 것을 심은 쪽이 더 넓을까요?

(   )

1 크기가 같은 분수 알아보기

$\dfrac{4}{6}$와 크기가 같은 분수는 무엇인지 알아보세요.

$$\dfrac{1}{2} \qquad \dfrac{2}{3} \qquad \dfrac{4}{5} \qquad \dfrac{12}{24} \qquad \dfrac{24}{36}$$

풀이 분자와 분모에 각각 0이 아닌 같은 수를 곱하거나 나누어서 크기가 같은 분수를 만듭니다.

$$\dfrac{4}{6}=\dfrac{4\div\boxed{2}}{6\div\boxed{2}}=\dfrac{\boxed{2}}{\boxed{3}}$$

$$\dfrac{4}{6}=\dfrac{4\times\boxed{6}}{6\times\boxed{6}}=\dfrac{\boxed{24}}{\boxed{36}}$$

답 $\dfrac{2}{3}$, $\dfrac{24}{36}$

1-1 ☐ 안에 알맞은 수를 써넣으세요.

(1) $\dfrac{3}{7}=\dfrac{\boxed{}}{14}=\dfrac{9}{\boxed{}}=\dfrac{\boxed{}}{28}=\dfrac{15}{\boxed{}}$

(2) $\dfrac{12}{36}=\dfrac{\boxed{}}{18}=\dfrac{4}{\boxed{}}=\dfrac{\boxed{}}{9}=\dfrac{1}{\boxed{}}$

1-2 왼쪽의 분수와 크기가 같은 분수를 모두 찾아 ○표 하세요.

(1) $\dfrac{3}{4}$ ➡ $\dfrac{5}{6}$ $\quad$ $\dfrac{3}{8}$ $\quad$ $\dfrac{6}{10}$ $\quad$ $\dfrac{6}{8}$ $\quad$ $\dfrac{9}{8}$ $\quad$ $\dfrac{9}{12}$

(2) $\dfrac{8}{20}$ ➡ $\dfrac{4}{5}$ $\quad$ $\dfrac{4}{16}$ $\quad$ $\dfrac{4}{10}$ $\quad$ $\dfrac{2}{10}$ $\quad$ $\dfrac{2}{5}$ $\quad$ $\dfrac{7}{15}$

2 분수를 간단하게 나타내기

$\dfrac{12}{18}$를 최대공약수로 약분하여 기약분수로 나타내는 방법을 알아보세요.

풀이 12와 18의 최대공약수를 구합니다.

$$\begin{array}{r} \boxed{2}\,)\underline{\,12\quad18\,}\\ \boxed{3}\,)\underline{\,6\quad9\,}\\ 2\quad3 \end{array}$$

12와 18의 최대공약수 :
$$\boxed{2}\times\boxed{3}=\boxed{6}$$

$\dfrac{12}{18}$의 분모와 분자를 최대공약수 $\boxed{6}$으로 나눕니다.

$$\dfrac{12}{18}=\dfrac{12\div\boxed{6}}{18\div\boxed{6}}=\dfrac{\boxed{2}}{\boxed{3}}$$

답 $\dfrac{2}{3}$

2-1 $\dfrac{45}{72}$를 약분하여 크기가 같고 분모가 72보다 작은 분수를 모두 써 보세요.

( )

2-2 $\dfrac{24}{40}$를 최대공약수로 약분하여 기약분수로 나타내어 보세요.

( )

3 통분 알아보기

두 분모의 최소공배수를 공통분모로 하여 $\left(\dfrac{5}{12},\ \dfrac{7}{30}\right)$을 통분하는 방법을 알아보세요.

풀이 분모 12와 30의 최소공배수를 구합니다.

$$\begin{array}{r|ll} 2 & 12 & 30 \\ \hline 3 & 6 & 15 \\ \hline & 2 & 5 \end{array}$$

12와 30의 최소공배수 :
$$2 \times 3 \times 2 \times 5 = 60$$

$$\dfrac{5}{12} = \dfrac{5 \times 5}{12 \times 5} = \dfrac{25}{60},$$

$$\dfrac{7}{30} = \dfrac{7 \times 2}{30 \times 2} = \dfrac{14}{60}$$

답 $\left(\dfrac{25}{60},\ \dfrac{14}{60}\right)$

3-1 두 분모의 곱을 공통분모로 하여 $\left(\dfrac{9}{10},\ \dfrac{13}{15}\right)$을 통분해 보세요.

(   )

3-2 두 분모의 최소공배수를 공통분모로 하여 $\left(2\dfrac{7}{16},\ 3\dfrac{11}{24}\right)$을 통분해 보세요.

(,   )

4 분수의 크기 비교하기

주스가 $\dfrac{2}{3}$L, 생수가 $\dfrac{5}{7}$L, 우유가 $\dfrac{3}{5}$L 있습니다. 어느 음료수의 양이 가장 적은지 알아보세요.

풀이 두 분수씩 크기를 비교합니다.

$$\left(\dfrac{2}{3},\ \dfrac{5}{7}\right) \rightarrow \left(\dfrac{14}{21},\ \dfrac{15}{21}\right) \text{이므로}$$

$$\dfrac{2}{3} < \dfrac{5}{7}$$

$$\left(\dfrac{5}{7},\ \dfrac{3}{5}\right) \rightarrow \left(\dfrac{25}{35},\ \dfrac{21}{35}\right) \text{이므로}$$

$$\dfrac{5}{7} > \dfrac{3}{5}$$

$$\left(\dfrac{2}{3},\ \dfrac{3}{5}\right) \rightarrow \left(\dfrac{10}{15},\ \dfrac{9}{15}\right) \text{이므로}$$

$$\dfrac{2}{3} > \dfrac{3}{5}$$

가장 작은 분수부터 차례로 늘어놓으면

$$\dfrac{3}{5} < \dfrac{2}{3} < \dfrac{5}{7} \text{ 입니다.}$$

따라서 우유 의 양이 가장 적습니다.

답 우유

4-1 ㉮, ㉯, ㉰ 3개의 병에 각각 $\dfrac{4}{5}$L, $\dfrac{6}{7}$L, $\dfrac{7}{9}$L의 물이 들어 있습니다. 물이 가장 많이 들어 있는 병부터 차례로 기호를 쓰세요.

(   )

1 $\dfrac{4}{16}$와 크기가 같은 분수를 모두 찾아 기호를 쓰세요.

> ㉠ $\dfrac{4}{6}$　㉡ $\dfrac{1}{3}$　㉢ $\dfrac{1}{4}$　㉣ $\dfrac{2}{6}$　㉤ $\dfrac{2}{8}$

(　　　　　)

⭐중요

2 $\dfrac{7}{8}$과 크기가 같은 분수를 분모가 작은 수부터 2개 쓰세요.

(　　　　　)

3 $\dfrac{2}{5}$와 크기가 같은 분수 중 분모가 15인 분수를 구하세요.

(　　　　　)

4 크기가 $\dfrac{3}{4}$과 같게 색칠하고, □ 안에 알맞은 수를 써넣으세요.

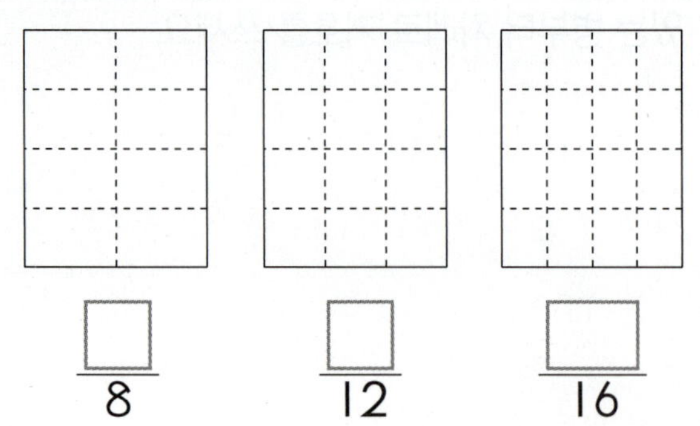

5 $\dfrac{18}{30}$과 크기가 같고 분모가 30보다 작은 분수를 모두 써 보세요.

(　　　　　)

6 분수를 약분하여 기약분수로 나타내려고 합니다. □ 안에 알맞은 수를 써넣으세요.

(1) $\dfrac{12}{18} = \dfrac{12 \div \square}{18 \div \square} = \dfrac{\square}{\square}$

(2) $\dfrac{42}{98} = \dfrac{42 \div \square}{98 \div \square} = \dfrac{\square}{\square}$

7 분수를 약분해 보세요.

(1) $\dfrac{21}{27} = \boxed{}$　　　(2) $\dfrac{10}{12} = \boxed{}$

8 기약분수를 모두 찾아 ◯표 하세요.

$$\frac{1}{3} \; , \; \frac{2}{4} \; , \; \frac{3}{5} \; , \; \frac{4}{6} \; , \; \frac{6}{9} \; , \; \frac{5}{12} \; , \; \frac{7}{14}$$

9 다음 조건에 맞는 분수를 구하세요.

- 약분하면 $\frac{5}{9}$ 가 됩니다.
- 분모와 분자의 합이 42입니다.

(   )

◇**적중**

10 60을 공통분모로 하여 $\frac{11}{20}$ 과 $\frac{8}{15}$ 을 통분하려고 합니다. □ 안에 알맞은 수를 써넣으세요.

$$\left(\frac{11}{20}, \frac{8}{15}\right) \Rightarrow \left(\frac{11 \times \square}{20 \times \square}, \frac{8 \times \square}{15 \times \square}\right)$$

$$\Rightarrow \left(\frac{\square}{60}, \frac{\square}{60}\right)$$

11 두 분모의 곱을 공통분모로 하여 $\frac{5}{6}$ 와 $\frac{1}{9}$ 을 통분해 보세요.

$$\left(\frac{5}{6}, \frac{1}{9}\right) \Rightarrow \left(\frac{\square}{\square}, \frac{\square}{\square}\right)$$

12 두 분모의 최소공배수를 공통분모로 하여 $\frac{5}{6}$ 와 $\frac{7}{8}$ 을 통분해 보세요.

$$\left(\frac{5}{6}, \frac{7}{8}\right) \Rightarrow \left(\frac{\square}{\square}, \frac{\square}{\square}\right)$$

13 두 분모의 최소공배수를 공통분모로 하여 두 분수를 통분해 보세요.

$$\left(\frac{1}{2}, \frac{2}{3}\right) \Rightarrow \left(\frac{\square}{\square}, \frac{\square}{\square}\right)$$

14 다음 중 $\left(\frac{7}{12}, \frac{11}{36}\right)$ 을 통분하려고 할 때, 공통분모가 될 수 <u>없는</u> 수는 어느 것일까요?

.... (   )

① 36   ② 72   ③ 108
④ 144   ⑤ 186

15 $\dfrac{2}{3}$와 $\dfrac{3}{4}$ 사이에 있는 분수 중 분모가 24인 분수를 구하세요.

(   )

★ **중요**

16 $\dfrac{5}{8}$보다 크고 $\dfrac{11}{12}$보다 작은 분수 중에서 분모가 24인 기약분수를 모두 쓰세요.

(   )

앗 주의! 두 개씩 비교합니다.

17 학급 게시판에 전체의 $\dfrac{1}{3}$은 새 소식으로 꾸미고, 전체의 $\dfrac{2}{5}$는 동시로 꾸몄습니다. 또, 전체의 $\dfrac{4}{15}$는 그림으로 꾸몄을 때, 게시판을 가장 많이 차지한 것부터 차례로 쓰세요.

(,   ,   )

18 크기를 비교하여 ○ 안에 >, =, <를 알맞게 써넣으세요.

⑴ $\dfrac{4}{5}$ ○ 0.6

⑵ 0.24 ○ $\dfrac{6}{25}$

서술형

19 분수와 소수의 크기를 비교하여 큰 수를 쓰려고 합니다. 풀이 과정을 쓰고 답을 구하세요.

$$\dfrac{17}{20} \qquad 0.8$$

풀이 과정 _______________________

____

____

____

답 _______________________

20 어머니께서 피자 한 판을 사 오셨습니다. 민영이는 전체의 $\dfrac{3}{8}$을 먹고, 동생은 전체의 0.25를 먹었습니다. 누가 더 많이 먹었을까요?

(   )

지구의 물은 어디서 왔을까요? 46억 년 전 불덩이가 식어 얇은 땅이 생겼을 때는 지금처럼 물이나 공기가 없었습니다. 지구가 식으면서 여기저기서 화산 폭발이 일어났고, 이때 빠져나온 기체들 중에 수증기가 많아서 수백 년 동안 계속 비가 내렸습니다. 이렇게 내린 많은 양의 비가 지금의 바다를 이루게 되었다고 합니다.

 한편 어떤 과학자들은 물을 많이 머금은 소행성이 끊임없이 지구에 충돌하여 바다가 생겼다고도 합니다.

오늘날 바다는 지구 전체의 $\dfrac{7}{10}$을 차지합니다. $\dfrac{7}{10}$과 $\dfrac{14}{20}$를 비교하려고 합니다. 물음에 답하세요.

1 분수만큼 색칠해 보세요.

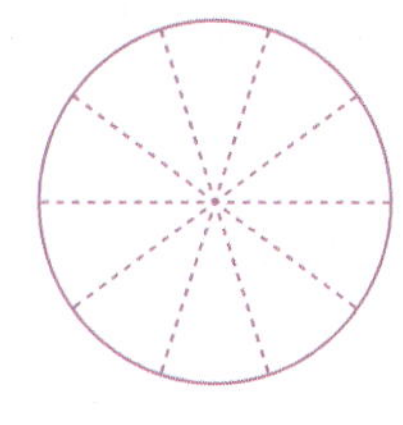

$$\dfrac{7}{10}$$

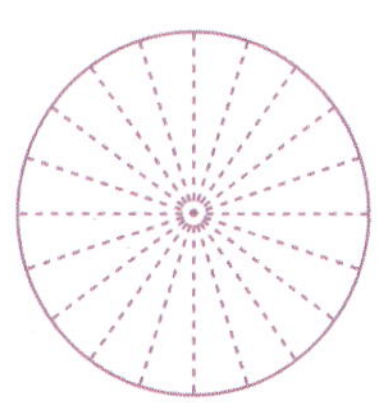

$$\dfrac{14}{20}$$

2 알맞은 말에 ◯표 하세요.

위 **1**번 그림에서 색칠한 부분을 비교하면 $\dfrac{7}{10}$과 $\dfrac{14}{20}$는 크기가 (같습니다 , 다릅니다).

왜 구부려 놓았지?

동성이가 세면대에서 세수를 한 후, 담았던 물을 내려 보냈습니다.

그런데 물이 빨리 내려가지 않아 세면대 밑을 보았더니 물이 흘러가는 관이 똑바로 되어 있지 않고 S자 모양으로 구부러져 있었습니다.

동성이는 머리를 갸우뚱거렸습니다.

'이상하다. 관을 똑바로 해 놓았으면 물이 금방 내려갈텐데 왜 구부려 놓았을까?'

그 때, 부엌에서 어머니께서 말씀하셨습니다.

"왜 싱크대 물이 안 내려가지? 고쳐야겠네."

싱크대 밑을 보았더니, 이번에도 역시 물이 흘러가는 관이 S자 모양으로 구부러져 있었습니다. 너무 의아하게 생각한 동성이는 저녁 때 아버지께 여쭈어 보았습니다.

"물론 처음에는 곧게 만들었단다. 그러다가 나쁜 냄새가 관을 통해 거꾸로 올라오거나 병균의 침입을 막도록 하기 위해서 일부러 그렇게 만들었단다. 원래 하수구에서는 나쁜 냄새가 나고 병균이 올라오기도 하지. 사람들이 어떻게 하면 좋을까 하고 궁리를 했어. 그러다가 나쁜 냄새는 물에 잘 녹고, 또 물이 항상 고여 있으면 병균이 못 올라온다는 사실을 발견했어. 그래서 관을 S자 모양으로 구부려 놓고, 그 구부러진 부분에 물이 항상 고여 있도록 해 놓은 거야. 이제 왜 물이 흘러가는 관이 S자 모양으로 되어 있는지 알겠지? 사람들이 물이 흘러가는 관의 문제점이 무엇인지를 발견하고 그 불편한 점을 없애도록 노력한 가운데 나온 발명품이지. 이렇듯 항상 불편한 점을 없애려고 노력하면 새로운 것이 나오게 된단다."

긴 것을 짧게 하라

긴 것은 거추장스럽고 불편할 때가 많습니다. 따라서 길어서 불편한 것을 짧게 고치면 더욱 더 편리하게 사용할 수 있습니다.

- 줄자 : 사용할 때는 길게 뽑아 쓰고, 사용하지 않을 때는 쏙 들어가게 한다.
- 회사나 가게 셔터 : 문을 열 때는 위로 올려서 줄이고, 문을 닫을 때는 잡아당겨 늘인다.

와! 재미있는 숫자 퍼즐 게임이다~!

① 81칸으로 이루어진 가장 큰 정사각형의 모든 가로, 세로줄에 1부터
  9까지의 숫자를 겹치지 않게 한 번씩만 씁니다.
② 9칸으로 이루어진 9개의 작은 정사각형 안에 각각 1부터 9까지의
  숫자를 겹치지 않게 한 번씩만 씁니다.

자! 시작해 볼까요?

4	2	5		7	3		8	9
	3	6	1		9	5		2
		1	8	5	2	3	6	
9	5	8	2		4	7		3
3	6		9	1			5	
1		2	5		8	9	4	6
	4	3	7	2	6		9	1
2		7	4		1	6	3	
6	9		3	8		4	2	7

분수의 덧셈과 뺄셈

이번에 배울 내용

- 진분수의 덧셈
- 대분수의 덧셈
- 진분수의 뺄셈
- 대분수의 뺄셈

준비 학습

1 대분수는 가분수로, 가분수는 대분수로 나타내어 보세요.

(1) $\dfrac{17}{5}$ ➡ (   )

(2) $7\dfrac{3}{4}$ ➡ (   )

2 분수의 덧셈을 하세요.

(1) $\dfrac{4}{9}+\dfrac{7}{9}$

(   )

(2) $2\dfrac{3}{5}+1\dfrac{1}{5}$

(   )

3 분수의 뺄셈을 하세요.

(1) $\dfrac{11}{7}-\dfrac{6}{7}$

(   )

(2) $5\dfrac{7}{9}-1\dfrac{2}{9}$

(   )

(3) $4-1\dfrac{2}{3}$

(   )

4 $3\dfrac{1}{6}-1\dfrac{3}{6}$ 을 계산하려고 합니다. □ 안에 알맞은 수를 써넣으세요.

(1) **방법 ❶**

$$3\dfrac{1}{6}-1\dfrac{3}{6}=\square\dfrac{\square}{6}-1\dfrac{3}{6}$$

$$=(\square-1)+\left(\dfrac{\square}{6}-\dfrac{3}{6}\right)$$

$$=\square\dfrac{\square}{6}=\square\dfrac{\square}{3}$$

(2) **방법 ❷**

$$3\dfrac{1}{6}-1\dfrac{3}{6}=\dfrac{\square}{6}-\dfrac{\square}{6}$$

$$=\dfrac{\square}{6}=\square\dfrac{\square}{6}=\square\dfrac{\square}{3}$$

5 두 분모의 최소공배수를 공통분모로 하여 통분해 보세요.

(1) $\left(\dfrac{1}{4},\ \dfrac{1}{5}\right)$ ➡ (,   )

(2) $\left(\dfrac{3}{10},\ \dfrac{7}{15}\right)$ ➡ (,   )

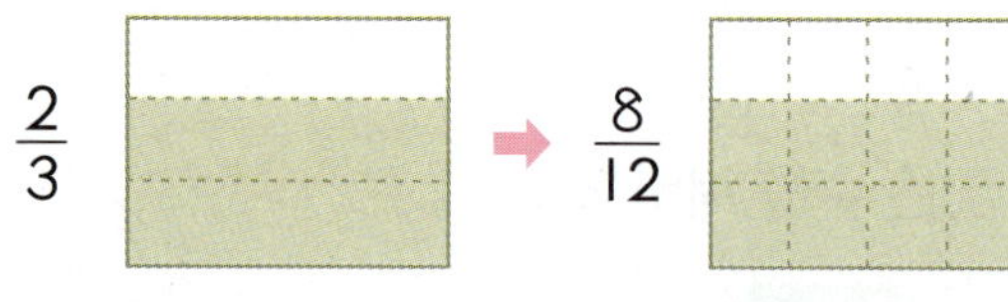

진분수의 덧셈

진분수의 덧셈

- $\dfrac{2}{3}+\dfrac{1}{4}$의 계산

$\dfrac{2}{3}$ → $\dfrac{8}{12}$

$\dfrac{1}{4}$ → $\dfrac{3}{12}$

$$\left(\dfrac{2}{3},\ \dfrac{1}{4}\right) \rightarrow \left(\dfrac{8}{12},\ \dfrac{3}{12}\right)$$

$$\dfrac{2}{3}+\dfrac{1}{4}=\dfrac{8}{12}+\dfrac{3}{12}=\dfrac{11}{12}$$

두 분모 3과 4
의 최소공배수
는 12입니다.

- $\dfrac{1}{2}+\dfrac{5}{8}$의 계산

  - 두 분모의 곱을 공통분모로 하여 통분한 다음 계산하기

$$\dfrac{1}{2}+\dfrac{5}{8}=\dfrac{1\times8}{2\times8}+\dfrac{5\times2}{8\times2}=\dfrac{8}{16}+\dfrac{10}{16}$$
$$=\dfrac{18}{16}=1\dfrac{2}{16}=1\dfrac{1}{8}$$

  - 두 분모의 최소공배수를 공통분모로 하여 통분한 다음 계산하기

$$\dfrac{1}{2}+\dfrac{5}{8}=\dfrac{1\times4}{2\times4}+\dfrac{5}{8}=\dfrac{4}{8}+\dfrac{5}{8}$$
$$=\dfrac{9}{8}=1\dfrac{1}{8}$$

➡ 분모가 다른 두 진분수의 덧셈은 두 분수를 통분하여 계산합니다.

개념알기

1 $\dfrac{1}{5}+\dfrac{2}{3}$를 계산하려고 합니다. 그림을 보고 □ 안에 알맞은 수를 써넣으세요.

$\dfrac{1}{5}$ $\qquad$ $\dfrac{2}{3}$

(1) 두 분모의 곱 15를 공통분모로 하여 통분합니다.

$$\dfrac{1}{5}=\dfrac{\boxed{}}{15},\ \dfrac{2}{3}=\dfrac{\boxed{}}{15}$$

(2) 분수의 덧셈은 통분하여 계산합니다.

$$\dfrac{1}{5}+\dfrac{2}{3}=\dfrac{\boxed{}}{15}+\dfrac{\boxed{}}{15}=\dfrac{\boxed{}}{15}$$

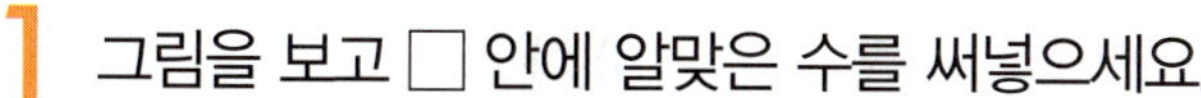

1 그림을 보고 □ 안에 알맞은 수를 써넣으세요.

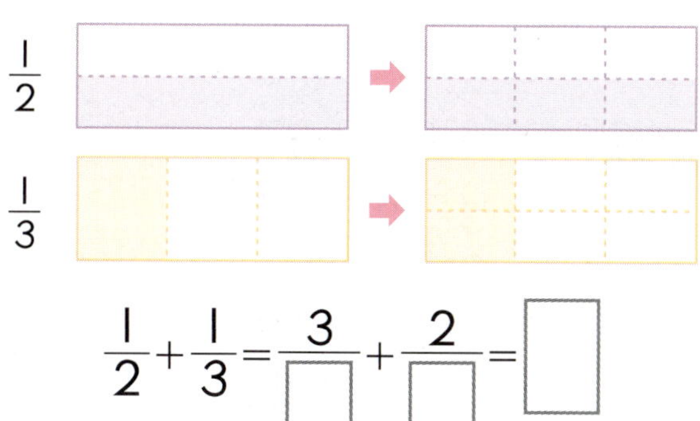

$$\frac{1}{2}+\frac{1}{3}=\frac{3}{\Box}+\frac{2}{\Box}=\Box$$

2~3 □ 안에 알맞은 수를 써넣으세요.

2 $\dfrac{1}{7}+\dfrac{1}{5}=\dfrac{1\times5}{7\times\Box}+\dfrac{1\times\Box}{5\times7}$

$$=\frac{5}{\Box}+\frac{\Box}{35}=\Box$$

3 $\dfrac{1}{5}+\dfrac{1}{15}=\dfrac{1\times3}{5\times\Box}+\dfrac{\Box}{15}$

$$=\frac{3}{\Box}+\frac{\Box}{15}=\Box$$

핵심 콕

4 $\dfrac{2}{7}+\dfrac{4}{21}=\dfrac{2\times\Box}{7\times\Box}+\dfrac{4}{21}$

$$=\frac{\Box}{21}+\frac{4}{21}=\Box$$

5 $\dfrac{3}{4}+\dfrac{5}{6}$ 를 계산하려고 합니다. □ 안에 알맞은 수를 써넣으세요.

⑴ 두 분모의 곱 24를 공통분모로 하여 통분한 다음 계산합니다.

$$\frac{3}{4}+\frac{5}{6}=\frac{3\times6}{4\times6}+\frac{5\times4}{6\times4}$$

$$=\frac{\Box}{24}+\frac{\Box}{24}=\frac{\Box}{24}$$

$$=\Box\frac{\Box}{24}=\Box$$

⑵ 두 분모의 최소공배수 12를 공통분모로 하여 통분한 다음 계산합니다.

$$\frac{3}{4}+\frac{5}{6}=\frac{3\times\Box}{4\times3}+\frac{5\times\Box}{6\times2}$$

$$=\frac{\Box}{12}+\frac{\Box}{12}=\frac{\Box}{12}=\Box$$

6 □ 안에 알맞은 수를 써넣으세요.

$$\frac{2}{5}+\frac{1}{8}=\Box$$

7 진흥이는 동화책을 어제는 전체의 $\dfrac{3}{8}$ 을 읽었고, 오늘은 전체의 $\dfrac{1}{4}$ 을 읽었습니다. 어제와 오늘 읽은 양은 전체의 몇 분의 몇일까요?

(   )

 대분수의 덧셈

❖ 대분수의 덧셈

• $1\dfrac{1}{2}+2\dfrac{2}{3}$ 의 계산

방법 ❶

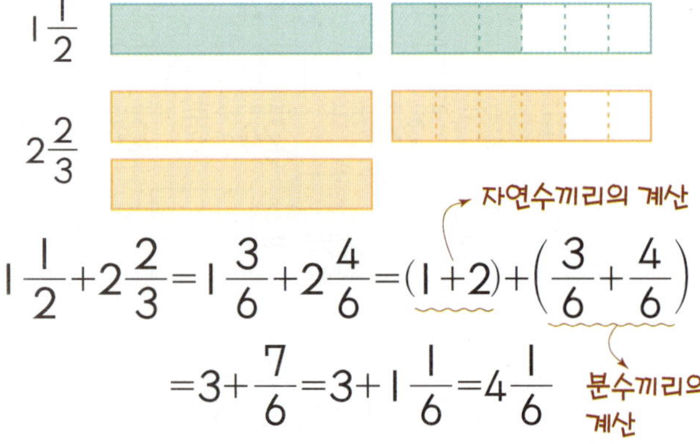

$$1\dfrac{1}{2}+2\dfrac{2}{3}=1\dfrac{3}{6}+2\dfrac{4}{6}=(1+2)+\left(\dfrac{3}{6}+\dfrac{4}{6}\right)$$

자연수끼리의 계산

$$=3+\dfrac{7}{6}=3+1\dfrac{1}{6}=4\dfrac{1}{6}$$

분수끼리의 계산

> 분모가 다른 대분수의 덧셈은 분모를 통분한 다음 자연수는 자연수끼리, 분수는 분수끼리 계산합니다.

방법 ❷

$$1\dfrac{1}{2}+2\dfrac{2}{3}=\dfrac{3}{2}+\dfrac{8}{3}$$

$$=\dfrac{3\times3}{2\times3}+\dfrac{8\times2}{3\times2}$$

$$=\dfrac{9}{6}+\dfrac{16}{6}$$

$$=\dfrac{25}{6}=4\dfrac{1}{6}$$

➡ 계산 결과가 가분수이면 대분수로 고쳐서 나타냅니다.

> 분모가 다른 대분수의 덧셈은 대분수를 가분수로 고쳐서 계산할 수 있습니다.

개념알기

1 $1\dfrac{3}{4}+2\dfrac{5}{8}$ 를 계산하려고 합니다. □ 안에 알맞은 수를 써넣으세요.

(1) **방법 ❶** $1\dfrac{3}{4}+2\dfrac{5}{8}=1\dfrac{\square}{8}+2\dfrac{5}{8}=(1+2)+\left(\dfrac{\square}{8}+\dfrac{5}{8}\right)$

$$=3+\dfrac{\square}{8}=3+\square\dfrac{\square}{8}=\square$$

(2) **방법 ❷** $1\dfrac{3}{4}+2\dfrac{5}{8}=\dfrac{\square}{4}+\dfrac{\square}{8}=\dfrac{\square\times2}{4\times2}+\dfrac{\square}{8}$

$$=\dfrac{\square}{8}+\dfrac{\square}{8}=\dfrac{\square}{8}=\square$$

1 그림을 보고 □ 안에 알맞은 수를 써넣으세요.

$2\frac{1}{2}$

$1\frac{2}{3}$

$$2\frac{1}{2}+1\frac{2}{3}=2\frac{\square}{6}+1\frac{\square}{6}=3+\frac{\square}{6}$$

$$=\frac{\square}{}+1\frac{\square}{6}=\boxed{}$$

핵심 콕

2~3 □ 안에 알맞은 수를 써넣으세요.

2
$$2\frac{1}{2}+3\frac{7}{11}=2\frac{\square}{22}+3\frac{\square}{22}$$
$$=(2+3)+\left(\frac{\square}{22}+\frac{\square}{22}\right)$$
$$=5+\frac{\square}{22}=5+1\frac{\square}{22}=\boxed{}$$

3
$$1\frac{3}{5}+2\frac{3}{4}=\frac{\square}{5}+\frac{\square}{4}$$
$$=\frac{\square\times4}{5\times4}+\frac{\square\times5}{4\times5}$$
$$=\frac{\square}{20}+\frac{\square}{20}$$
$$=\frac{\square}{20}=\boxed{}$$

4 $2\frac{3}{4}+1\frac{2}{3}$ 를 두 가지 방법으로 계산해 보세요.

(1) **방법 ❶** 자연수는 자연수끼리, 분수는 분수끼리 계산하기

$$2\frac{3}{4}+1\frac{2}{3}=\underline{}$$

(2) **방법 ❷** 대분수를 가분수로 고쳐서 계산하기

$$2\frac{3}{4}+1\frac{2}{3}=\underline{}$$

5~6 계산해 보세요.

5 $1\frac{5}{8}+3\frac{5}{12}$

$$()$$

6 $2\frac{5}{6}+3\frac{1}{4}$

$$()$$

7 지호네 집에는 우유 $1\frac{7}{12}$L와 주스 $2\frac{8}{15}$L가 있습니다. 지호네 집에 있는 우유와 주스는 모두 몇 L일까요?

$$()$$

진분수의 뺄셈

진분수의 뺄셈

- $\dfrac{2}{3} - \dfrac{1}{4}$ 의 계산

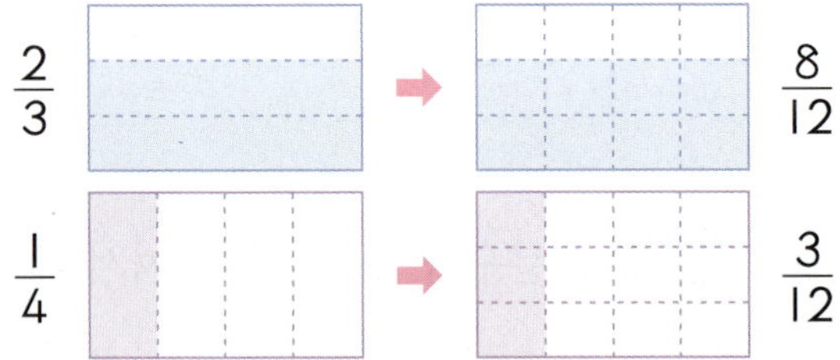

$\dfrac{2}{3}$　　　　　$\dfrac{8}{12}$

$\dfrac{1}{4}$　　　　　$\dfrac{3}{12}$

$$\dfrac{2}{3} - \dfrac{1}{4} = \dfrac{2\times4}{3\times4} - \dfrac{1\times3}{4\times3}$$

통분하는 과정입니다.

$$= \dfrac{8}{12} - \dfrac{3}{12} = \dfrac{5}{12}$$

➡ 분모가 다른 두 분수의 뺄셈을 할 때에는 두 분수를 통분한 다음 계산합니다.

- $\dfrac{5}{6} - \dfrac{3}{4}$ 의 계산

  - 두 분모의 곱 24를 공통분모로 하여 통분한 다음 계산하기

$$\dfrac{5}{6} - \dfrac{3}{4} = \dfrac{5\times4}{6\times4} - \dfrac{3\times6}{4\times6} = \dfrac{20}{24} - \dfrac{18}{24}$$

$$= \dfrac{2}{24} = \dfrac{1}{12}$$

〈다른 풀이〉

$$\dfrac{5}{6} \overset{5\times4}{\underset{}{}} \dfrac{3}{4}^{3\times6} = \dfrac{20-18}{24} = \dfrac{2}{24} = \dfrac{1}{12}$$

  - 두 분모의 최소공배수 12를 공통분모로 하여 통분한 다음 계산하기

$$\dfrac{5}{6} - \dfrac{3}{4} = \dfrac{5\times2}{6\times2} - \dfrac{3\times3}{4\times3}$$

$$= \dfrac{10}{12} - \dfrac{9}{12} = \dfrac{1}{12}$$

개념알기

1 $\dfrac{3}{4} - \dfrac{2}{3}$ 를 계산하려고 합니다. 그림을 보고 □ 안에 알맞은 수를 써넣으세요.

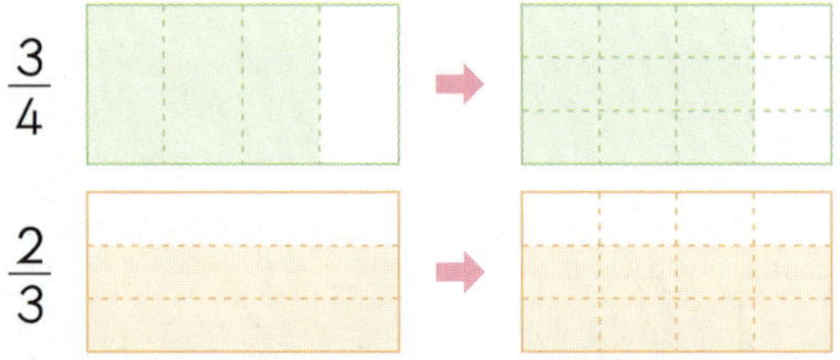

$\dfrac{3}{4}$

$\dfrac{2}{3}$

(1) 두 분모의 곱 12를 공통분모로 하여 통분합니다.

$$\dfrac{3}{4} = \dfrac{\square}{12}, \quad \dfrac{2}{3} = \dfrac{\square}{12}$$

(2) 분수의 뺄셈은 통분하여 계산합니다.

$$\dfrac{3}{4} - \dfrac{2}{3} = \dfrac{\square}{12} - \dfrac{\square}{12} = \dfrac{\square - \square}{12} = \dfrac{\square}{12}$$

1 $\dfrac{5}{6}-\dfrac{1}{4}$을 계산하려고 합니다. □ 안에 알맞은 수를 써넣으세요.

(1) 두 분모의 곱 24를 공통분모로 하여 통분한 다음 계산합니다.

$$\dfrac{5}{6}-\dfrac{1}{4}=\dfrac{5\times4}{6\times4}-\dfrac{1\times6}{4\times6}$$
$$=\dfrac{\square}{24}-\dfrac{\square}{24}=\dfrac{\square}{24}=\dfrac{\square}{12}$$

(2) 두 분모의 최소공배수 12를 공통분모로 하여 통분한 다음 계산합니다.

$$\dfrac{5}{6}-\dfrac{1}{4}=\dfrac{5\times\square}{6\times2}-\dfrac{1\times\square}{4\times3}$$
$$=\dfrac{\square}{12}-\dfrac{\square}{12}=\dfrac{\square}{12}$$

2  □ 안에 알맞은 수를 써넣으세요.

(1) $\dfrac{4}{5}-\dfrac{2}{3}=\dfrac{\square}{15}-\dfrac{\square}{15}=\dfrac{\square}{15}$

(2) $\dfrac{7}{8}-\dfrac{5}{6}=\dfrac{\square}{24}-\dfrac{\square}{24}=\square$

3 계산해 보세요.

(1) $\dfrac{5}{12}-\dfrac{7}{36}$

(　　　　　)

(2) $\dfrac{5}{9}-\dfrac{2}{15}$

(　　　　　)

 □ 안에 알맞은 수를 써넣으세요.

4 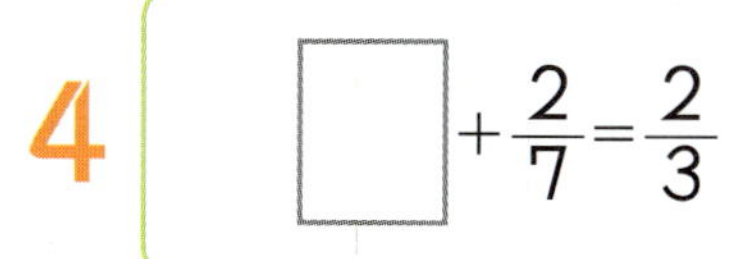
$$\square+\dfrac{2}{7}=\dfrac{2}{3}$$

5 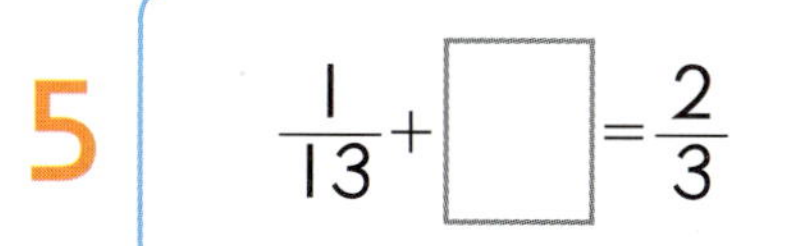
$$\dfrac{1}{13}+\square=\dfrac{2}{3}$$

6  두 분수의 차를 구하세요.

$$\dfrac{7}{8}\qquad\dfrac{3}{5}$$

(　　　　　)

7 ○ 안에 >, =, <를 알맞게 써넣으세요.

$$\dfrac{5}{6}-\dfrac{2}{5}\ \bigcirc\ \dfrac{1}{3}-\dfrac{1}{10}$$

8 기찬이의 가방 무게는 $\dfrac{5}{6}$kg이고, 수영이의 가방 무게는 $\dfrac{3}{5}$kg입니다. 기찬이의 가방 무게는 수영이의 가방 무게보다 몇 kg 더 무거울까요?

(　　　　　)

대분수의 뺄셈

받아내림이 없는 대분수의 뺄셈

· $3\frac{4}{5}-1\frac{2}{3}$ 의 계산

방법 ❶
$$3\frac{4}{5}-1\frac{2}{3}=3\frac{12}{15}-1\frac{10}{15}$$
$$=(3-1)+\left(\frac{12}{15}-\frac{10}{15}\right)$$

자연수끼리의 계산　　　분수끼리의 계산

$$=2+\frac{2}{15}=2\frac{2}{15}$$

방법 ❷
$$3\frac{4}{5}-1\frac{2}{3}=\frac{19}{5}-\frac{5}{3}=\frac{57}{15}-\frac{25}{15}$$
$$=\frac{32}{15}=2\frac{2}{15}$$

대분수로 고칩니다.

➡ 대분수의 뺄셈은 자연수는 자연수끼리, 분수는 분수끼리 계산하거나 대분수를 가분수로 고쳐서 계산합니다.

받아내림이 있는 대분수의 뺄셈

· $2\frac{1}{5}-1\frac{1}{2}$ 의 계산

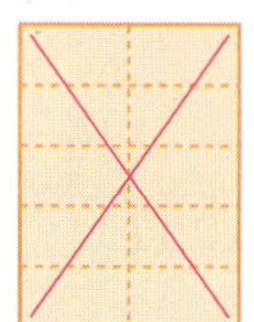 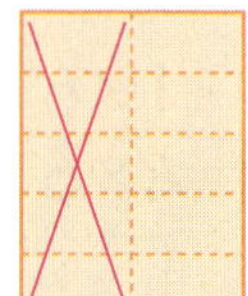 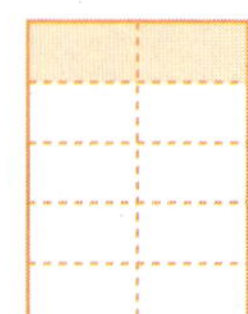

방법 ❶
$$2\frac{1}{5}-1\frac{1}{2}=2\frac{2}{10}-1\frac{5}{10}=1\frac{12}{10}-1\frac{5}{10}$$
$$=(1-1)+\left(\frac{12}{10}-\frac{5}{10}\right)=\frac{7}{10}$$

방법 ❷
$$2\frac{1}{5}-1\frac{1}{2}=\frac{11}{5}-\frac{3}{2}=\frac{11\times2}{5\times2}-\frac{3\times5}{2\times5}$$
$$=\frac{22}{10}-\frac{15}{10}=\frac{7}{10}$$

개념알기

1 □ 안에 알맞은 수를 써넣으세요.

(1) $3\frac{3}{4}-1\frac{5}{8}=\dfrac{\square}{4}-\dfrac{\square}{8}=\dfrac{\square}{8}-\dfrac{\square}{8}=\dfrac{\square}{8}=\square$

(2) $3\frac{1}{2}-1\frac{5}{6}=3\frac{\square}{6}-1\frac{5}{6}=2\frac{\square}{6}-1\frac{5}{6}$

$$=(2-1)+\left(\frac{\square}{6}-\frac{5}{6}\right)=1\frac{\square}{6}=1\frac{\square}{3}$$

1 두 분수의 차를 구하려고 합니다. 그림을 보고 □ 안에 알맞은 수를 써넣으세요.

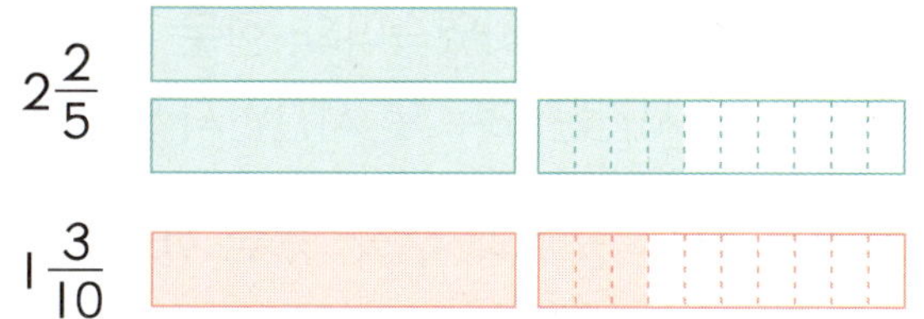

두 분모의 최소공배수 10을 공통분모로 하여 통분한 다음 계산합니다.

$$2\frac{2}{5}-1\frac{3}{10}=2\frac{\square}{10}-1\frac{\square}{10}$$
$$=\boxed{}$$

2 $1\frac{2}{3}$ 만큼 색칠된 부분에 $\frac{4}{9}$ 만큼 ×로 지워 $1\frac{2}{3}-\frac{4}{9}$ 를 계산해 보세요.

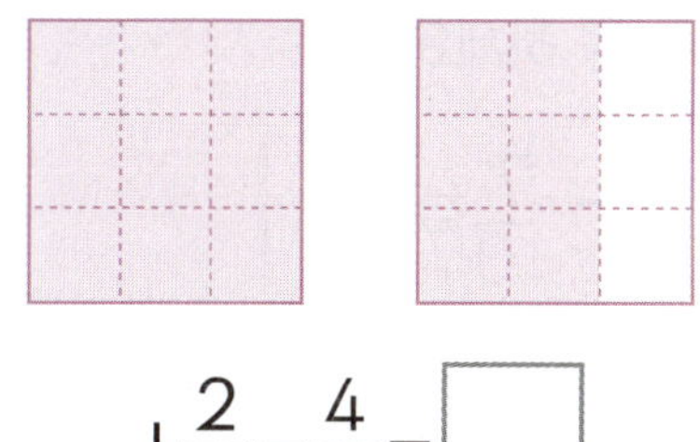

$$1\frac{2}{3}-\frac{4}{9}=\boxed{}$$

3 □ 안에 알맞은 수를 써넣으세요.

$$2\frac{5}{6}-1\frac{1}{5}=2\frac{\square}{30}-1\frac{\square}{30}$$
$$=(2-1)+\left(\frac{\square}{30}-\frac{\square}{30}\right)$$
$$=\square+\frac{\square}{30}=\boxed{}$$

4 $2\frac{1}{4}-1\frac{3}{8}$ 을 계산하려고 합니다. □ 안에 알맞은 수를 써넣으세요.

(1) 방법 **①** $2\frac{1}{4}-1\frac{3}{8}=2\frac{\square}{8}-1\frac{3}{8}$
$$=1\frac{\square}{8}-1\frac{3}{8}$$
$$=(1-1)+\left(\frac{\square}{8}-\frac{3}{8}\right)$$
$$=\frac{\square}{8}$$

(2) 방법 **②** $2\frac{1}{4}-1\frac{3}{8}=\frac{\square}{4}-\frac{\square}{8}$
$$=\frac{\square}{8}-\frac{\square}{8}=\frac{\square}{8}$$

5 □ 안에 알맞은 수를 써넣으세요.

$$6\frac{1}{5}-3\frac{2}{3}=6\frac{\square}{15}-3\frac{\square}{15}$$
$$=5\frac{\square}{15}-3\frac{\square}{15}$$
$$=(\square-\square)+\left(\frac{\square}{15}-\frac{\square}{15}\right)$$
$$=\square+\frac{\square}{15}=\boxed{}$$

6 □ 안에 알맞은 수를 써넣으세요.

$$4\frac{1}{4}-2\frac{5}{6}=\frac{\square}{4}-\frac{\square}{6}$$
$$=\frac{\square}{12}-\frac{\square}{12}$$
$$=\frac{\square}{12}=\boxed{}$$

1 진분수의 덧셈

꽃밭의 $\dfrac{2}{5}$에는 장미를 심었고, $\dfrac{1}{4}$에는 국화를 심었습니다. 장미와 국화를 심은 부분은 전체의 얼마인지 알아보세요.

풀이 장미를 심은 부분과 국화를 심은 부분의 합을 구합니다.

두 분모의 최소공배수 20을 공통분모로 하여 통분한 다음 계산합니다.

$$\dfrac{2}{5}+\dfrac{1}{4}=\dfrac{8}{20}+\dfrac{5}{20}=\dfrac{13}{20}$$

➡ 장미와 국화를 심은 부분은 전체의 $\boxed{\dfrac{13}{20}}$ 입니다.

답 $\dfrac{13}{20}$

1-1 계산을 하세요.

(1) $\dfrac{2}{5}+\dfrac{5}{9}=\boxed{}$

(2) $\dfrac{3}{4}+\dfrac{2}{3}=\boxed{}$

1-2 밭의 $\dfrac{1}{3}$에는 고구마를 심고, $\dfrac{4}{7}$에는 감자를 심었습니다. 고구마와 감자를 심은 부분은 전체의 얼마일까요?

(   )

2 대분수의 덧셈

은정이는 $1\dfrac{2}{3}$시간은 한문 공부를 하고, $2\dfrac{3}{4}$시간은 수학 공부를 하였습니다. 한문 공부와 수학 공부를 한 시간은 모두 몇 시간인지 알아보세요.

풀이 한문 공부와 수학 공부 한 시간을 더합니다.

$$1\dfrac{2}{3}+2\dfrac{3}{4}=1\dfrac{8}{12}+2\dfrac{9}{12}$$
$$=(1+2)+\left(\dfrac{8}{12}+\dfrac{9}{12}\right)$$
$$=3+\dfrac{17}{12}$$
$$=3+1\dfrac{5}{12}=4\dfrac{5}{12}\ (시간)$$

답 $4\dfrac{5}{12}$시간

2-1 계산을 하세요.

(1) $3\dfrac{4}{5}+2\dfrac{7}{10}=\boxed{}$

(2) $3\dfrac{1}{2}+1\dfrac{6}{7}=\boxed{}$

2-2 빨간색 털실의 길이는 $2\dfrac{5}{7}$ m이고, 노란색 털실의 길이는 $1\dfrac{11}{28}$ m입니다. 빨간색 털실의 길이와 노란색 털실의 길이의 합은 몇 m일까요?

(   )

3 진분수의 뺄셈

선물을 묶는 데 지수는 $\dfrac{5}{9}$m의 리본을 사용했고, 아현이는 $\dfrac{7}{12}$m의 리본을 사용했습니다. 아현이는 지수보다 리본을 몇 m 더 사용했는지 알아보세요.

풀이 아현이가 사용한 리본의 길이에서 지수가 사용한 리본의 길이를 뺍니다.

$$\dfrac{7}{12}-\dfrac{5}{9}=\dfrac{21}{36}-\dfrac{20}{36}=\dfrac{1}{36}\,(\text{m})$$

아현이는 지수보다 리본을 $\dfrac{1}{36}$ m 더 사용했습니다.

답 $\dfrac{1}{36}$ m

3-1 계산을 하세요.

(1) $\dfrac{7}{12}-\dfrac{1}{3}=\boxed{}$

(2) $\dfrac{7}{8}-\dfrac{3}{10}=\boxed{}$

3-2 보람이는 피아노를 $\dfrac{5}{6}$시간 동안 연습하고, 민영이는 $\dfrac{4}{9}$시간 동안 연습하였습니다. 누가 피아노를 몇 시간 더 연습했을까요?

(,   )

4 대분수의 뺄셈

배가 들어 있는 상자의 무게를 재어 보니 $10\dfrac{2}{3}$kg이었습니다. 상자의 무게가 $1\dfrac{1}{2}$kg이라면, 배의 무게는 몇 kg인지 알아보세요.

풀이 배의 무게는 배가 들어 있는 상자의 무게에서 상자의 무게를 뺍니다.

$$10\dfrac{2}{3}-1\dfrac{1}{2}=10\dfrac{4}{6}-1\dfrac{3}{6}$$
$$=(10-1)+\left(\dfrac{4}{6}-\dfrac{3}{6}\right)=9\dfrac{1}{6}\,(\text{kg})$$

답 $9\dfrac{1}{6}$ kg

4-1 대분수를 가분수로 고쳐서 계산하는 방법으로 계산해 보세요.

(1) $4\dfrac{2}{9}-2\dfrac{1}{6}=$

(2) $6\dfrac{2}{5}-3\dfrac{3}{4}=$

4-2 종철이는 시골에 계신 큰아버지 댁에 가는데 $3\dfrac{1}{4}$시간은 기차를 타고, $2\dfrac{5}{6}$시간은 버스를 탔습니다. 기차를 탄 시간은 버스를 탄 시간보다 몇 시간 더 많을까요?

(   )

1 계산을 하세요.

(1) $\dfrac{3}{5}+\dfrac{1}{8}$

(　　　　　　)

(2) $\dfrac{5}{9}+\dfrac{5}{6}$

(　　　　　　)

2~3 보기 와 같이 계산해 보세요.

보기
$$\dfrac{5}{12}+\dfrac{7}{9}=\dfrac{5\times3}{12\times3}+\dfrac{7\times4}{9\times4}$$
$$=\dfrac{15}{36}+\dfrac{28}{36}=\dfrac{43}{36}=1\dfrac{7}{36}$$

2 $\dfrac{5}{6}+\dfrac{7}{9}=$ _______________

____

3 $\dfrac{3}{4}+\dfrac{3}{10}=$ _______________

____

4 □ 안에 알맞은 수를 써넣으세요.

$$\dfrac{3}{4}+\dfrac{1}{3}=\boxed{}$$

5 민정이 어머니께서는 시장에서 $\dfrac{1}{5}$ kg짜리와 $\dfrac{1}{3}$ kg짜리 호박을 1개씩 샀습니다. 두 호박의 무게의 합은 몇 kg일까요?

(　　　　　　)

6 □ 안에 알맞은 수를 써넣으세요.

(1) $1\dfrac{5}{6}+2\dfrac{1}{2}=1\dfrac{5}{6}+2\dfrac{\boxed{}}{6}$

$=(1+2)+\left(\dfrac{5}{6}+\dfrac{\boxed{}}{6}\right)$

$=3+\dfrac{\boxed{}}{6}=3+1\dfrac{\boxed{}}{6}$

$=\dfrac{\boxed{}}{6}=\dfrac{\boxed{}}{3}$

(2) $2\dfrac{5}{6}+1\dfrac{3}{8}=\dfrac{\boxed{}}{6}+\dfrac{\boxed{}}{8}$

$=\dfrac{\boxed{}}{24}+\dfrac{\boxed{}}{24}$

$=\dfrac{\boxed{}}{24}=\boxed{}$

★ 중요

7 ○ 안에 >, =, <를 알맞게 써넣으세요.

$$3\dfrac{1}{2}+5\dfrac{2}{3}\ \bigcirc\ 5\dfrac{1}{2}+3\dfrac{3}{4}$$

8 그림을 보고 집에서 우체국을 거쳐 학교까지 가는 거리를 구하세요.

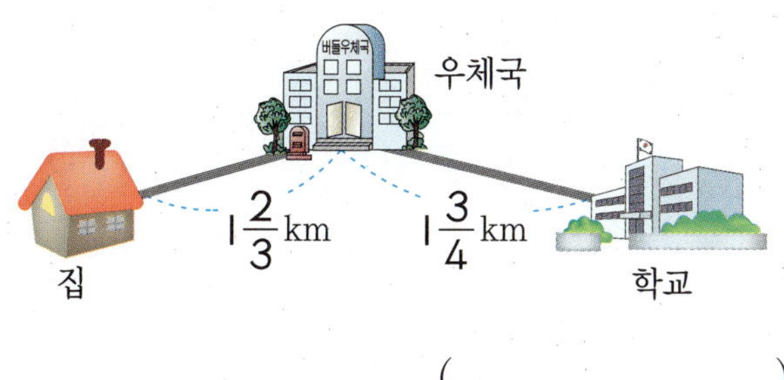

( )

서술형

9 삼각형의 세 변의 길이의 합은 몇 m인지 풀이 과정을 쓰고 답을 구하세요.

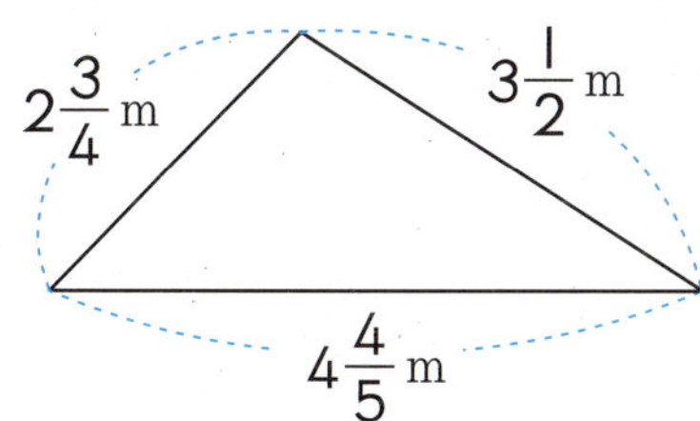

풀이 과정

____

____

____

답 ________________________

10 □ 안에 알맞은 수를 써넣으세요.

(1) $\dfrac{2}{3} - \dfrac{1}{5} = \dfrac{\square}{15} - \dfrac{\square}{15} = \square$

(2) $\dfrac{5}{8} - \dfrac{1}{6} = \dfrac{\square}{24} - \dfrac{\square}{24} = \square$

11 두 분수의 차를 구하세요.

$$\frac{3}{7} \qquad \frac{1}{5}$$

( )

12 계산해 보세요.

(1) $\dfrac{5}{9} - \dfrac{1}{4}$

( )

(2) $\dfrac{3}{4} - \dfrac{1}{5}$

( )

13 □ 안에 알맞은 분수를 써넣으세요.

$$\frac{1}{3} - \boxed{} = \frac{1}{12}$$

14 가장 큰 분수와 가장 작은 분수의 차를 구하세요.

$$\frac{1}{4} \qquad \frac{1}{7} \qquad \frac{1}{16}$$

( )

15 철사가 $\dfrac{2}{3}$ m 있습니다. 그중에서 미술 시간에 $\dfrac{7}{30}$ m를 잘라서 썼습니다. 남은 철사의 길이는 몇 m일까요?

(   )

16 □ 안에 알맞은 수를 써넣으세요.

$$4\dfrac{2}{9}-2\dfrac{5}{6}=4\dfrac{\boxed{}}{18}-2\dfrac{\boxed{}}{18}$$

$$=3\dfrac{\boxed{}}{18}-2\dfrac{\boxed{}}{18}$$

$$=1\dfrac{\boxed{}}{18}$$

◈**적중**

17 $5\dfrac{3}{4}-3\dfrac{1}{3}$ 을 두 가지 방법으로 계산해 보세요.

(1) **방법 ❶** 자연수는 자연수끼리, 분수는 분수끼리 계산하기

$$5\dfrac{3}{4}-3\dfrac{1}{3}=\underline{}$$

(2) **방법 ❷** 대분수를 가분수로 고쳐서 계산하기

$$5\dfrac{3}{4}-3\dfrac{1}{3}=\underline{}$$

18 계산 결과를 비교하여 ○ 안에 >, =, <를 알맞게 써넣으세요.

$$5\dfrac{4}{5}-2\dfrac{3}{10}\ \bigcirc\ 6\dfrac{1}{12}-3\dfrac{1}{3}$$

19 그림을 보고 □ 안에 알맞은 수를 써넣으세요.

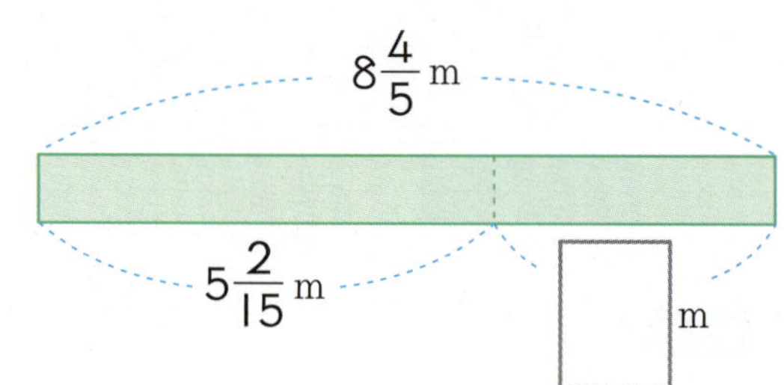

20 제과점에서 밀가루 $4\dfrac{3}{5}$ kg 중 케이크를 만드는 데 $2\dfrac{9}{10}$ kg을 사용하였습니다. 남은 밀가루는 몇 kg일까요?

(   )

민호는 '사랑의 밥차'로 따뜻한 마음을 함께 나누기 위해 봉사 활동에 참여하게 되었습니다. 내가 만든 음식이 누군가에게는 힘이 되는 일이라고 생각하니 기분이 좋아졌습니다. 오늘의 메뉴는 갈비탕! 처음 만들어 보는 음식이라 요리사  선생님 말씀을 잘 듣고 따라 만들어야겠다고 다짐했습니다. 특히 오늘은 독거노인을 위한 행사라고 하니 오시는 분 모두를 우리 할머니, 할아버지라고 생각하고 열심히 만들어야겠다고 생각했습니다.

갈비탕에 들어갈 재료입니다. 물음에 답하세요.

⟨갈비 $\dfrac{3}{4}$ kg⟩ ⟨고기 $\dfrac{1}{3}$ kg⟩ ⟨무 $\dfrac{1}{12}$ kg⟩ ⟨마늘 $\dfrac{3}{20}$ kg⟩

1 갈비는 고기보다 얼마나 더 많이 필요한지 알아보기 위해 $\dfrac{3}{4} - \dfrac{1}{3}$ 을 계산하려고 합니다. 그림을 보고 □ 안에 알맞은 수를 써넣으세요.

$$\dfrac{3}{4} = \dfrac{\square}{12} \qquad \dfrac{1}{3} = \dfrac{\square}{12}$$

$$\dfrac{3}{4} - \dfrac{1}{3} = \dfrac{\square}{12} - \dfrac{\square}{12} = \square$$

2 마늘은 무보다 얼마나 더 필요한지 알아보려고 합니다. 두 분모의 최소공배수를 공통분모로 하여 $\dfrac{3}{20} - \dfrac{1}{12}$ 을 계산할 때 □ 안에 알맞은 수를 써넣으세요.

$$\dfrac{3}{20} - \dfrac{1}{12} = \dfrac{3 \times \square}{20 \times 3} - \dfrac{1 \times \square}{12 \times 5} = \dfrac{\square}{60} - \dfrac{\square}{60} = \dfrac{\square}{60} = \dfrac{1}{\square}$$

6 다각형의 둘레와 넓이

이번에 배울 내용

- 정다각형, 사각형의 둘레 구하기
- $1\,cm^2$ 알아보기
- 직사각형의 넓이 구하기
- $1\,cm^2$보다 더 큰 넓이의 단위 알아보기
- 평행사변형, 삼각형의 넓이 구하기
- 마름모, 사다리꼴의 넓이 구하기

1 다음 그림에서 ▲, ■, ● 모양은 각각 몇 개일까요?

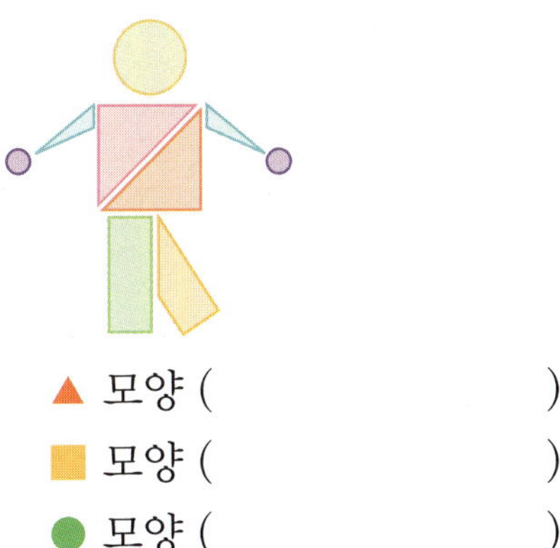

▲ 모양 (   )

■ 모양 (   )

● 모양 (   )

2 □ 안에 알맞은 수를 써넣으세요.

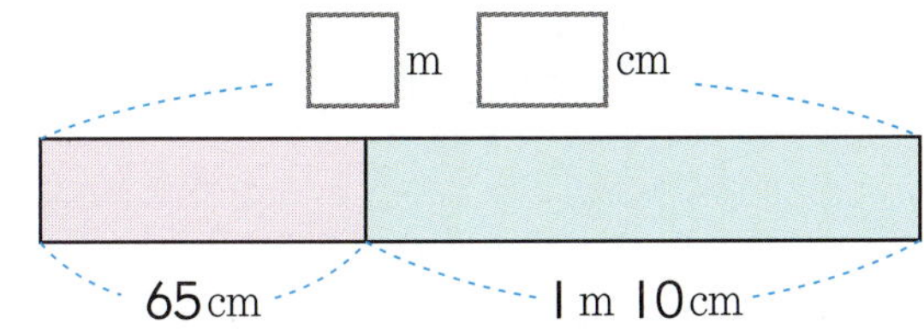

65 cm   1 m 10 cm

3 직사각형을 찾아 기호를 쓰세요.

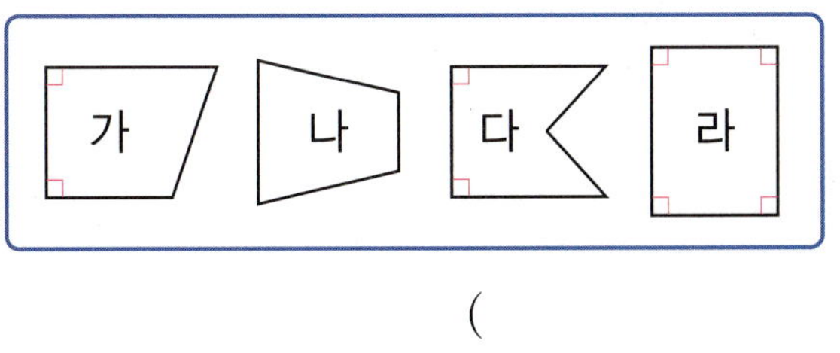

(   )

4 사각형의 이름을 쓰세요.

(1) 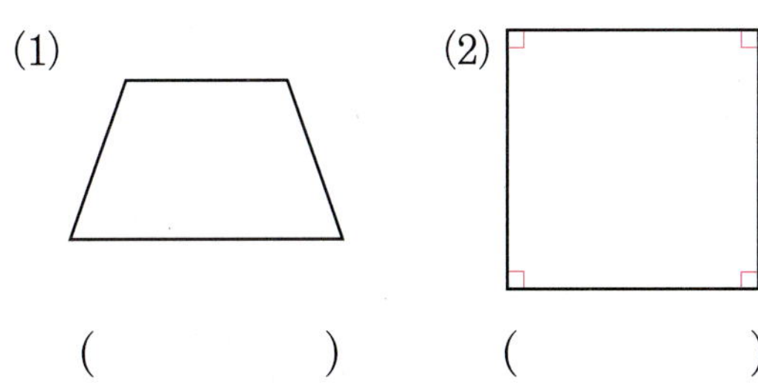 (2)

(   ) (   )

5 점 종이에 평행사변형과 정사각형을 각각 1개씩 그려 보세요.

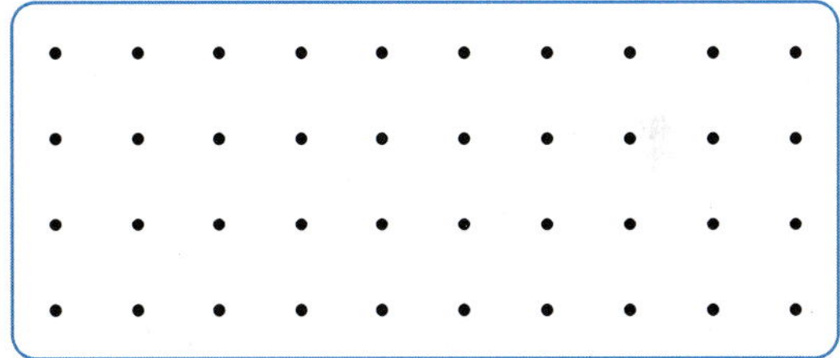

6 평행선 사이의 거리를 구하세요.

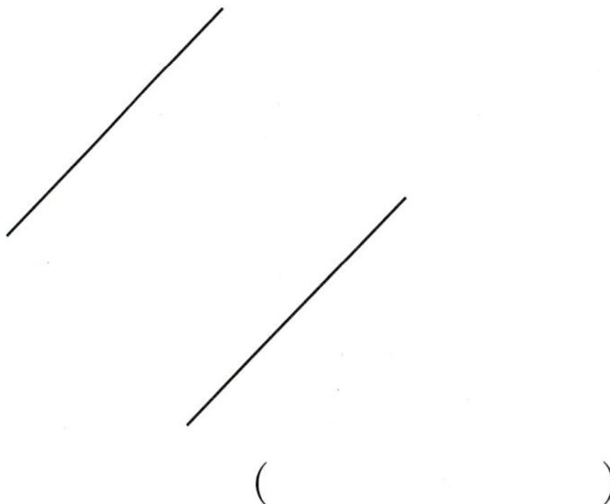

(   )

정다각형, 사각형의 둘레 구하기

정다각형의 둘레 구하기

- 길이가 2cm인 색 막대를 사용하여 정다각형을 만들고 둘레 구하기

물건 가장자리를 한 번 둘러싼 끈의 길이입니다.

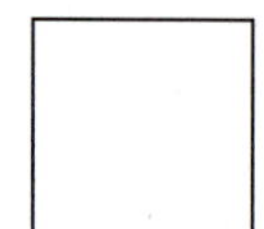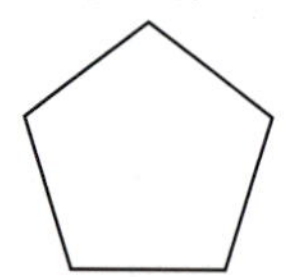

	정삼각형	정사각형	정오각형
한 변의 길이(cm)	2	2	2
변의 수(개)	3	4	5
둘레(cm)	6	8	10

정다각형의 둘레 = 한 변의 길이 × 변의 수

- 정칠각형의 둘레 구하기

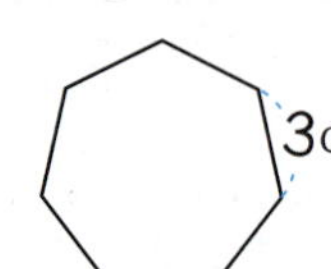

(정칠각형의 둘레)
$=3×7=21$(cm)

사각형의 둘레 구하기

- 가로 5cm, 세로 3cm인 직사각형의 둘레

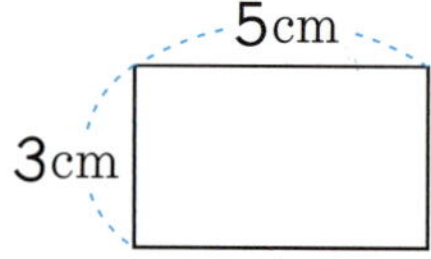

$5+3+5+3$
$=(5+3)×2=8×2=16$(cm)

- 평행사변형의 둘레

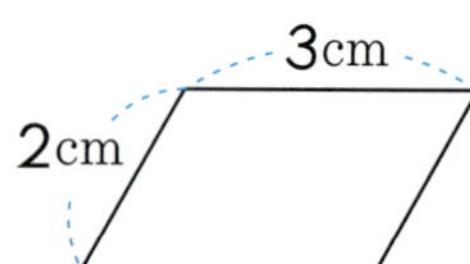

$3+2+3+2=10$(cm)

- 마름모의 둘레

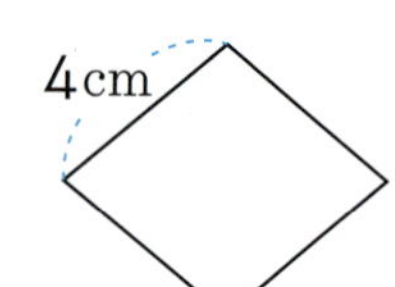

$4+4+4+4=16$(cm)

직사각형의 둘레 = (가로 + 세로)×2

평행사변형의 둘레
= (한 변의 길이 + 다른 한 변의 길이)×2

마름모의 둘레 = 한 변의 길이 ×4

개념알기

1 사각형의 둘레를 구하려고 합니다. □ 안에 알맞은 수를 써넣으세요.

(1)

15cm
15cm

(정사각형의 둘레)$=15×\boxed{}=\boxed{}$(cm)

(2)

12cm
6cm

(직사각형의 둘레)
$=(\boxed{}+\boxed{})×2$
$=\boxed{}×2=\boxed{}$(cm)

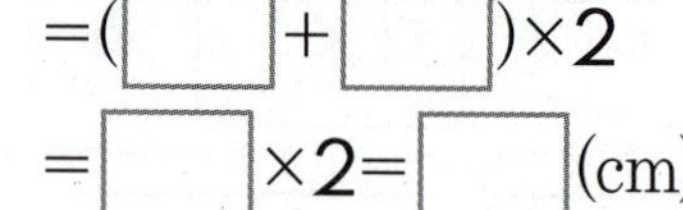

1~3 정다각형입니다. 도형의 둘레를 구하세요.

1

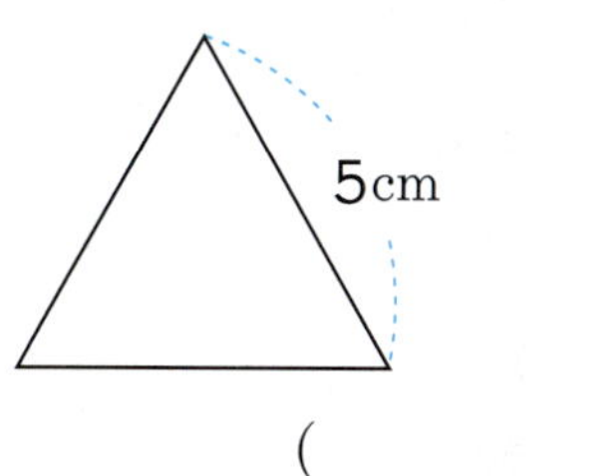

( )

2

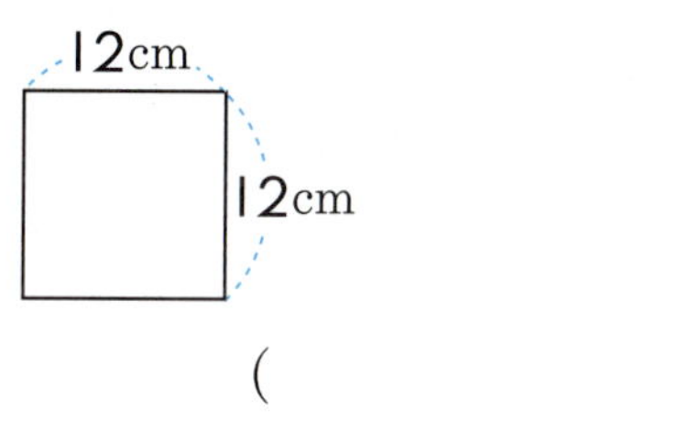

( )

3

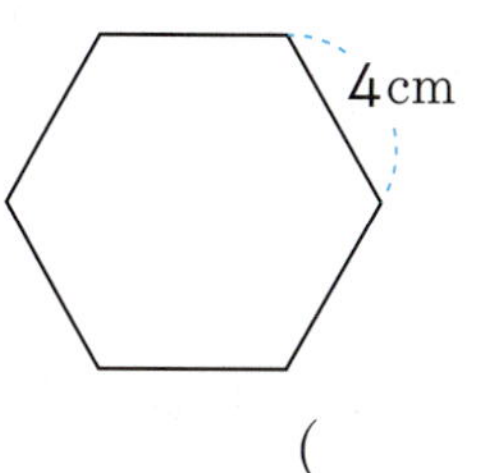

( )

핵심 콕

4 정사각형의 둘레는 96cm입니다. 한 변의 길이는 몇 cm일까요?

( )

5~7 도형의 둘레를 구하세요.

5 직사각형

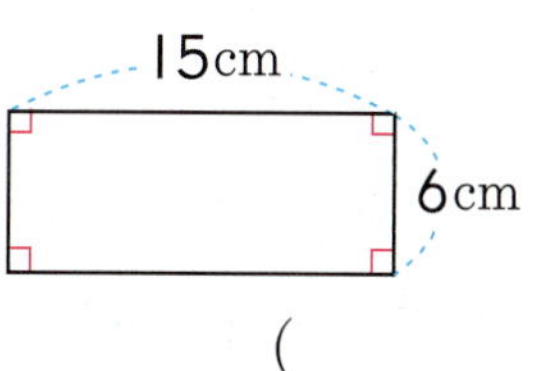

( )

6 평행사변형

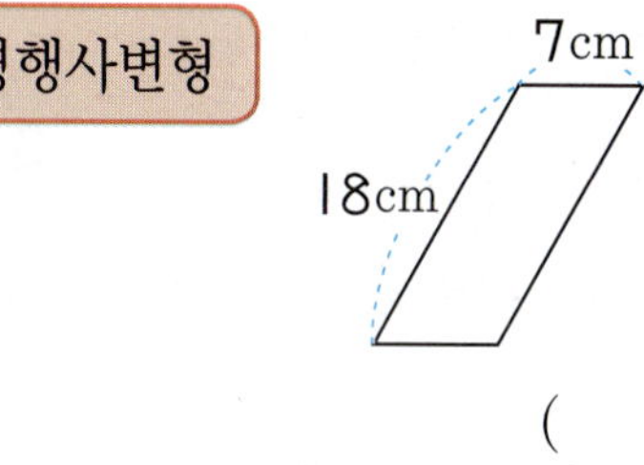

( )

7 마름모

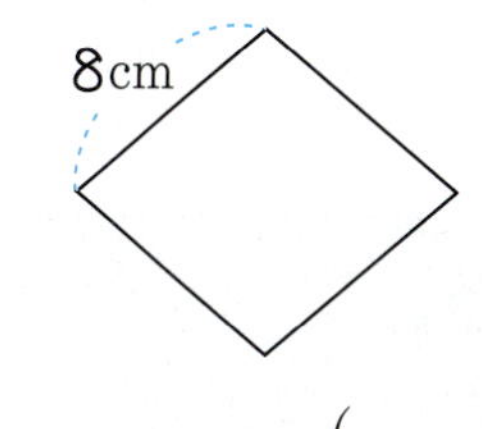

( )

8 가로가 12cm, 세로가 7cm인 직사각형과 한 변이 9cm인 정사각형이 있습니다. 둘레는 어느 것이 몇 cm 더 길까요?

(,)

● 1 cm² 알아보기, 직사각형의 넓이 구하기, 1 cm²보다 더 큰 넓이의 단위 알아보기

❖ 1 cm² 알아보기

- 도형의 넓이를 나타낼 때에는 한 변의 길이가 1 cm인 정사각형의 넓이를 넓이의 단위로 사용합니다. 이 정사각형의 넓이를 1 cm²라 쓰고 1 제곱센티미터라고 읽습니다.

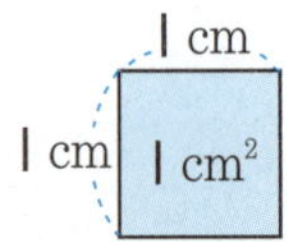

❖ 직사각형의 넓이 구하기

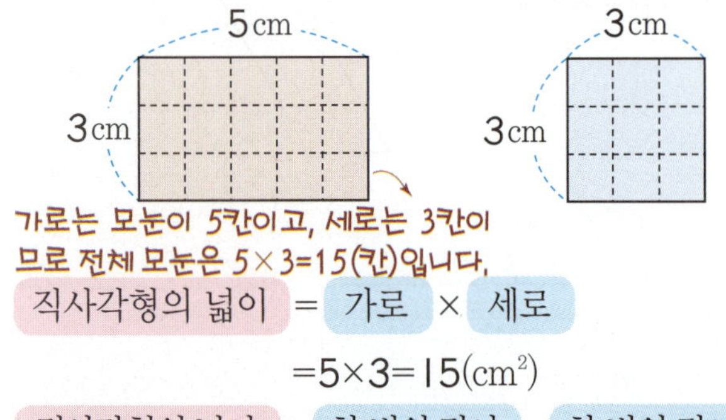

가로는 모눈이 5칸이고, 세로는 3칸이므로 전체 모눈은 $5 \times 3 = 15$(칸)입니다.

| 직사각형의 넓이 | = | 가로 | × | 세로 |

$$= 5 \times 3 = 15 (cm^2)$$

| 정사각형의 넓이 | = | 한 변의 길이 | × | 한 변의 길이 |

$$= 3 \times 3 = 9 (cm^2)$$

❖ 1 cm² 보다 더 큰 넓이의 단위 알아보기

- 1 m² 알아보기
  한 변의 길이가 1 m인 정사각형의 넓이를 1 m²라 쓰고 1 제곱미터라고 읽습니다.

$$1 m = 100 cm \Rightarrow 1 m^2 = 10000 cm^2$$

1 m²에는 1 cm²가 한 줄에 100개씩 100줄 들어갑니다.

- 1 km² 알아보기
  한 변의 길이가 1 km인 정사각형의 넓이를 1 km²라 쓰고 1 제곱킬로미터라고 읽습니다.

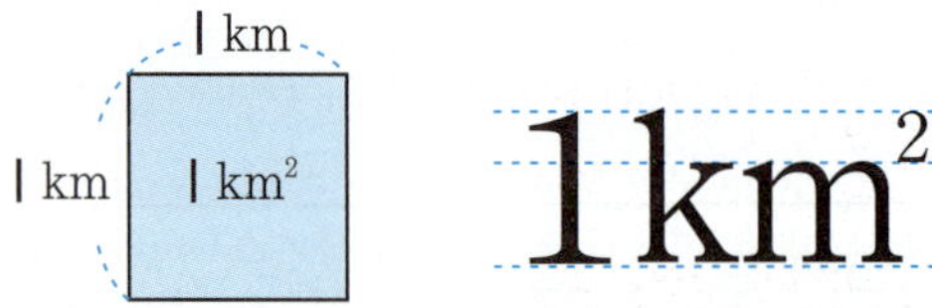

$$1 km = 1000 m \Rightarrow 1 km^2 = 1000000 m^2$$

1 km²에는 1 m²가 한 줄에 1000개씩 1000줄 들어갑니다.

개념알기

1 □ 안에 알맞게 써넣으세요.

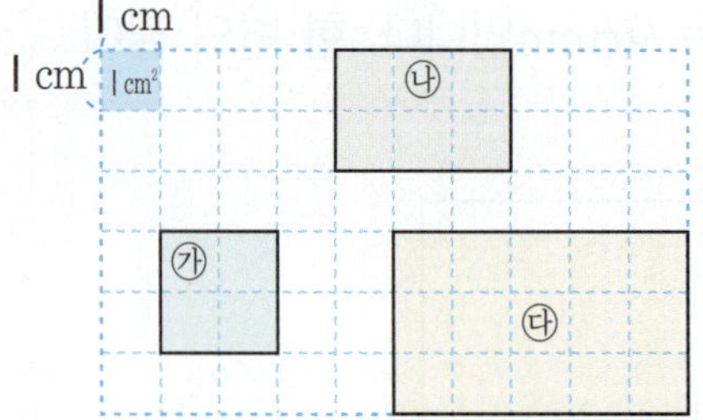

(1) ㉮의 넓이는 □ cm², ㉯의 넓이는 □ cm², ㉰의 넓이는 □ cm²입니다.

(2) 1 m² = □ cm², 1 km² = □ m²

1 '1 제곱센티미터'를 바르게 쓴 것을 찾아 기호를 쓰세요.

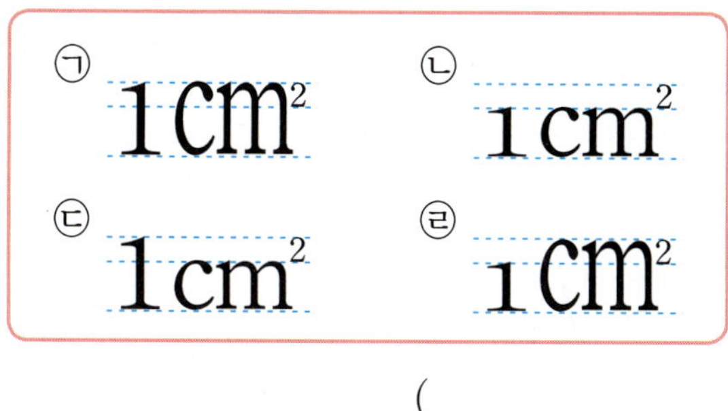

(   )

2 그림을 보고 □ 안에 알맞은 수를 써넣으세요.

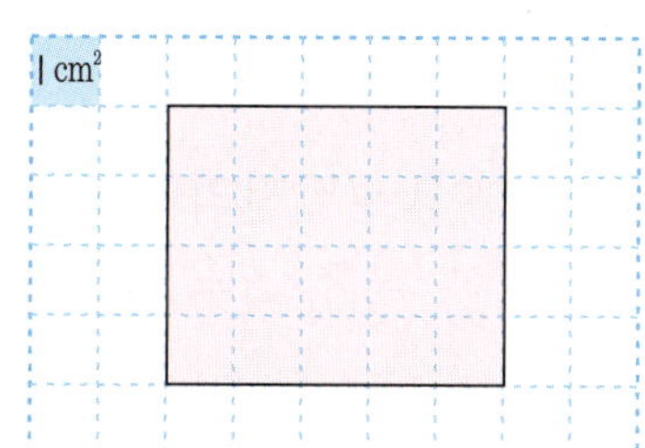

(1) 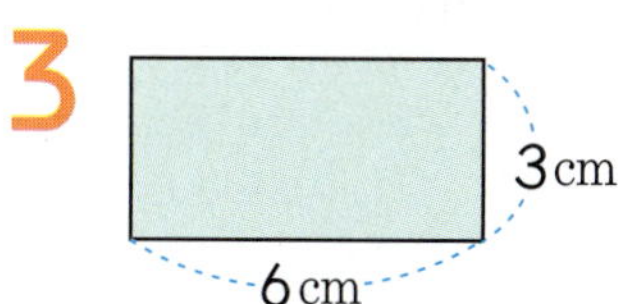 가 직사각형의 가로에 □ 개, 세로에 □ 개 있습니다.

(2) 직사각형의 넓이는
$5 \times \square = \square$ (cm²)입니다.

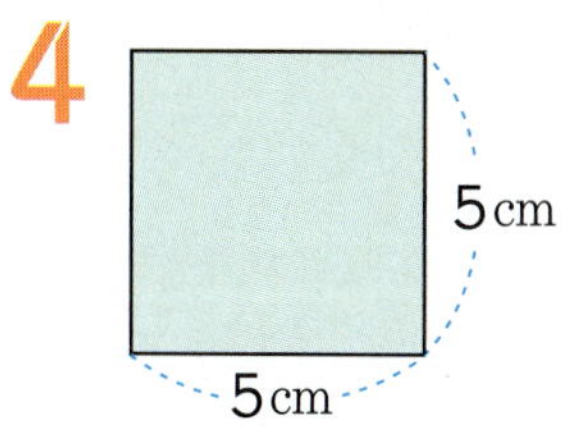 **3~4** 직사각형의 넓이를 구하려고 합니다. □ 안에 알맞은 수를 써넣으세요.

3

(넓이)=$6 \times \square = \square$ (cm²)

4

(넓이)=$\square \times \square = \square$ (cm²)

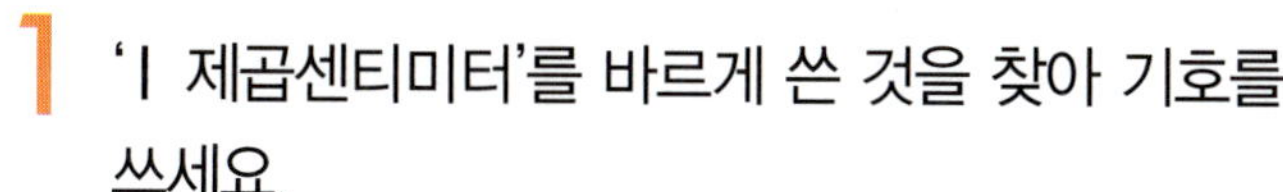 **5~6** 직사각형의 넓이를 구하세요.

5

(   )

6

(   )

7 □ 안에 알맞은 수를 써넣으세요.

(1) $2\,m^2 = \square$ cm²

(2) $7000000\,m^2 = \square$ km²

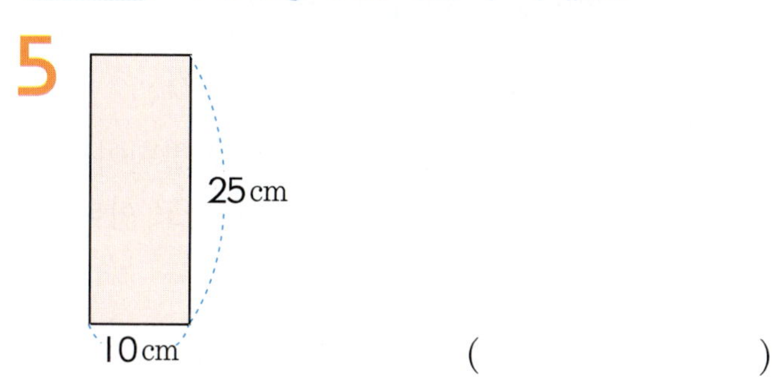 **8~9** 직사각형의 넓이를 구하세요.

8
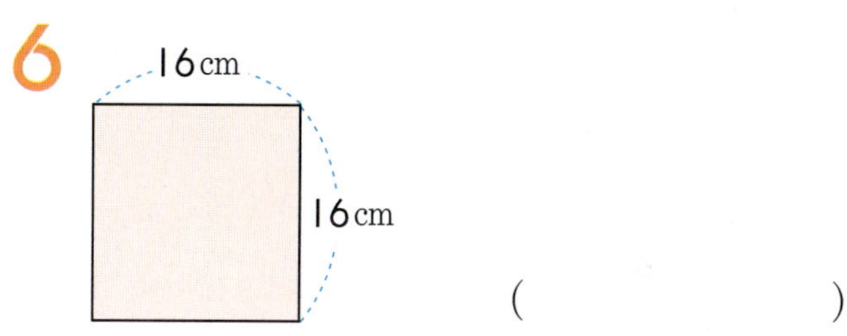

(   )

9
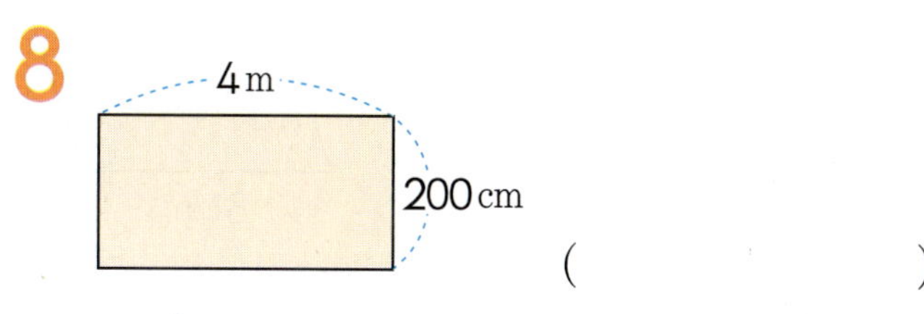
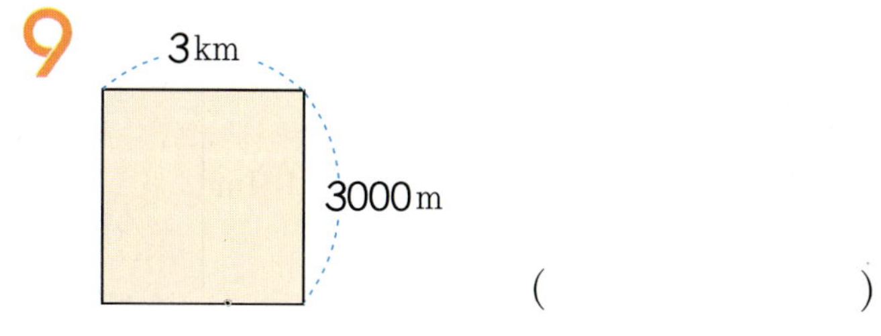

(   )

평행사변형의 넓이 구하기

평행사변형의 구성 요소 알아보기

• 평행사변형에서 평행한 두 변을 밑변이라 하고, 두 밑변 사이의 거리를 높이라고 합니다.

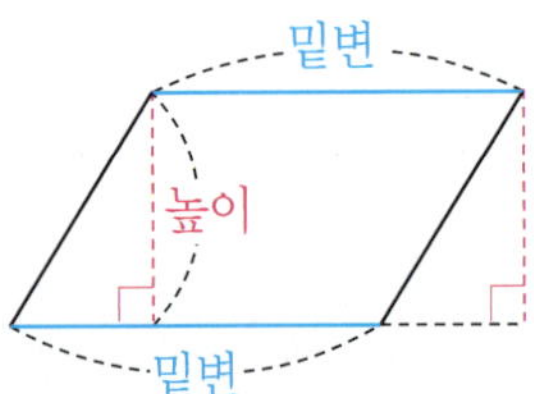

1cm²를 이용하여 평행사변형의 넓이 알아보기

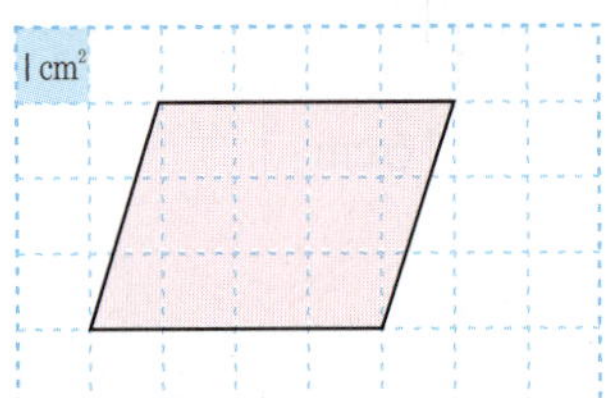

평행사변형에 1cm² 는 12개 있으므로 평행사변형의 넓이는 12 cm²입니다.

평행사변형의 넓이 구하기

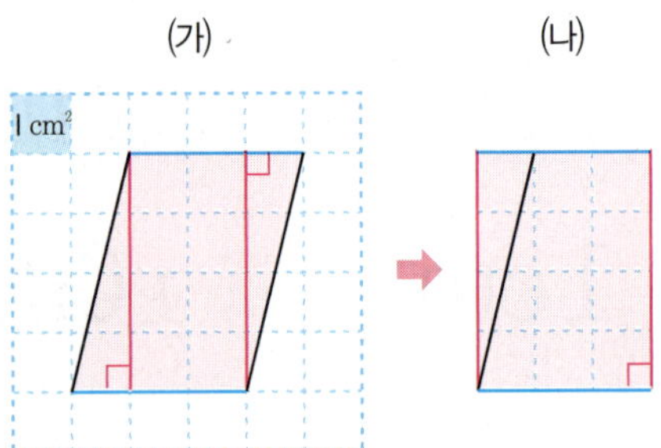

(가)의 밑변에 수직인 선을 따라 자른 후, (나)와 같이 붙이면 직사각형이 됩니다.

(평행사변형의 넓이)＝(밑변의 길이)×(높이)
　　　　　　　　＝3×4＝12(cm²)

평행사변형의 넓이 ＝ 밑변의 길이 × 높이

개념알기

1 평행사변형의 넓이를 구하려고 합니다. □ 안에 알맞은 수를 써넣으세요.

(1) 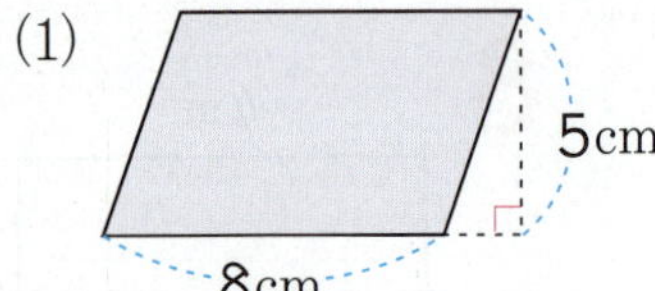

(넓이)＝(밑변의 길이)×(높이)
　　　＝8×□
　　　＝□(cm²)

(2) 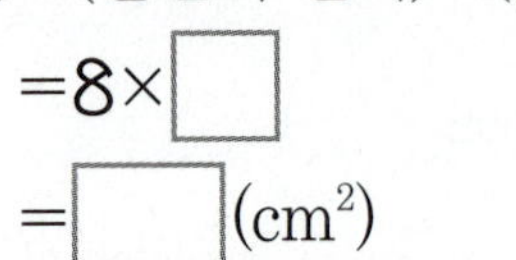

(넓이)＝(밑변의 길이)×(높이)
　　　＝9×□
　　　＝□(m²)

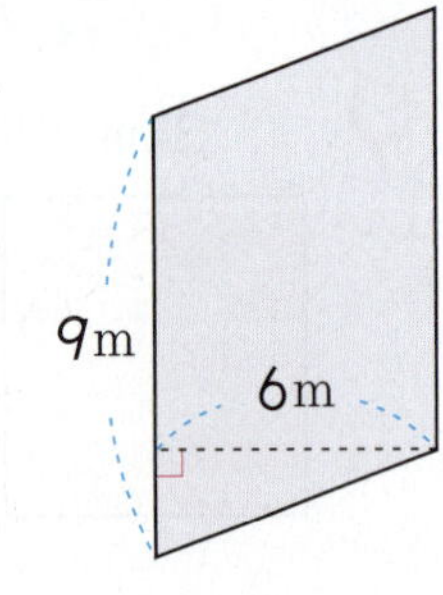

1 보기와 같이 평행사변형의 높이를 표시해 보세요.

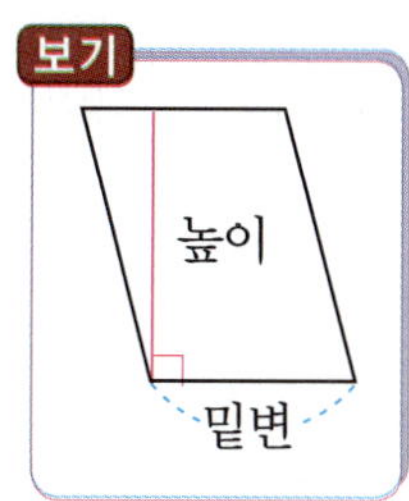

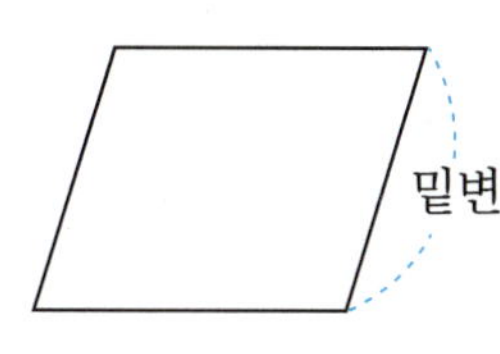

2~4 평행사변형의 넓이를 구하세요.

2

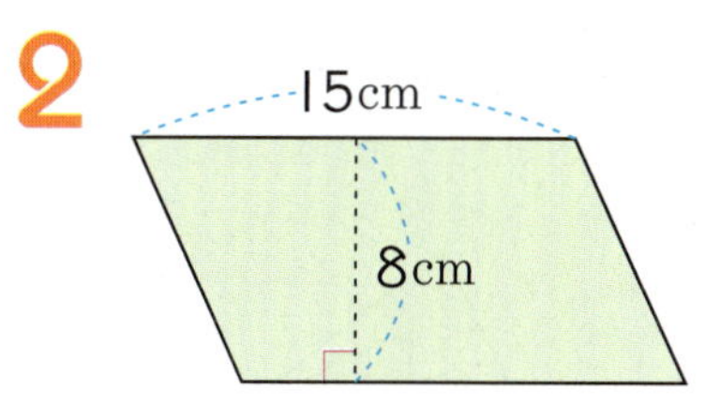

(   )

3 핵심 콕

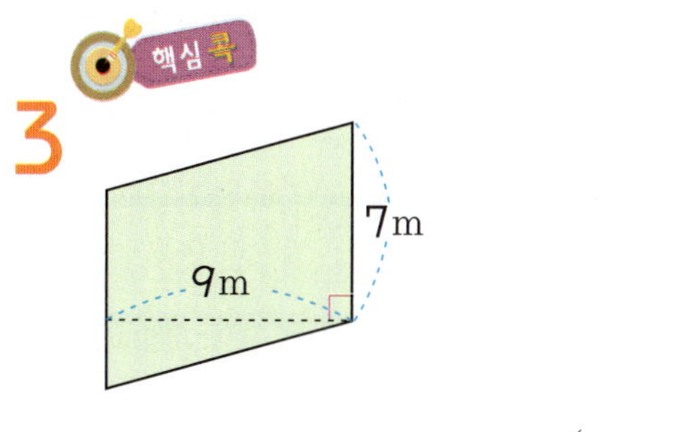

(   )

4

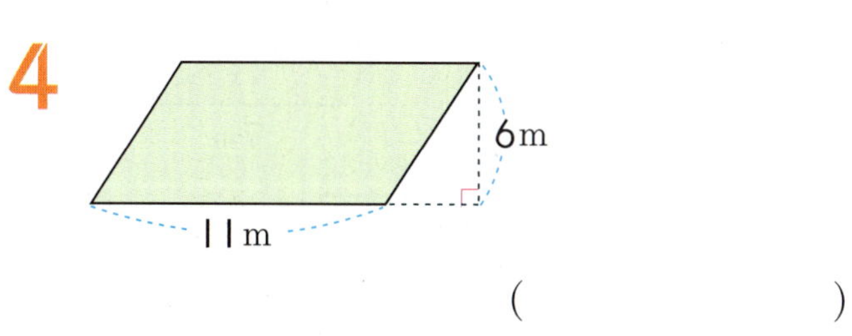

(   )

5~6 평행사변형의 넓이를 구하는 데 필요한 길이에 모두 ○표 하고 넓이를 구하세요.

5

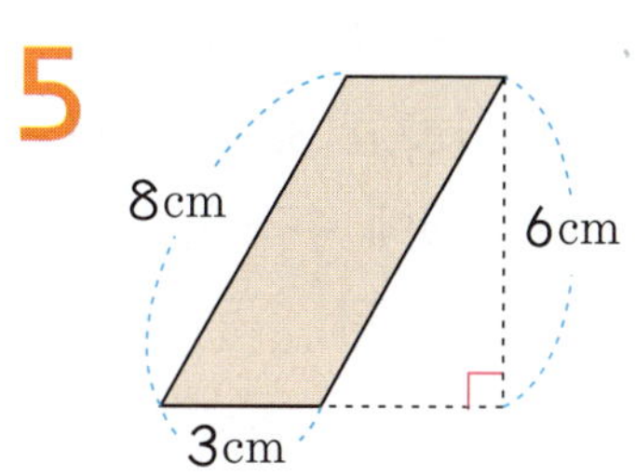

(   )

앗 주의! 길이를 나타내는 단위가 m입니다.

6

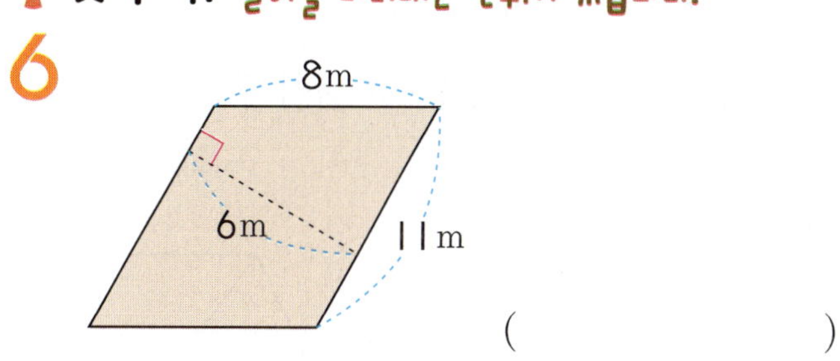

(   )

7~8 □ 안에 알맞은 수를 써넣으세요.

7

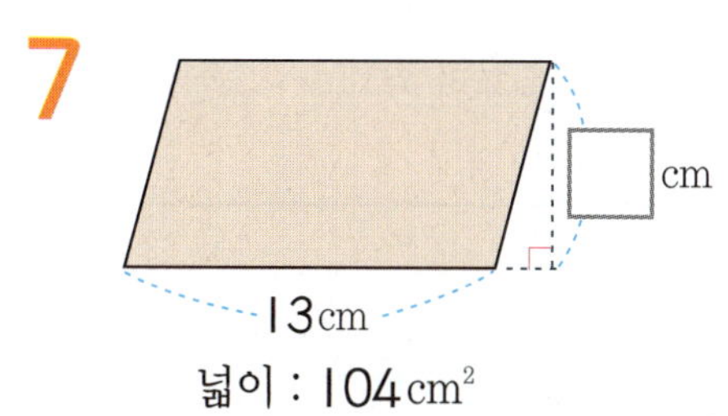

넓이 : 104cm²

8

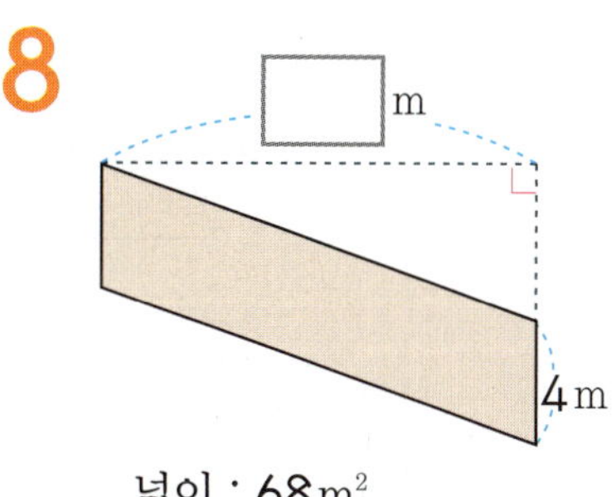

넓이 : 68m²

삼각형의 넓이 구하기

삼각형의 구성 요소 알아보기

• 삼각형의 한 변을 밑변이라고 하면, 밑변과 마주 보는 꼭짓점에서 밑변에 수직으로 그은 선분의 길이를 높이라고 합니다.

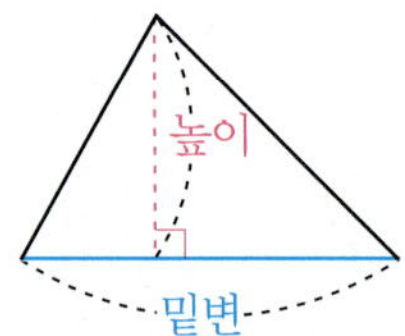

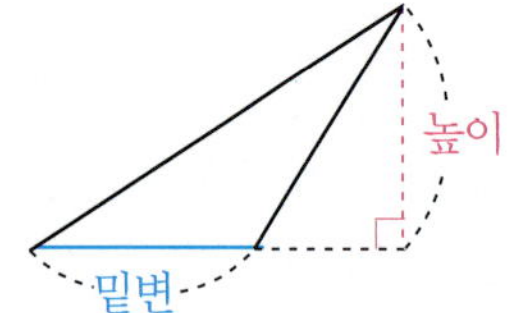

삼각형의 넓이 구하기

• 삼각형 2개를 이용하여 넓이 구하기

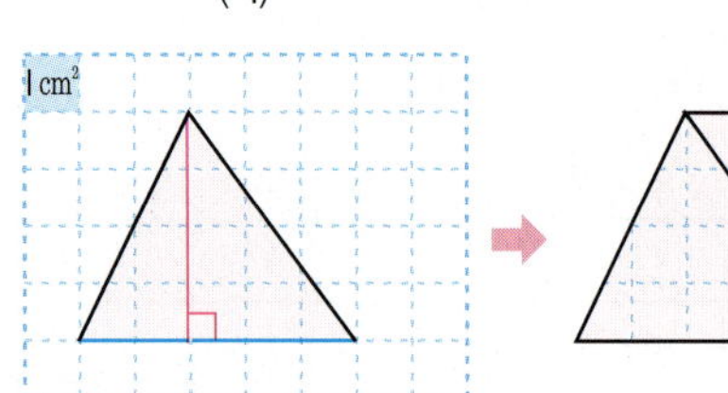

(가)의 삼각형 2개를 (나)와 같이 붙이면 평행사변형이 됩니다.

$$삼각형의 넓이 = 밑변의 길이 \times 높이 \div 2$$

• 삼각형을 잘라 넓이 구하기

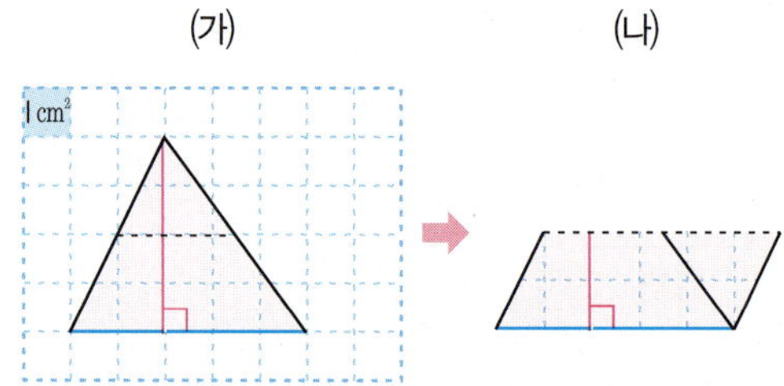

(가)의 삼각형 윗부분을 잘라 (나)와 같이 붙이면 평행사변형이 됩니다.

(삼각형의 넓이)=(밑변의 길이)×(높이)÷2
　　　　　　　　=5×4÷2=10(cm²)

삼각형의 넓이를 이용하여 밑변의 길이와 높이 구하기

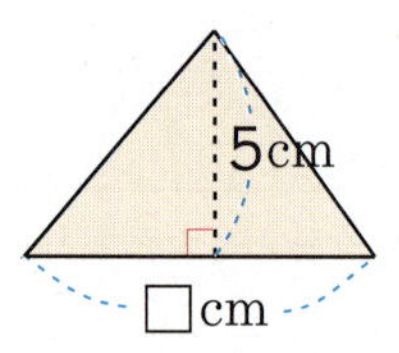

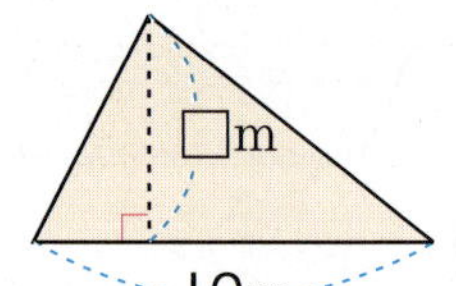

(밑변의 길이)×5÷2
=20(cm²)이므로 밑변의
길이는 8cm입니다.

10×(높이)÷2=30(m²)
이므로 높이는 6m입니다.

개념알기

밑변은 고정된 변이 아닌 기준이 되는 변이고, 높이는 밑변에 따라 정해져요.

1 삼각형의 넓이를 구하려고 합니다. □ 안에 알맞은 수를 써넣으세요.

(1)
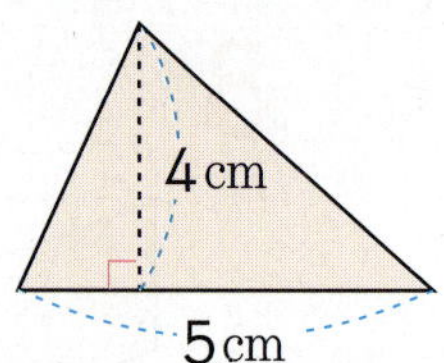

5×□÷2
=□÷2=□(cm²)

(2)
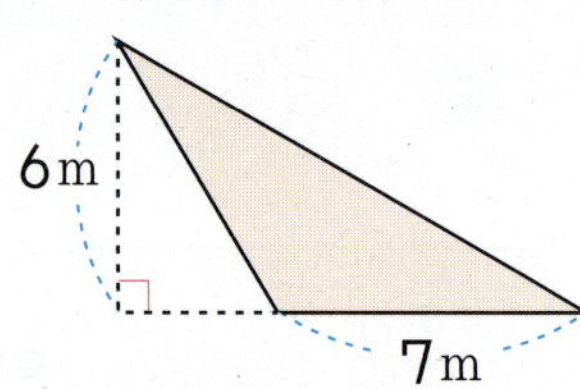

□×6÷□
=□÷□=□(m²)

1 삼각형의 밑변과 높이를 찾아 기호를 쓰세요.

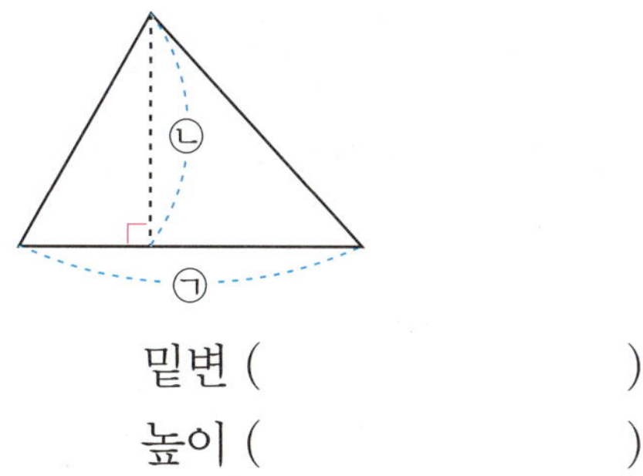

밑변 (   )

높이 (   )

2~3   □ 안에 알맞은 수를 써넣으세요.

2

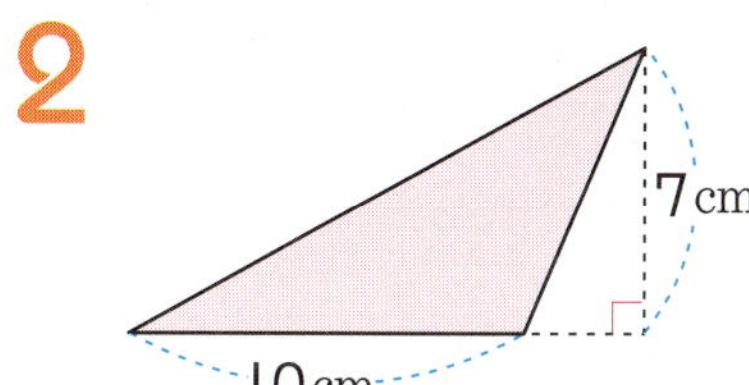

(삼각형의 넓이)$=10\times$ □ $\div2$

$\qquad\quad=$ □ $\div2=$ □ (cm^2)

3

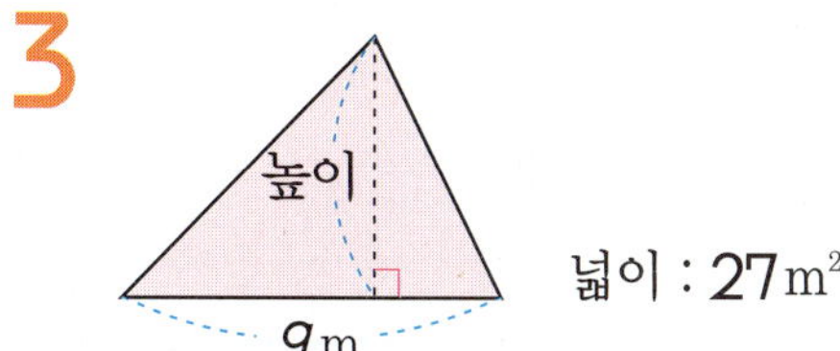

넓이 : $27\,m^2$

(삼각형의 넓이)$=9\times$(높이)$\div2=$ □ (m^2)

➡ (높이)$=$ □ $\times2\div9$

$\qquad\quad=$ □ $\div9=$ □ (m)

4 삼각형의 넓이를 구하세요.

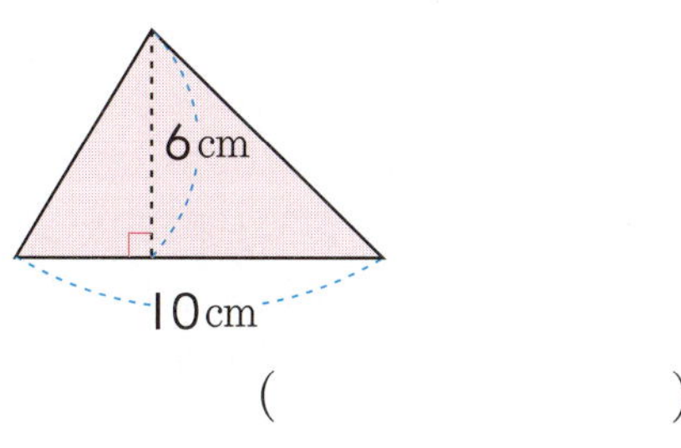

(   )

5 변 ㄴㄷ의 길이가 $9\,m$일 때 삼각형 ㄱㄴㄷ의 넓이는 몇 m^2일까요?

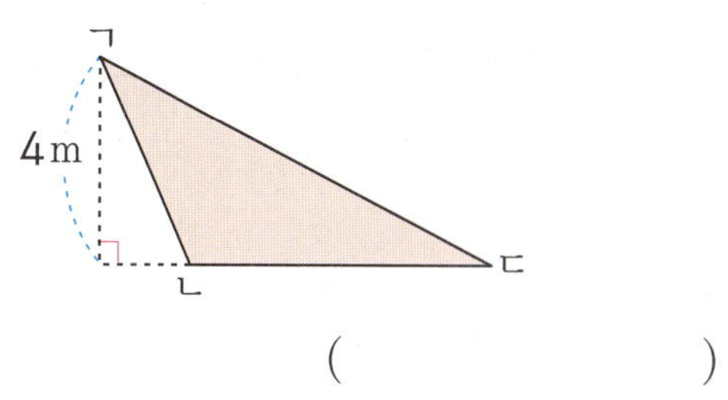

(   )

6 삼각형의 밑변의 길이를 구하세요.

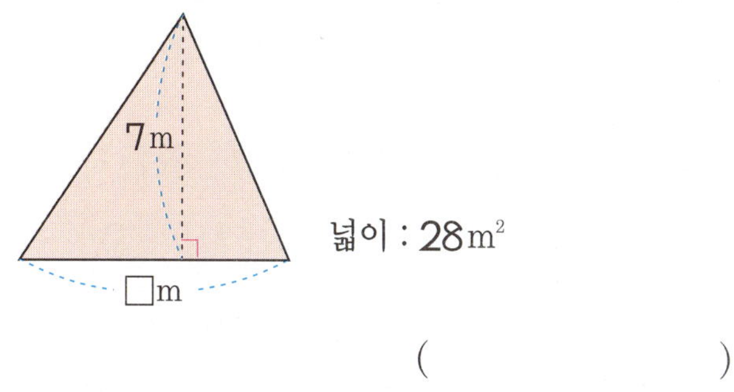

넓이 : $28\,m^2$

(   )

7 그림을 보고 □ 안에 알맞은 수를 써넣으세요.

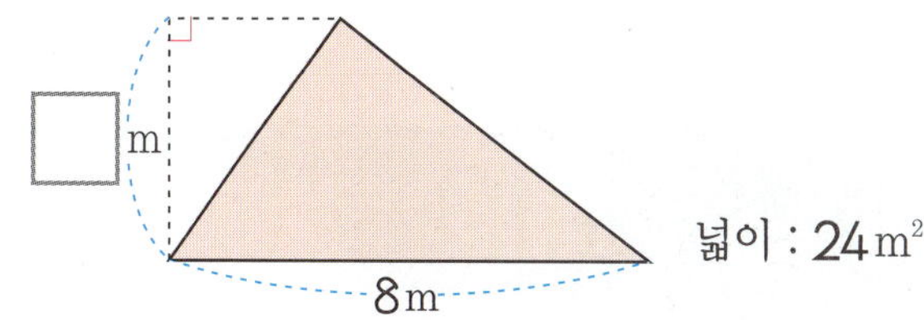

넓이 : $24\,m^2$

8 넓이가 $32\,cm^2$인 삼각형이 있습니다. 이 삼각형의 높이가 $8\,cm$일 때, 밑변의 길이는 몇 cm일까요?

(   )

🟠 마름모, 사다리꼴의 넓이 구하기

마름모의 넓이 구하기

• 삼각형으로 잘라서 마름모의 넓이 구하기

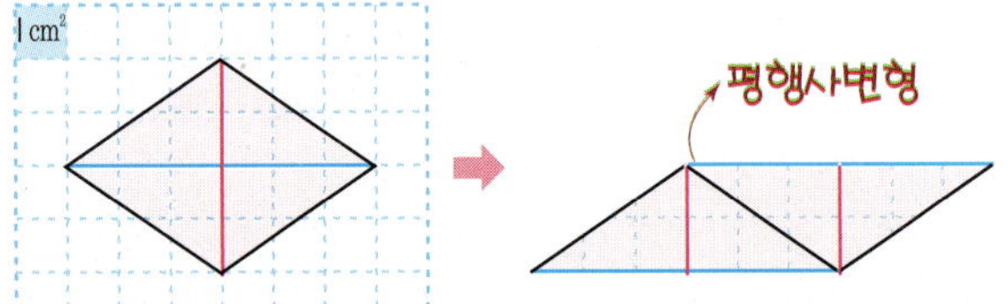

• 직사각형을 이용하여 마름모의 넓이 구하기

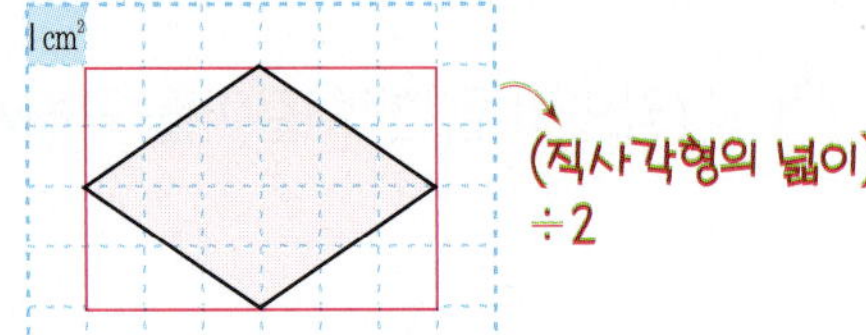

> 마름모의 넓이 = 한 대각선의 길이 × 다른 대각선의 길이 ÷2

사다리꼴의 구성 요소 알아보기

사다리꼴에서 평행한 두 변을 밑변이라 하고, 한 밑변을 윗변, 다른 밑변을 아랫변이라고 합니다. 이때 두 밑변 사이의 거리를 높이라고 합니다.

사다리꼴의 넓이 구하기

• 사다리꼴을 2개 붙여서 넓이 구하기

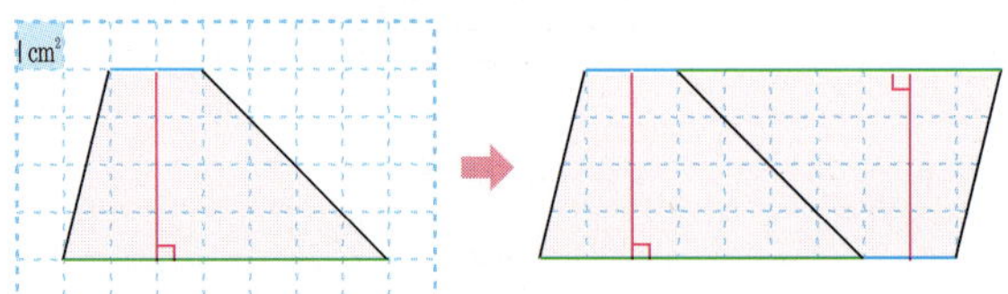

• 사다리꼴을 잘라서 넓이 구하기

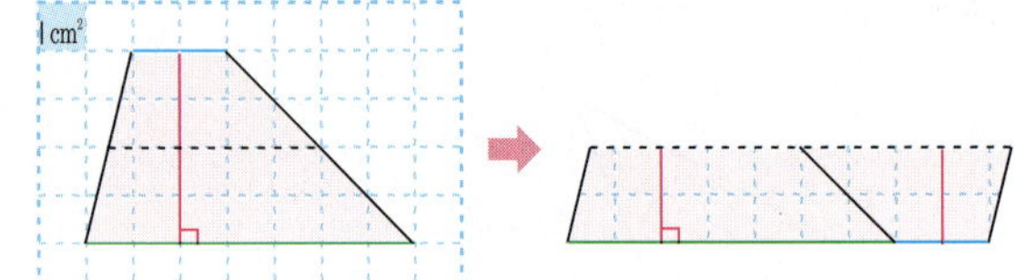

• 삼각형으로 나누어 넓이 구하기

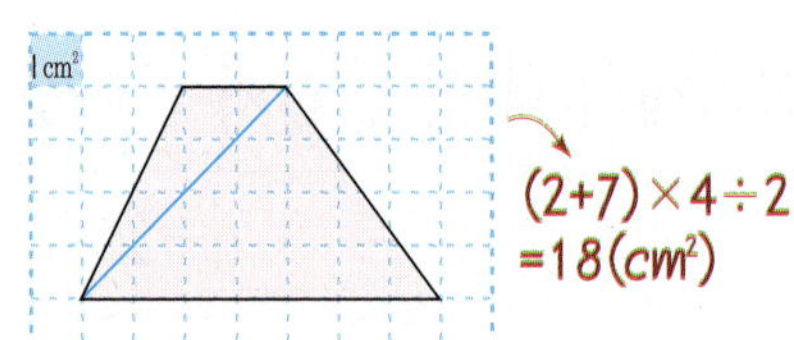

> 사다리꼴의 넓이
> =(윗변의 길이 + 아랫변의 길이)×높이÷2

개념알기

1 사다리꼴의 넓이를 구하려고 합니다. ☐ 안에 알맞은 수를 써넣으세요.

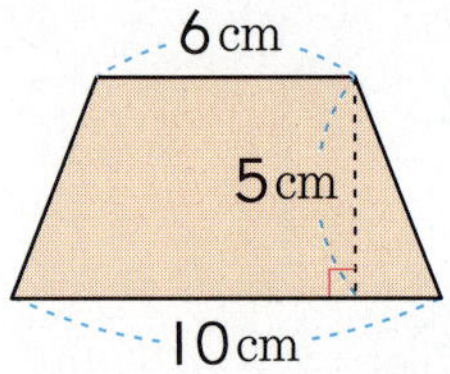

➡ (6+☐)×☐÷2=☐×☐÷2

=☐÷2=☐(cm²)

1 마름모의 넓이를 구하려고 합니다. ☐ 안에 알맞은 수를 써넣으세요.

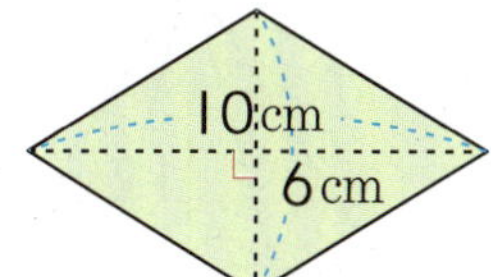

(마름모의 넓이)$=10\times\boxed{}\div 2$

$=\boxed{}\div 2$

$=\boxed{}\;(\text{cm}^2)$

2 직사각형의 넓이를 이용하여 마름모의 넓이를 구하려고 합니다. ☐ 안에 알맞은 수를 써넣으세요.

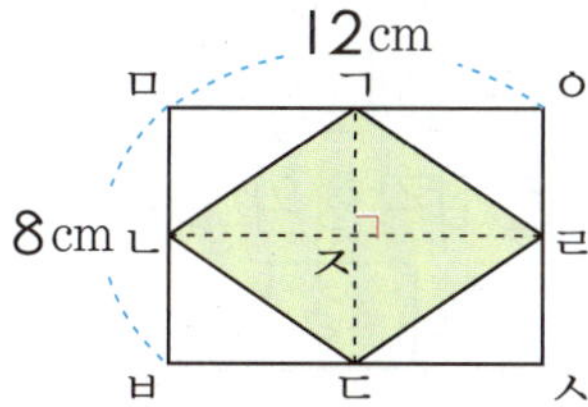

(마름모 ㄱㄴㄷㄹ의 넓이)

$=(\text{직사각형 ㅁㅂㅅㅇ의 넓이})\div\boxed{}$

$=\boxed{}\div\boxed{}=\boxed{}\;(\text{cm}^2)$

3 마름모의 넓이를 구하세요.

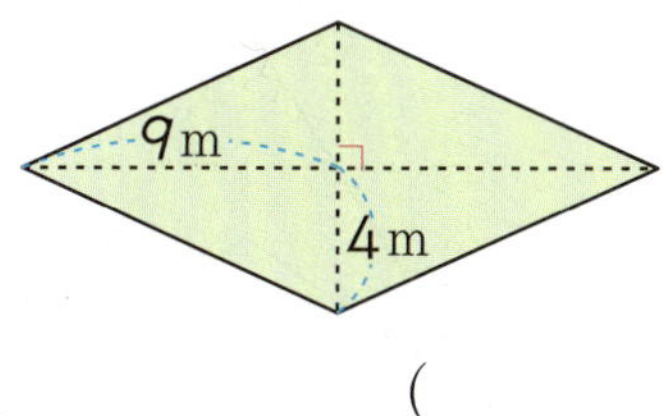

(   )

4 색칠한 부분의 넓이는 몇 m²일까요?

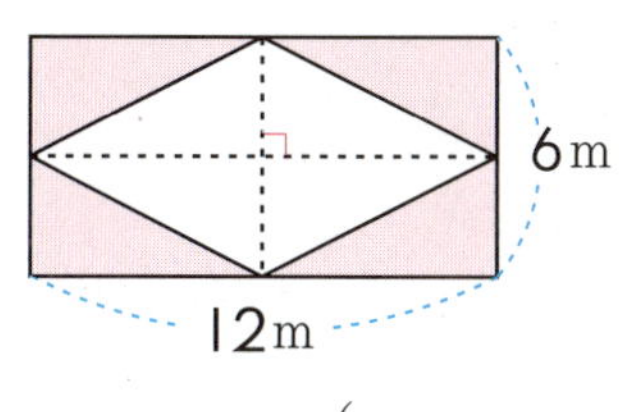

(   )

5 색칠한 마름모의 넓이가 $108\,\text{m}^2$일 때, ☐ 안에 알맞은 수를 써넣으세요.

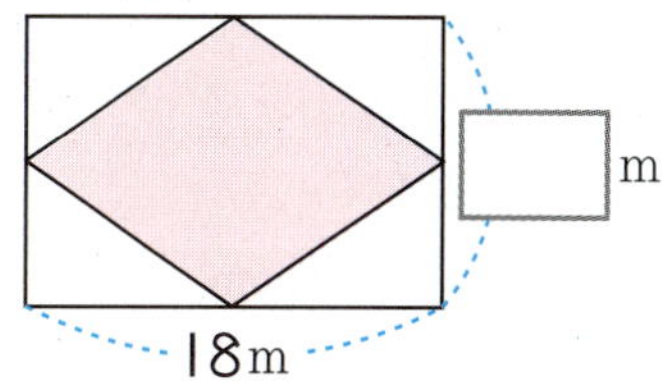

6 ☐ 안에 알맞은 수를 써넣으세요.

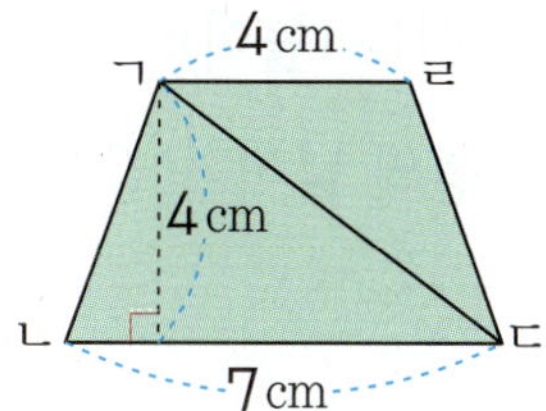

(사다리꼴 ㄱㄴㄷㄹ의 넓이)

$=(\text{삼각형 ㄱㄴㄷ의 넓이})$

$+(\text{삼각형 ㄱㄷㄹ의 넓이})$

$=7\times\boxed{}\div 2+4\times\boxed{}\div 2$

$=\boxed{}+\boxed{}=\boxed{}\;(\text{cm}^2)$

7 사다리꼴의 넓이를 구하세요.

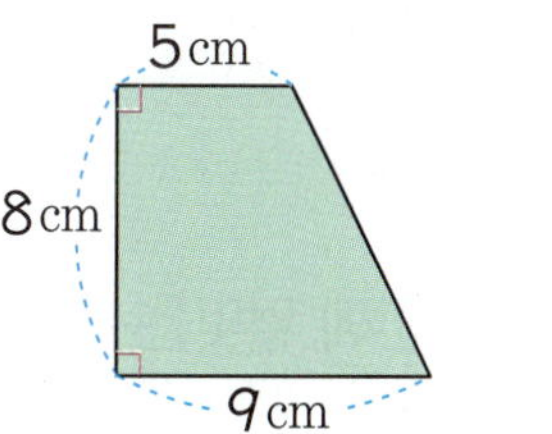

(   )

8 사다리꼴의 높이는 몇 m일까요?

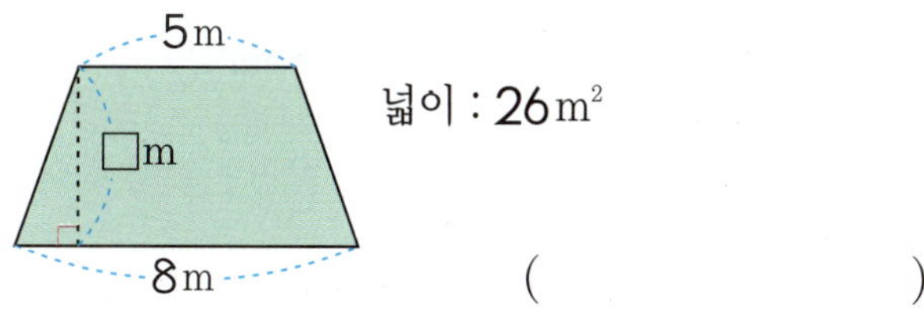

(   )

 **1** 평행사변형의 넓이 구하기

두 평행사변형의 넓이가 같을 때 □ 안에 알맞은 수는 얼마인지 알아보세요.

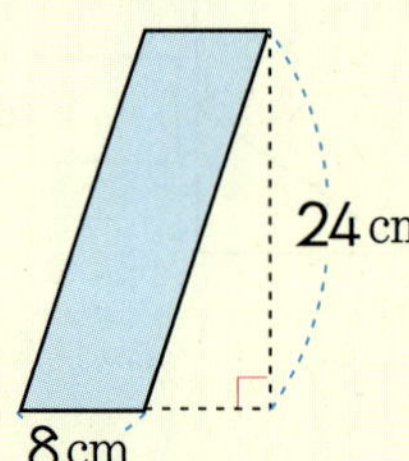

풀이 (평행사변형의 넓이)

=(밑변의 길이)×(높이)

두 평행사변형의 넓이가 같으므로

$8 × \boxed{24} = 16 × □$

→ $\boxed{192} = 16 × □$

→ $□ = \boxed{192} ÷ 16$

  $= \boxed{12}$ 입니다.

답 _______________ 12

1-1 평행사변형의 넓이는 몇 m^2일까요?

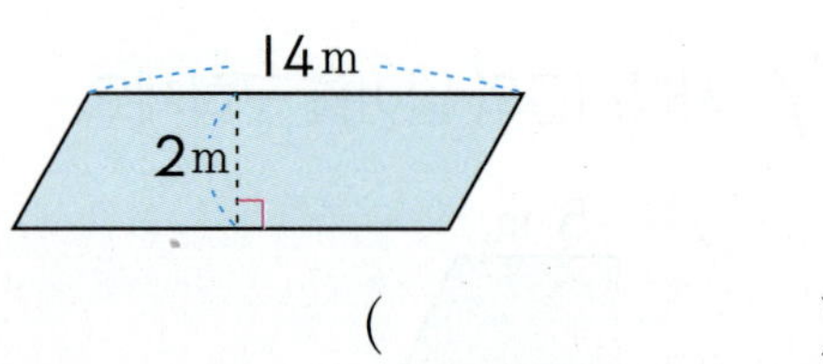

(   )

1-2 평행사변형을 보고 □ 안에 알맞은 수를 구하세요.

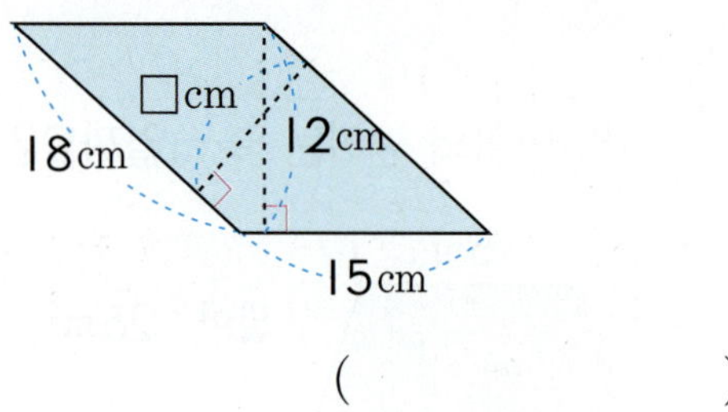

(   )

 **2** 삼각형의 넓이 구하기

색칠한 도형의 넓이는 얼마인지 알아보세요.

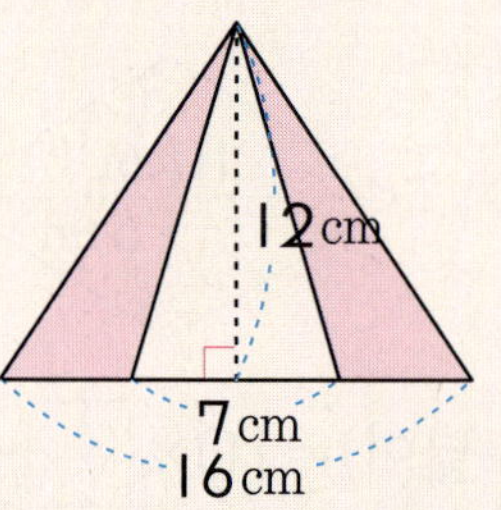

풀이 밑변 $\boxed{16}$ cm, 높이 12 cm인 전체

삼각형의 넓이에서 밑변 $\boxed{7}$ cm, 높이

12 cm인 색칠하지 않은 삼각형의 넓이를 뺍니다.

전체 삼각형의 넓이 :

$\boxed{16} × 12 ÷ \boxed{2} = \boxed{96}$ (cm^2)

색칠하지 않은 삼각형의 넓이 :

$\boxed{7} × 12 ÷ \boxed{2} = \boxed{42}$ (cm^2)

색칠한 도형의 넓이 :

$\boxed{96} - \boxed{42} = \boxed{54}$ (cm^2)

답 _______________ $54 cm^2$

2-1 색칠한 도형의 넓이는 몇 m^2일까요?

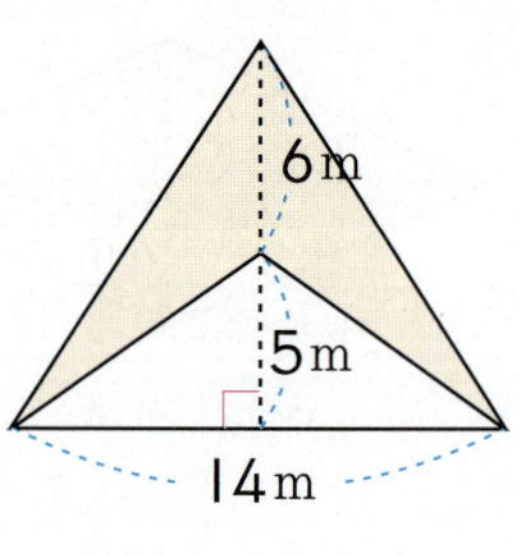

(   )

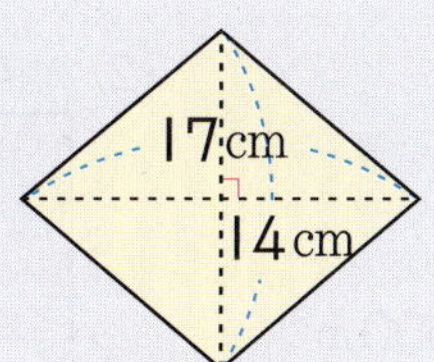 3 마름모의 넓이 구하기

마름모의 넓이는 몇 cm^2인지 알아보세요.

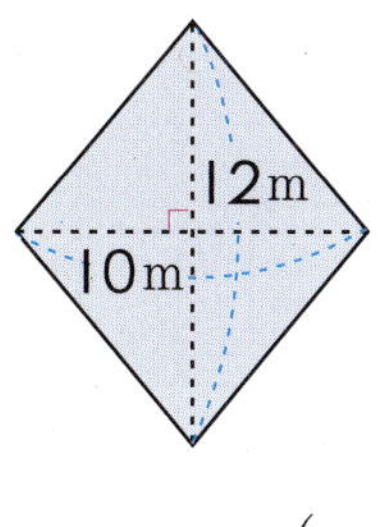

풀이 (마름모의 넓이)
  =(한 대각선의 길이)
   ×(다른 대각선의 길이)÷2이므로
➡ (마름모의 넓이)
   =17× 14 ÷2= 119 (cm²)입니다.

답   119 cm²

3–1 마름모의 넓이는 몇 m^2일까요?

(   )

3–2 직사각형의 가로가 26 cm, 세로가 16 cm일 때 색칠된 부분의 넓이를 구하세요.

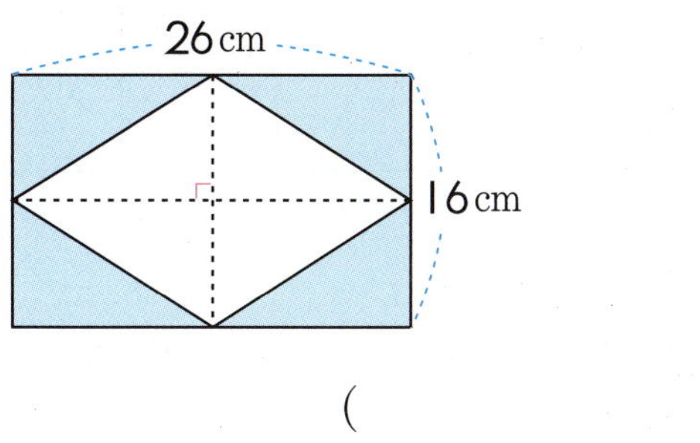

(   )

4 사다리꼴의 넓이 구하기

사다리꼴의 넓이는 몇 cm^2인지 알아보세요.

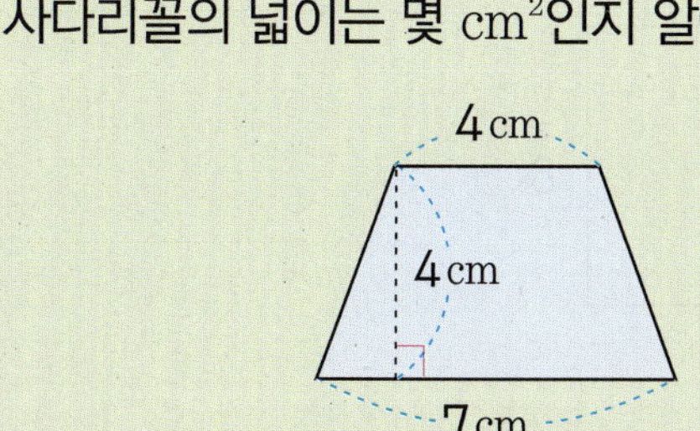

풀이 (사다리꼴의 넓이)
  ={(윗변의 길이)+(아랫변의 길이)}
   ×(높이)÷2
  =(4 +7)× 4 ÷2
  = 11 × 4 ÷2
  = 44 ÷2= 22 (cm²)

답   22 cm²

4–1 사다리꼴의 넓이는 몇 cm^2일까요?

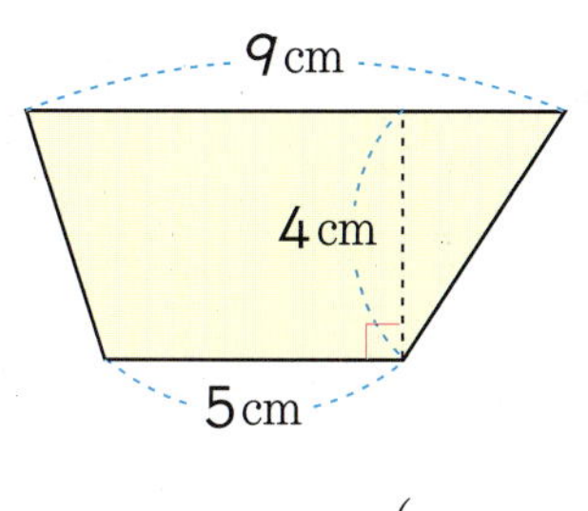

(   )

4–2 윗변이 10 m이고, 아랫변이 14 m인 사다리꼴 모양의 색종이가 있습니다. 이 색종이의 윗변과 아랫변 사이의 거리가 6 m라면, 넓이는 몇 m^2일까요?

(   )

1 직사각형의 둘레를 구하세요.

(1) 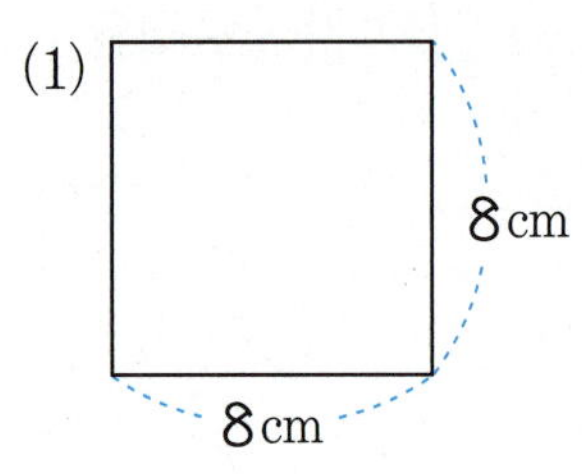
8 cm
8 cm

(   )

(2)
6 cm
11 cm

(   )

2 도형의 넓이를 구하세요.

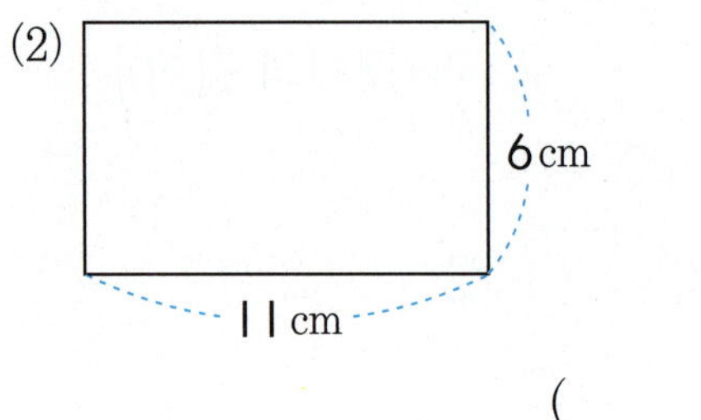

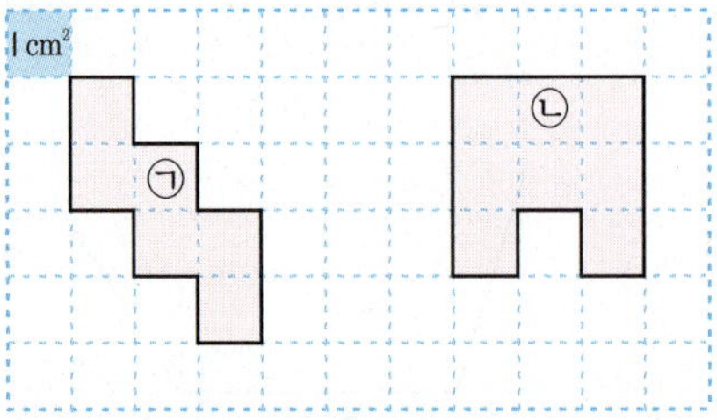

㉠ (   )

㉡ (   )

3 직사각형의 넓이를 구하세요.

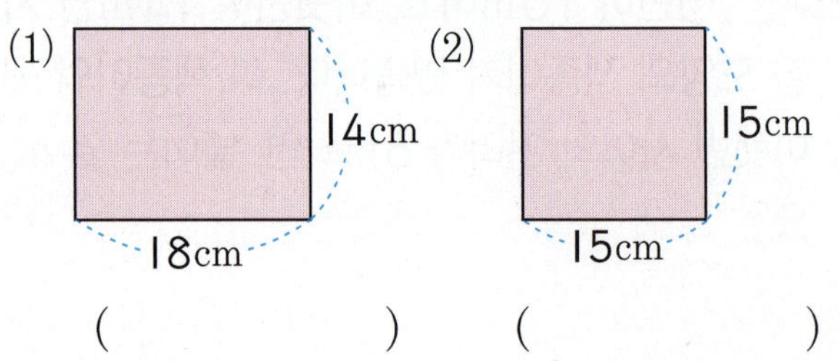

(   ) (   )

4 1 km²가 몇 번 들어가는지 □ 안에 알맞은 수를 써넣으세요.

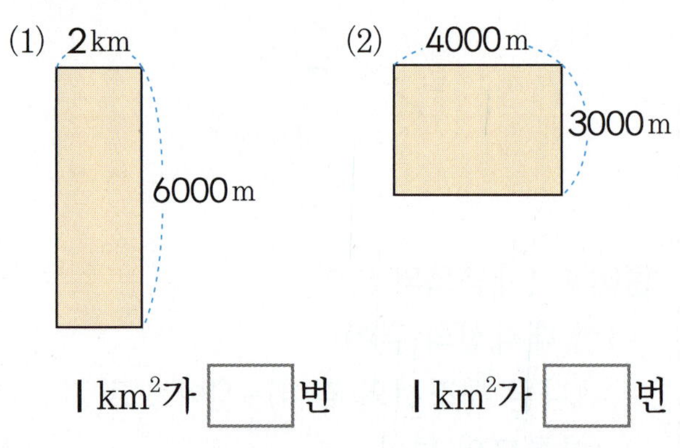

1 km²가 □ 번   1 km²가 □ 번

5 도형 가와 나의 넓이 중 어느 것의 넓이가 더 넓을까요?

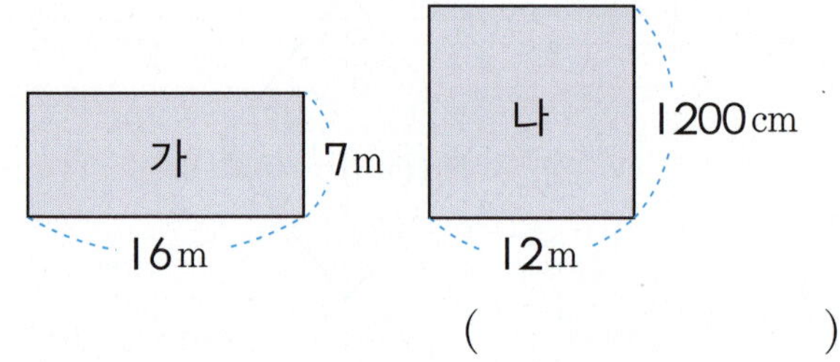

(   )

◆적중

6 그림을 보고 ㉮, ㉯, ㉰의 넓이를 각각 구하세요.

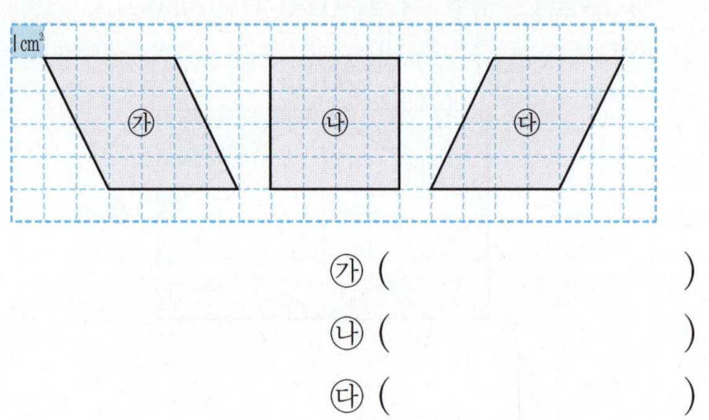

㉮ (   )

㉯ (   )

㉰ (   )

7 평행사변형의 넓이를 구하세요.

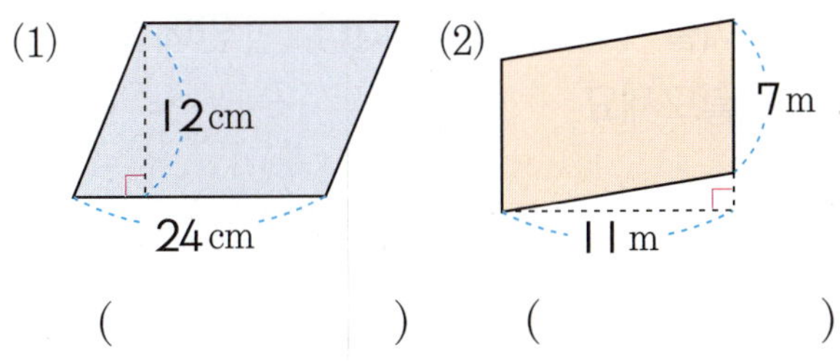

(   )   (   )

8 밑변이 24 cm, 높이가 16 cm인 평행사변형과 넓이가 같은 직사각형이 있습니다. 이 직사각형의 가로를 32 cm로 할 때, 세로는 몇 cm로 해야 할까요?

(   )

9 두 삼각형의 넓이는 각각 몇 cm²일까요?

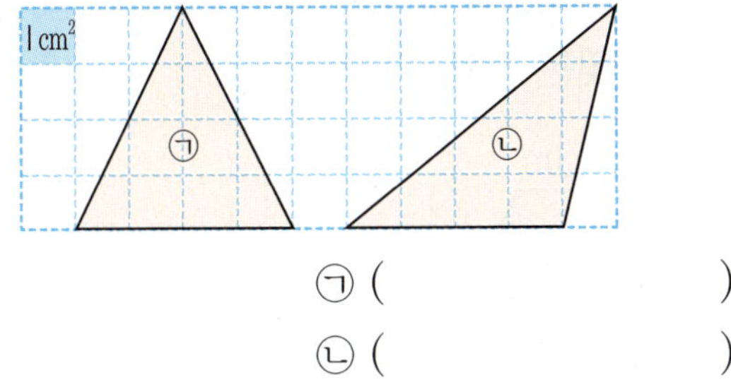

㉠ (   )

㉡ (   )

10 모눈종이에 그린 삼각형 중 넓이가 6 cm²인 것을 모두 찾아 기호를 쓰세요.

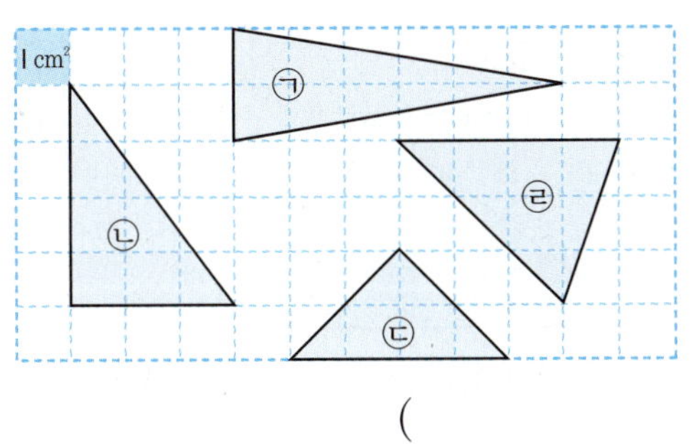

(   )

11 색칠한 부분의 넓이를 구하세요.

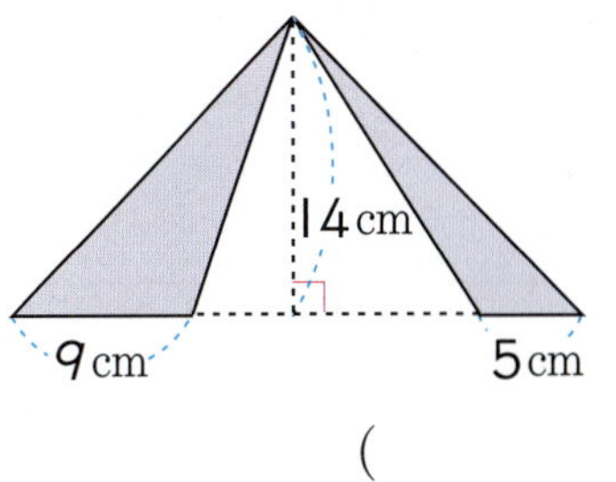

(   )

12~13 삼각형의 넓이를 이용하여 □ 안에 알맞은 수를 써넣으세요.

12

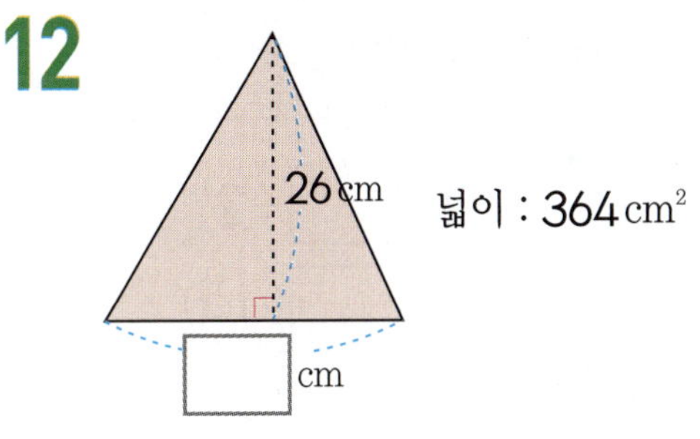

13

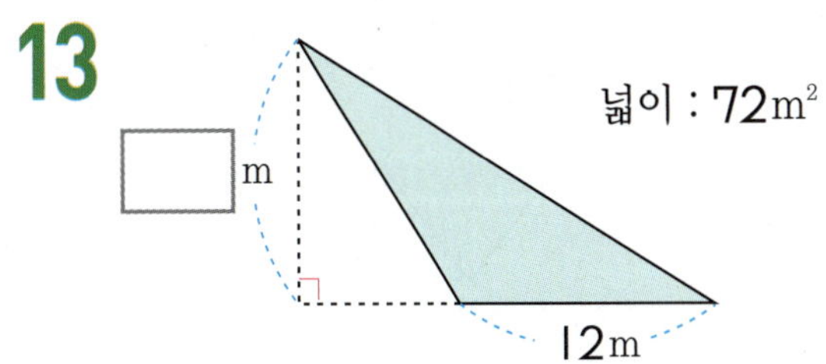

14 넓이가 18cm^2인 삼각형의 높이가 6cm일 때 밑변의 길이는 몇 cm인지 풀이 과정을 쓰고 답을 구하세요.

풀이 과정

답

15 색칠된 마름모의 넓이를 구하려고 합니다. □ 안에 알맞은 수를 써넣으세요.

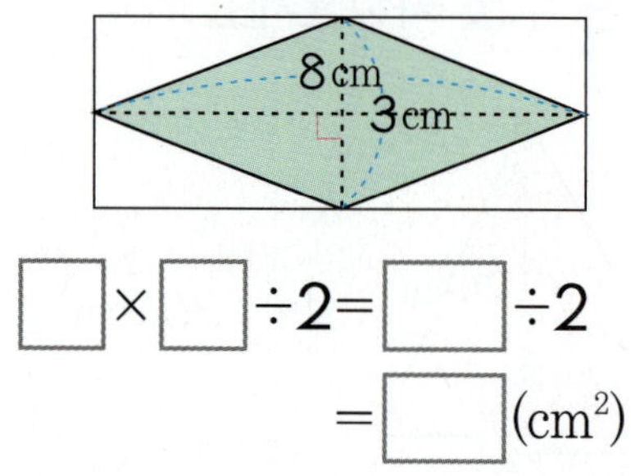

$$\boxed{} \times \boxed{} \div 2 = \boxed{} \div 2$$
$$= \boxed{} \,(\text{cm}^2)$$

16 마름모의 넓이는 몇 m^2일까요?

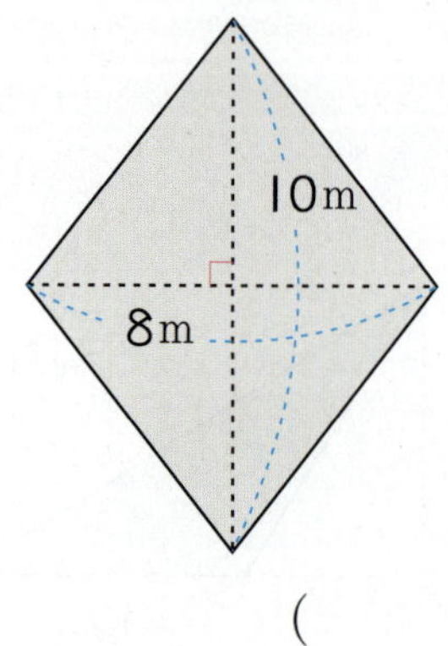

(   )

17 사다리꼴 2개를 이용하여 사다리꼴 ㄱㄴㄷㄹ의 넓이를 구하는 과정입니다. □ 안에 알맞은 수를 써넣으세요.

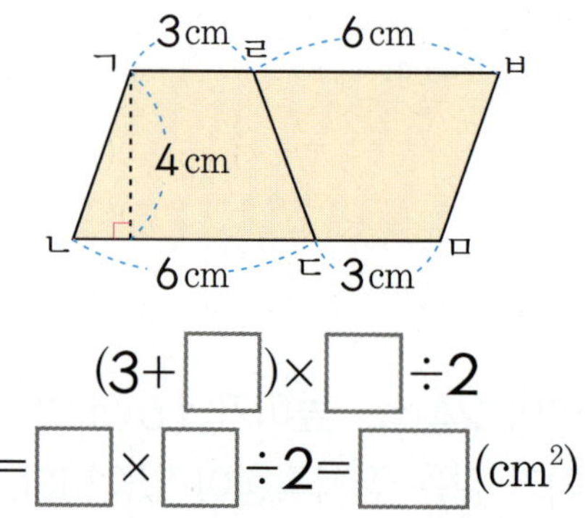

$$(3 + \boxed{}) \times \boxed{} \div 2$$
$$= \boxed{} \times \boxed{} \div 2 = \boxed{} \,(\text{cm}^2)$$

18 두 밑변의 길이가 각각 9cm, 7cm이고, 높이가 8cm인 사다리꼴의 넓이를 구하세요.

(   )

⭐ **중요**

19 사다리꼴의 넓이가 56m^2일 때, □ 안에 들어갈 알맞은 수를 구하세요.

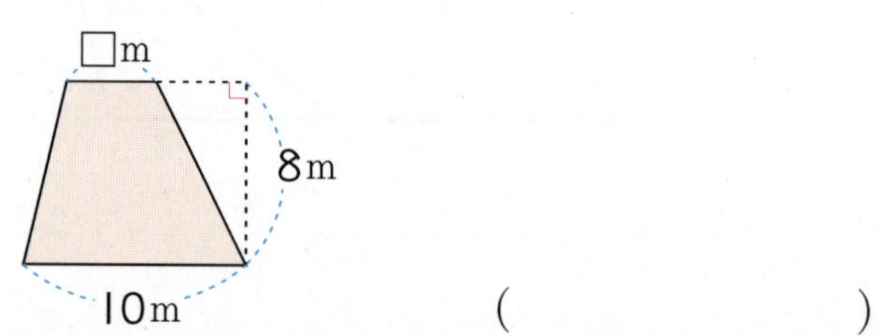

(   )

20 삼각형 ㄱㄴㄹ의 넓이는 24cm^2입니다. 사다리꼴 ㄱㄴㄷㄹ의 넓이를 구하세요.

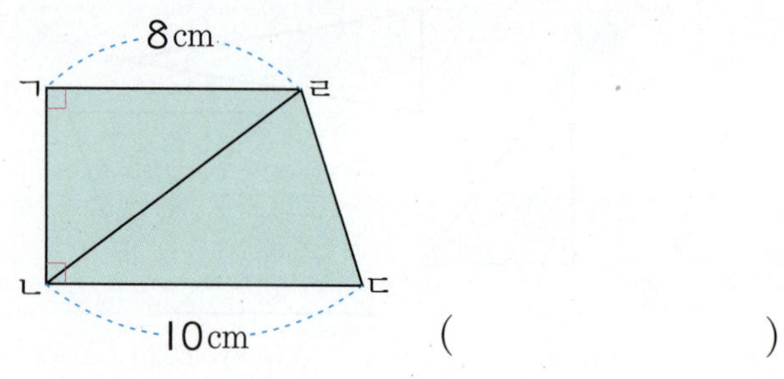

(   )

다음은 탱그램 조각입니다. 모양 조각의 크기가 다음과 같을 때 물음에 답하세요.

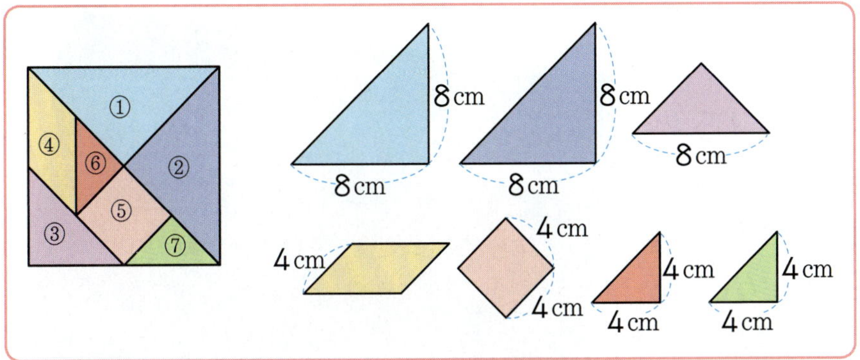

1 위 탱그램 모양 조각 중에서 평행사변형을 모두 찾아 그 넓이의 합을 구하려고 합니다. 물음에 답하세요.

(1) 평행사변형을 모두 찾아 번호를 쓰세요.

(   )

(2) 평행사변형의 넓이의 합을 구하세요.

(   )

2 탱그램 조각 중 **3**개를 이용하여 다음과 같은 사다리꼴 모양을 만들 때, 사다리꼴의 넓이를 구하세요.

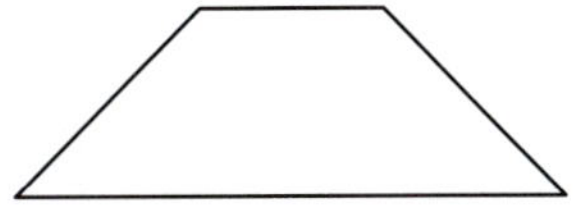

(   )

캥거루

　유대목 캥거루과에 속하는 포유동물인 캥거루는 약 15속 65종이 있으며, 좁은 의미로는 캥거루속에 포함되는 대형종을 말합니다. 몸길이 25~160cm, 몸무게 0.5~80kg으로 종에 따라 크기가 다양하며, 보통 수컷이 암컷보다 큽니다. 대형종은 뒷다리가 잘 발달하였으나, 소형종과 나무 위에서 생활하는 종은 그렇지 않고 대부분 꼬리는 깁니다. 앞발에는 5개의 발가락이 있고, 뒷발의 제2·3지(指)는 작고 서로 결합하여 있으며, 제4지는 크고, 제5지는 작습니다. 암컷의 아랫배에는 잘 발달한 육아낭(育兒囊)이 앞쪽으로 열려 있습니다. 집 지을 재료 등을 담아 운반할 수 있는 것도 있습니다. 대부분은 지상생활을 하지만, 나무타기캥거루는 나무 위에서만 생활합니다. 덤불, 숲속 나무 그늘의 풀밭, 암석지대, 트인 초원과 나무숲 등에 서식하며 새벽과 저녁에 활동합니다. 소형종 일부에 다소 잡식 경향이 있는 외에는 초식성입니다. 대형종은 뒷다리가 잘 발달하여 도약을 잘하며, 한번에 5~8m, 때로는 13m나 도약합니다. 또 시속 40km로 달릴 수 있습니다. 임신기간은 종에 따라 다소 다른데, 30~40일 정도입니다. 한 배에 1마리를 낳지만 드물게 2마리를 낳기도 합니다. 새끼를 기르는 태반이 없거나 발달이 나빠 새끼는 성숙되지 않은 상태로 태어나며, 크기는 1~2cm, 몸무게는 1g 전후입니다. 출산 직후의 새끼는 눈이 감겨 있고, 몸에는 털이 없으며, 앞발을 사용하여 혼자 힘으로 육아낭에 들어가서 4개의 유두 가운데 하나에 달라붙습니다. 그 뒤의 성장은 종에 따라서 다르지만, 6개월에서 1년이면 독립합니다.

유형 BOOK

초등 수학 개념 기본서

기본편

5·1

유형
BOOK

실력 마스터

🧭 **1~4** □ 안에 알맞은 수를 써넣으세요.

1 $128-36+43=\boxed{}$

2 $48\div4\times3=\boxed{}$

3 $125-(38+24)=125-\boxed{}$
　　　$=\boxed{}$

4 $7\times9\div3=\boxed{}\div3$
　　　$=\boxed{}$

🧭 **5~10** 계산해 보세요.

5 $179-85+111=\boxed{}$

6 $359-65-(132+17)=\boxed{}$

7 $24\times(45\div9)=\boxed{}$

8 $54\div6\times5=\boxed{}$

9 $56\div(2\times4)=\boxed{}$

10 $15\times6\div9\times13=\boxed{}$

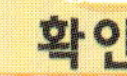

1~4 □ 안에 알맞은 수를 써넣으세요.

1 20+7×6−10=□

2 80−45÷3+26=□

3 98−8×9+31=98−□+31
= □ +31
= □

4 51+24÷6−17=51+□−17
= □ −17
= □

5~10 계산해 보세요.

5 15×7−38+21=□

6 59+24÷8−47=□

7 41−25+7×3=□

8 27+12−35÷5=□

9 56+(31−18)×2=□

10 63−(15+24)÷3=□

계산문제 다지기

확인

1~4 □ 안에 알맞은 수를 써넣으세요.

1 $5 \times 4 + 15 \div 5 - 11 = \boxed{}$

2 $32 + 26 \div (21 - 8) \times 2 = \boxed{}$

3 $15 - 12 \times 6 \div 8 = 15 - \boxed{} \div 8$

$= 15 - \boxed{}$

$= \boxed{}$

4 $45 \div (17 - 12) + 8 \times 2 = 45 \div \boxed{} + 8 \times 2$

$= \boxed{} + 8 \times 2$

$= \boxed{} + \boxed{}$

$= \boxed{}$

5~10 계산해 보세요.

5 $19 + 4 \times 7 \div 2 = \boxed{}$

6 $7 \times 24 \div (11 - 3) = \boxed{}$

7 $2 \times 16 + 96 \div 8 - 13 = \boxed{}$

8 $32 \div 4 + (21 - 15) \times 3 = \boxed{}$

9 $58 - 2 \times 42 \div 14 + 13 = \boxed{}$

10 $24 + (67 - 11) \div 7 \times 3 = \boxed{}$

2. 약수와 배수 ①

1~4 약수를 모두 쓰세요.

1 5의 약수

( )

2 9의 약수

( )

3 14의 약수

( )

4 20의 약수

( )

5~8 배수를 가장 작은 수부터 5개씩 쓰세요.

5 3의 배수

( )

6 4의 배수

( )

7 8의 배수

( )

8 11의 배수

( )

9 12의 약수는 모두 몇 개인가요?

( )

10 21=3×7을 보고 □ 안에 '약수', '배수'를 알맞게 써넣으세요.

21은 3과 7의 [ ]이고, 3과 7은 21의 [ ]입니다.

1 두 수의 공약수를 이용하여 두 수의 최대공약수를 구하려고 합니다. ☐ 안에 알맞은 수를 써넣으세요.

16과 24의 공약수 : ☐, ☐, ☐, ☐

16과 24의 최대공약수 : ☐

16과 24의 최대공약수의 약수 : ☐, ☐, ☐, ☐

2 12와 18을 두 수의 곱으로 나타낸 곱셈식을 이용하여 12와 18의 최대공약수를 구하려고 합니다. ☐ 안에 알맞은 수를 써넣으세요.

$$12 = 2 \times 2 \times 3 \qquad 18 = 2 \times 3 \times 3$$

➡ 12와 18의 최대공약수 : ☐ × ☐ = ☐

3~4 ☐ 안에 알맞은 수를 써넣고 두 수의 최대공약수를 구하세요.

3

```
 2 ) 16  28
☐ )  8  14
    ☐  ☐
```

➡ 최대공약수 : ☐

4

```
 3 ) 45  60
☐ ) 15  20
    ☐  ☐
```

➡ 최대공약수 : ☐

5~8 두 수의 최대공약수를 구하세요.

5 (9 , 15)

(   )

6 (8 , 10)

(   )

7 (12 , 18)

(   )

8 (16 , 24)

(   )

1 두 수의 공배수를 이용하여 두 수의 최소공배수를 구하려고 합니다. □ 안에 알맞은 수를 써넣으세요.

8과 12의 공배수 : □, □, □, □ ······

8과 12의 최소공배수 : □

8과 12의 최소공배수의 배수 : □, □, □, □ ······

2 4와 10을 두 수의 곱으로 나타낸 곱셈식을 이용하여 4와 10의 최소공배수를 구하려고 합니다. □ 안에 알맞은 수를 써넣으세요.

$$4=2\times2 \qquad 10=2\times5$$

➡ 4와 10의 최소공배수 : $2\times\boxed{}\times\boxed{}=\boxed{}$

3~4 □ 안에 알맞은 수를 써넣고 두 수의 최소공배수를 구하세요.

3
```
3 ) 18  24
□ )  6   8
    □   □
```
➡ 최소공배수 : □

4
```
3 ) 75  30
□ ) 25  10
    □   □
```
➡ 최소공배수 : □

5~8 두 수의 최소공배수를 구하세요.

5 (6 , 8)

(   )

6 (15 , 20)

(   )

7 (12 , 16)

(   )

8 (24 , 36)

(   )

1 세발자전거의 수와 바퀴의 수 사이의 대응 관계를 쓰세요.

세발자전거의 수(대)	1	2	3	4
바퀴의 수(개)	3	6	9	12

(   )

2 오징어의 수와 다리의 수 사이의 대응 관계를 쓰세요.

오징어의 수(마리)	1	2	3	4
다리의 수(개)	10	20	30	40

(   )

3 표를 완성하고, 오리의 수와 다리의 수 사이의 대응 관계를 쓰세요.

오리의 수(마리)	1	2	3	4	5
다리의 수(개)	2	4	6		

(   )

4 표를 완성하고, 윤미의 나이와 동생의 나이 사이의 대응 관계를 쓰세요.

윤미의 나이(살)	9	10	11	12
동생의 나이(살)	5	6		

(   )

5 탁자의 수와 의자의 수 사이의 대응 관계를 알아보려고 합니다. 물음에 답하세요.

탁자의 수(개)	1	2	3	4	5
의자의 수(개)	4	8	12	16	20

(1) 탁자의 수와 의자의 수 사이의 대응 관계를 식으로 나타내어 보세요.

(   )

(2) 탁자 7개에는 의자를 몇 개 놓아야 할까요?

(   )

6 오각형의 수와 변의 수 사이의 대응 관계를 알아보려고 합니다. 물음에 답하세요.

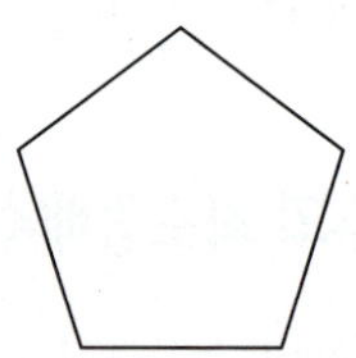

오각형의 수(개)	1	3	5	7	9
변의 수(개)	5	15	25	35	45

(1) 오각형의 수와 변의 수 사이의 대응 관계를 식으로 나타내어 보세요.

(   )

(2) 오각형이 10개일 때 변의 수는 몇 개일까요?

(   )

확인

1~2 □ 안에 알맞은 수를 써넣으세요.

1

□	1	2	3	4	5	6
△	7	8	9	10	11	12

△는 □보다 ☐ 큽니다.
△와 □ 사이의 대응 관계를 식으로 나타내면 △=□+☐ 입니다.

2

○	1	2	3	4	5	6
☆	4	8	12	16	20	24

☆은 ○의 ☐ 배입니다.
☆과 ○ 사이의 대응 관계를 식으로 나타내면 ☆=○×☐ 입니다.

3~6 표를 보고 □와 △ 사이의 대응 관계를 식으로 나타내어 보세요.

3

□	10	11	12	13	14	15
△	5	6	7	8	9	10

식 ________________

4

□	2	3	4	5	6	7
△	14	21	28	35	42	49

식 ________________

5

□	4	5	6	7	8
△	7	8	9	10	11

식 ________________

6

□	64	56	48	40	32
△	8	7	6	5	4

식 ________________

---

7 □와 △ 사이의 대응 관계를 나타낸 표입니다. 물음에 답하세요.

□	1	2	3		5	6
△	8		6	5	4	3

(1) 표를 완성해 보세요.

(2) □와 △ 사이의 대응 관계를 식으로 나타내어 보세요.

식 ________________

(3) □가 7일 때 △는 얼마일까요?

(________________)

4. 약분과 통분 ①

확인

✸ **1~6** 크기가 같은 분수를 만들려고 합니다. ☐ 안에 알맞은 수를 써넣으세요.

1 $\dfrac{2}{5} = \dfrac{\square}{15}$

2 $\dfrac{6}{14} = \dfrac{\square}{7}$

3 $\dfrac{1}{3} = \dfrac{\square}{6} = \dfrac{4}{\square}$

4 $\dfrac{12}{18} = \dfrac{6}{\square} = \dfrac{\square}{3}$

5 $\dfrac{1}{7} = \dfrac{3}{\square} = \dfrac{\square}{42} = \dfrac{12}{\square}$

6 $\dfrac{36}{54} = \dfrac{18}{\square} = \dfrac{6}{\square} = \dfrac{2}{\square}$

✸ **7~12** 분수를 약분하여 기약분수로 나타내어 보세요.

7 $\dfrac{4}{14}$

(   )

8 $\dfrac{4}{8}$

(   )

9 $\dfrac{8}{12}$

(   )

10 $\dfrac{15}{20}$

(   )

11 $\dfrac{14}{42}$

(   )

12 $\dfrac{54}{90}$

(   )

13 $\dfrac{24}{40}$ 를 약분하여 크기가 같은 분수를 모두 구하세요.

(   )

4. 약분과 통분 ②

✹ **1~4** 두 분모의 곱을 공통분모로 하여 통분해 보세요.

1 $\left(\dfrac{4}{7}, \dfrac{3}{5}\right)$ ➡ (,   )

2 $\left(\dfrac{3}{4}, \dfrac{4}{5}\right)$ ➡ (,   )

3 $\left(\dfrac{2}{9}, \dfrac{5}{12}\right)$ ➡ (,   )

4 $\left(\dfrac{7}{10}, \dfrac{4}{15}\right)$ ➡ (,   )

✹ **5~8** 두 분모의 최소공배수를 공통분모로 하여 통분해 보세요.

5 $\left(\dfrac{3}{4}, \dfrac{1}{6}\right)$ ➡ (,   )

6 $\left(\dfrac{5}{8}, \dfrac{7}{10}\right)$ ➡ (,   )

7 $\left(\dfrac{5}{6}, \dfrac{4}{15}\right)$ ➡ (,   )

8 $\left(\dfrac{1}{12}, \dfrac{3}{16}\right)$ ➡ (,   )

✹ **9~12** 크기를 비교하여 ◯ 안에 >, =, <를 알맞게 써넣으세요.

9 $\dfrac{3}{7}$ ◯ $\dfrac{7}{8}$

10 $\dfrac{5}{8}$ ◯ $\dfrac{5}{12}$

11 0.6 ◯ $\dfrac{5}{6}$

12 $\dfrac{13}{15}$ ◯ 0.8

13 세호와 현국이는 똑같은 책을 읽었습니다. 세호는 전체의 $\dfrac{2}{5}$를 읽고, 현국이는 전체의 $\dfrac{1}{3}$을 읽었습니다. 누가 더 많이 읽었을까요?

(   )

✿ **1~10** 계산해 보세요.

1 $\dfrac{1}{3}+\dfrac{1}{7}$

(　　　　　　)

2 $\dfrac{1}{4}+\dfrac{2}{9}$

(　　　　　　)

3 $\dfrac{3}{4}+\dfrac{1}{6}$

(　　　　　　)

4 $\dfrac{1}{2}+\dfrac{3}{5}$

(　　　　　　)

5 $\dfrac{5}{8}+\dfrac{2}{3}$

(　　　　　　)

6 $\dfrac{7}{18}+\dfrac{11}{12}$

(　　　　　　)

7 $2\dfrac{1}{3}+1\dfrac{3}{4}$

(　　　　　　)

8 $3\dfrac{3}{4}+4\dfrac{4}{5}$

(　　　　　　)

9 $2\dfrac{1}{4}+3\dfrac{7}{8}$

(　　　　　　)

10 $2\dfrac{2}{3}+1\dfrac{4}{5}$

(　　　　　　)

11 진수는 우유를 $1\dfrac{3}{7}$ L를 마셨고, 수현이는 우유를 $1\dfrac{5}{8}$ L 마셨습니다. 진수와 수현이가 마신 우유는 모두 몇 L일까요?

(　　　　　　)

1~10 계산해 보세요.

1 $\dfrac{4}{5}-\dfrac{1}{2}$

(   )

2 $\dfrac{5}{6}-\dfrac{3}{7}$

(   )

3 $\dfrac{5}{6}-\dfrac{2}{9}$

(   )

4 $\dfrac{7}{8}-\dfrac{13}{18}$

(   )

5 $5\dfrac{2}{3}-2\dfrac{1}{5}$

(   )

6 $6\dfrac{4}{5}-3\dfrac{1}{4}$

(   )

7 $3\dfrac{7}{12}-2\dfrac{1}{6}$

(   )

8 $5\dfrac{1}{3}-1\dfrac{3}{4}$

(   )

9 $7\dfrac{1}{3}-2\dfrac{5}{8}$

(   )

10 $2\dfrac{1}{4}-1\dfrac{3}{7}$

(   )

11 빈 양동이에 $3\dfrac{2}{3}$ L의 물을 부었습니다. 그중에서 $1\dfrac{3}{7}$ L의 물을 사용했을 때 양동이에 남은 물은 몇 L 일까요?

(   )

6. 다각형의 둘레와 넓이 ①

⚓ **1~4** 도형의 둘레를 구하세요.

1

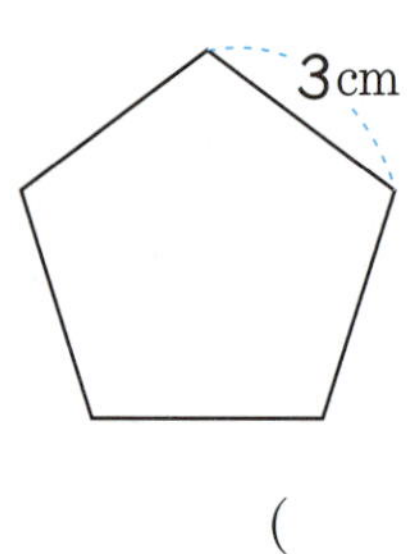

(   )

2

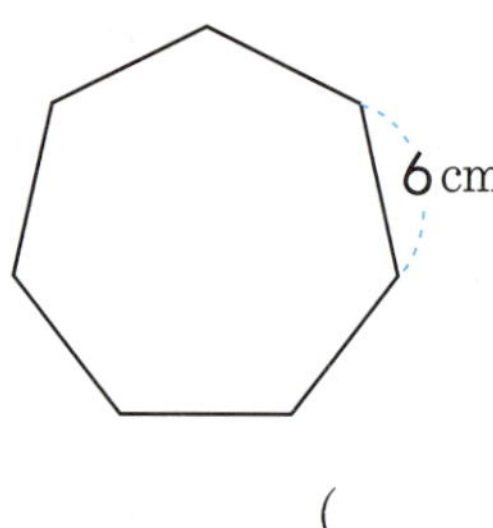

(   )

3

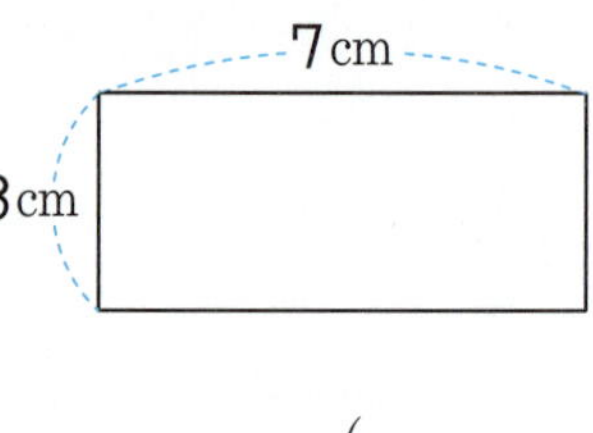

(   )

4

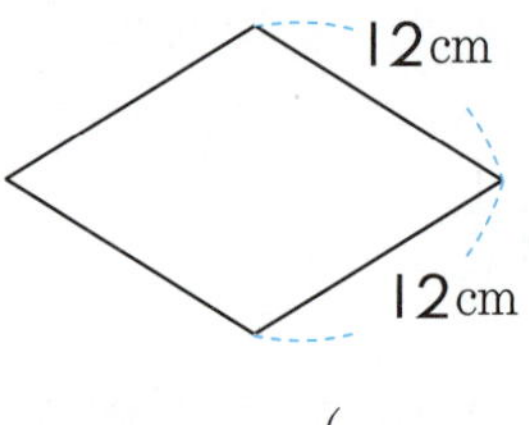

(   )

⚓ **5~6** 도형의 넓이를 구하세요.

5

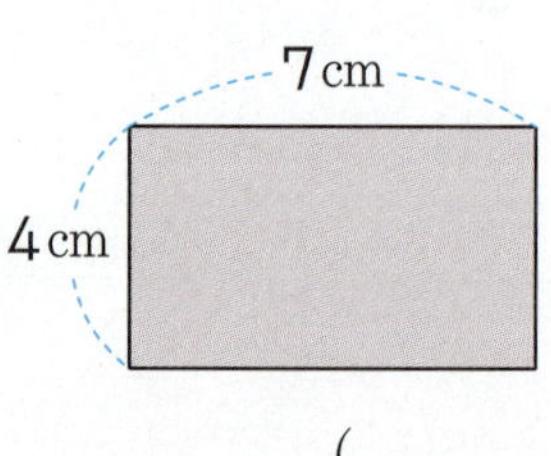

(   )

6

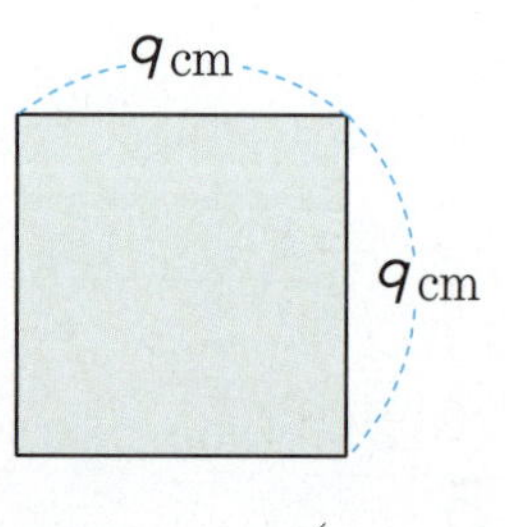

(   )

⚓ **7~10** ☐ 안에 알맞은 수를 써넣으세요.

7 $1 m^2 = \boxed{} cm^2$

8 $\boxed{} m^2 = 80000 cm^2$

9 $\boxed{} km^2 = 7000000 m^2$

10 $5 km^2 = \boxed{} m^2$

※ **1~8** 도형의 넓이를 구하세요.

1

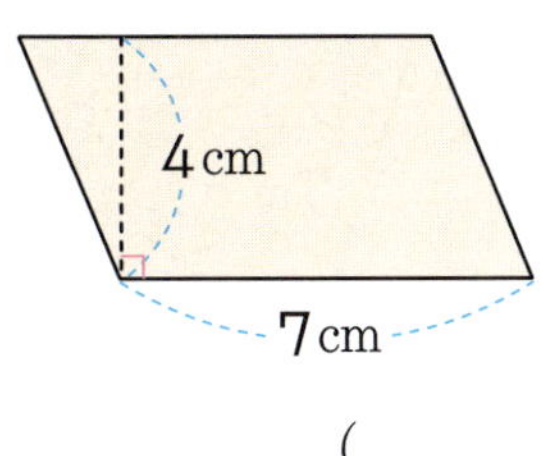

(   )

2

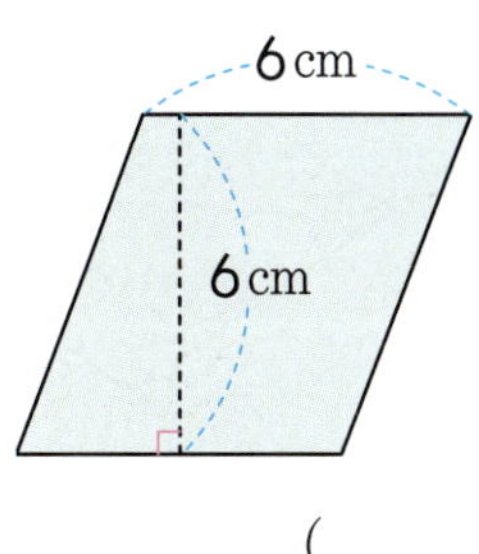

(   )

3

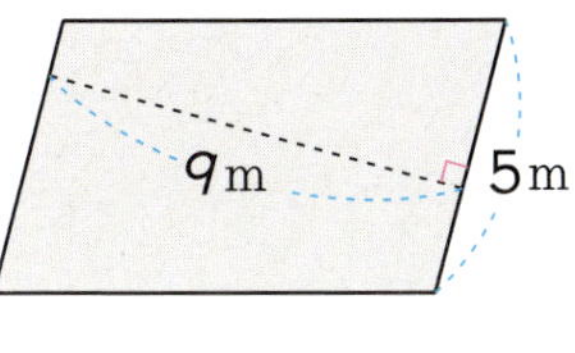

(   )

4

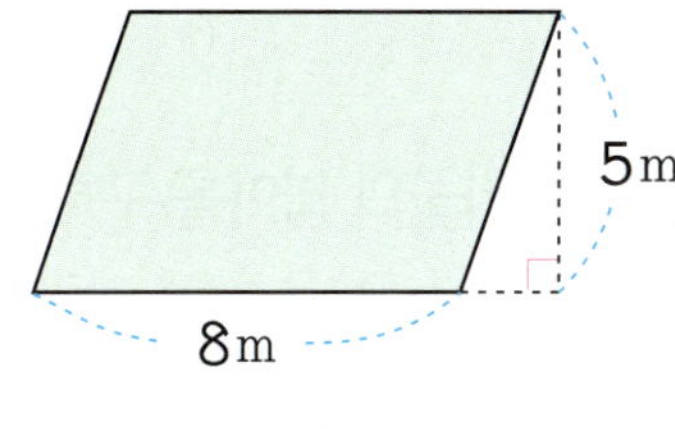

(   )

5

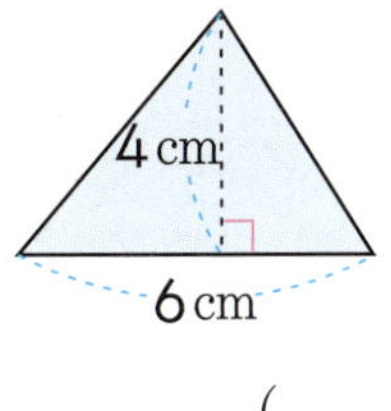

(   )

6

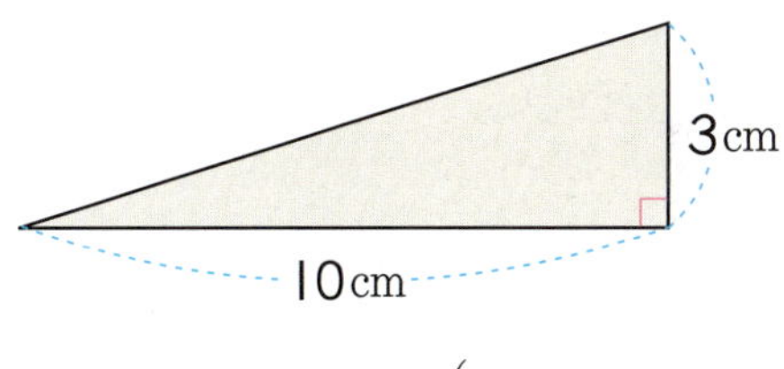

(   )

7

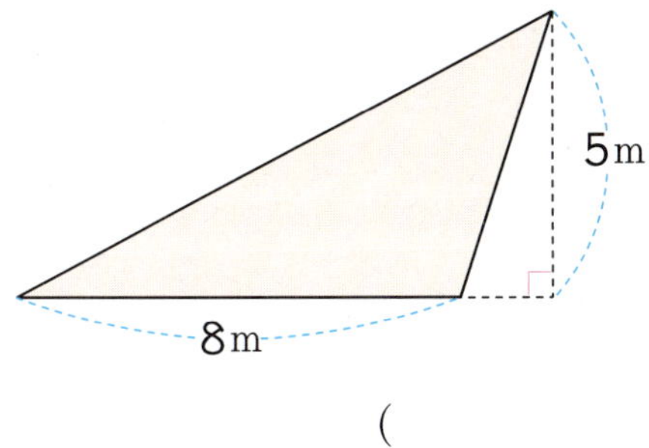

(   )

8

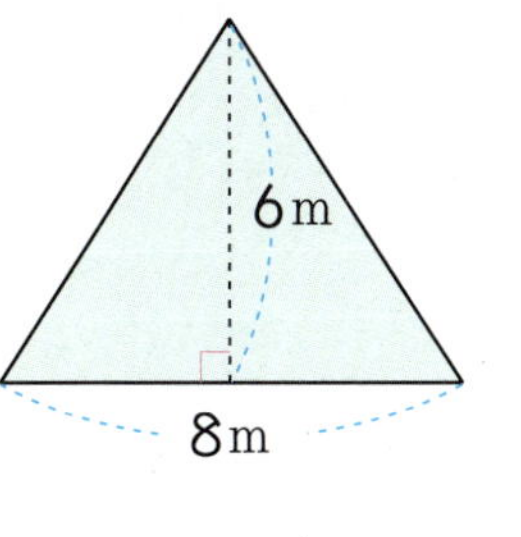

(   )

9 밑변이 16 m이고, 넓이가 64 m^{2}인 삼각형이 있습니다. 삼각형의 높이는 몇 m일까요?

(   )

1~2 마름모의 넓이를 구하세요.

1

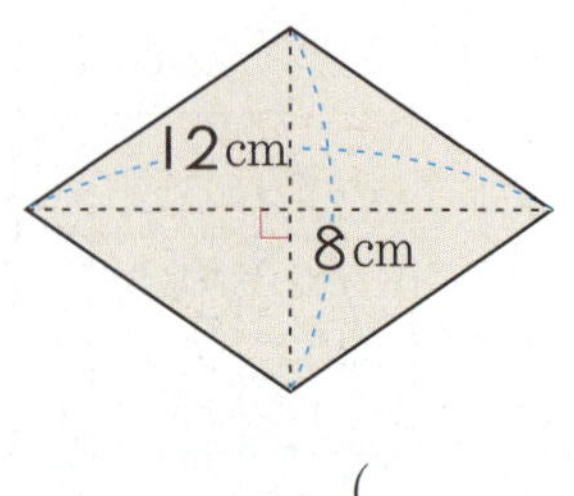

(   )

2

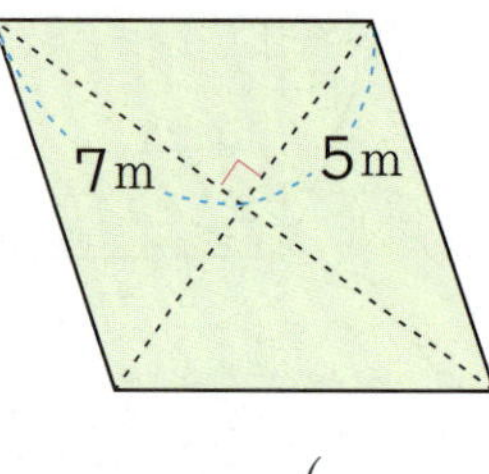

(   )

3~4 사다리꼴의 넓이를 구하세요.

3

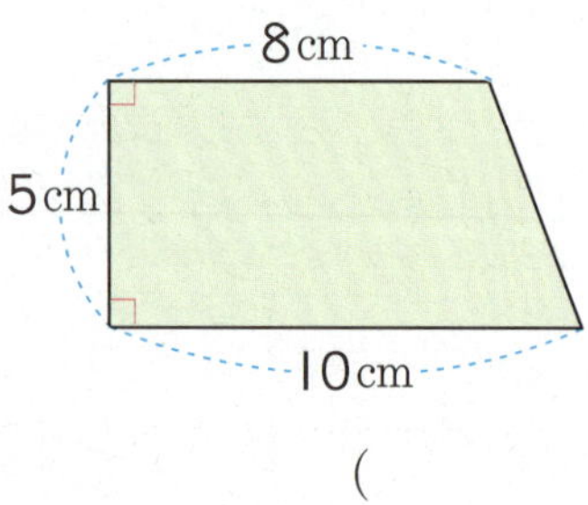

(   )

4

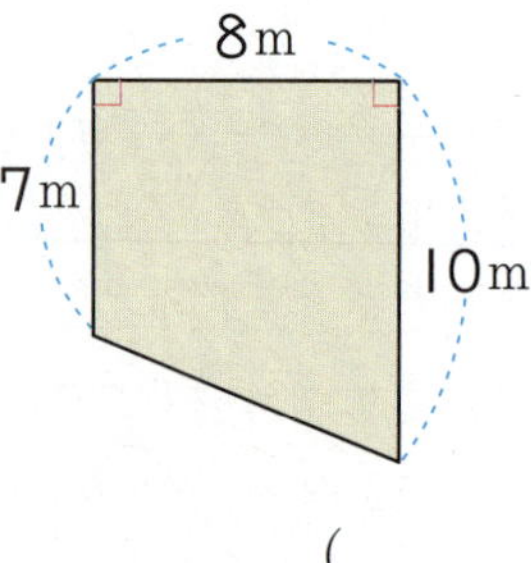

(   )

5 오른쪽 그림과 같이 한 변의 길이가 16m인 정사각형 안에 그린 마름모의 넓이는 몇 m^2일까요?

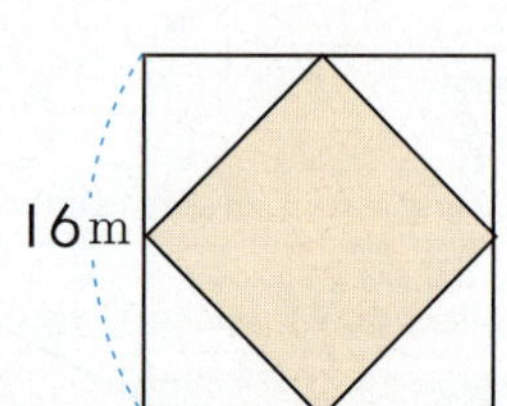

(   )

6 윗변의 길이가 6m, 아랫변의 길이가 18m인 사다리꼴 모양의 색종이가 있습니다. 윗변과 아랫변 사이의 거리가 10m일 때, 이 색종이의 넓이는 몇 m^2일까요?

(   )

1 자연수의 혼합 계산

공부할 내용

- 덧셈과 뺄셈이 섞여 있는 식 계산하기
- 곱셈과 나눗셈이 섞여 있는 식 계산하기
- 덧셈, 뺄셈, 곱셈이 섞여 있는 식 계산하기
- 덧셈, 뺄셈, 나눗셈이 섞여 있는 식 계산하기
- 덧셈, 뺄셈, 곱셈, 나눗셈이 섞여 있는 식 계산하기

이미 배운 내용

- 덧셈과 뺄셈
- 곱셈과 나눗셈
- 분수의 덧셈과 뺄셈
- 소수의 덧셈과 뺄셈

앞으로 배울 내용

- 분수의 덧셈과 뺄셈
- 분수와 소수의 곱셈과 나눗셈

교과서 핵심개념

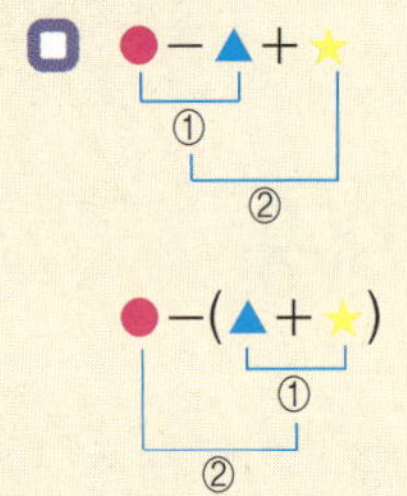

□ ●−▲+★
　①
　②

●−(▲+★)
　①
　②

🐝 덧셈과 뺄셈이 섞여 있는 식 계산하기

- 덧셈과 뺄셈이 섞여 있는 식은 앞에서부터 차례로 계산합니다.
- 덧셈과 뺄셈이 섞여 있고 (　)가 있는 식에서는 (　) 안을 먼저 계산합니다.

$$16-7+3=9+3=12 \qquad 16-(7+3)=16-10=6$$

1 □ 안에 알맞은 수를 써넣으세요.

(1) $82-37+26=\boxed{}+26$

$=\boxed{}$

(2) $79-(42+15)=79-\boxed{}$

$=\boxed{}$

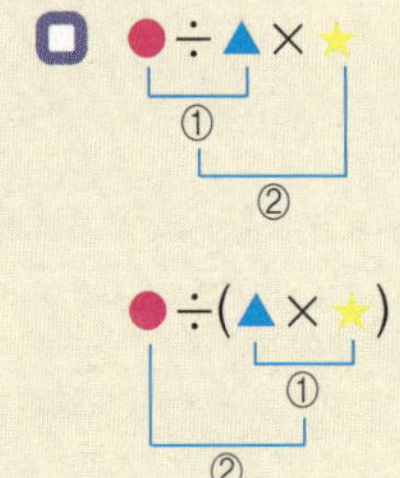

□ ●÷▲×★
　①
　②

●÷(▲×★)
　①
　②

🐝 곱셈과 나눗셈이 섞여 있는 식 계산하기

- 곱셈과 나눗셈이 섞여 있는 식은 앞에서부터 차례로 계산합니다.
- 곱셈과 나눗셈이 섞여 있고 (　)가 있는 식에서는 (　) 안을 먼저 계산합니다.

$$60÷4×5=15×5=75 \qquad 60÷(4×5)=60÷20=3$$

2 계산을 하세요.

(1) $12×6÷3$ 　　　　　　　　(2) $2×56÷(7×4)$

$()\qquad\qquad()$

🐝 덧셈, 뺄셈, 곱셈이 섞여 있는 식 계산하기

덧셈, 뺄셈, 곱셈이 섞여 있는 식은 곱셈을 먼저 계산하고, ( )가 있으면
( ) 안을 가장 먼저 계산합니다.

3 계산을 하세요.

(1) $63+27-14\times3$　　　　　　(2) $72-(4+2)\times9$

(　　　　　)　　　　　　(　　　　　)

🐝 덧셈, 뺄셈, 나눗셈이 섞여 있는 식 계산하기

덧셈, 뺄셈, 나눗셈이 섞여 있는 식은 나눗셈을 먼저 계산하고, ( )가 있
으면 ( ) 안을 가장 먼저 계산합니다.

4 계산을 하세요.

(1) $25-81\div9+12$　　　　　　(2) $30-64\div(11+5)$

(　　　　　)　　　　　　(　　　　　)

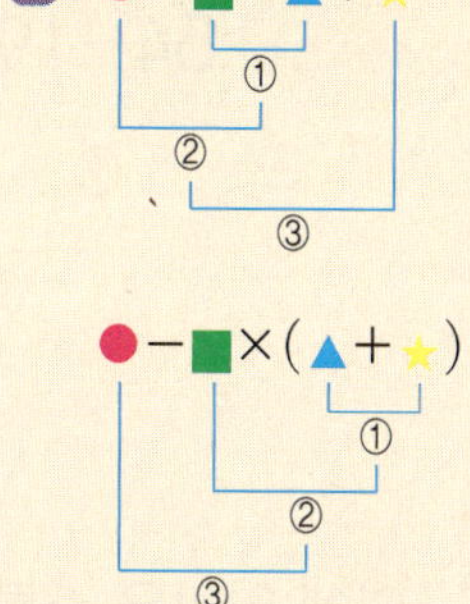

🐝 덧셈, 뺄셈, 곱셈, 나눗셈이 섞여 있는 식 계산하기

덧셈, 뺄셈, 곱셈, 나눗셈이 섞여 있는 식은 곱셈과 나눗셈을 먼저 계산
하고, ( )가 있으면 ( ) 안을 가장 먼저 계산합니다.

5 계산을 하세요.

(1) $6\times4-63\div9$　　　　　　(2) $22+5\times(22-14)\div4$

(　　　　　)　　　　　　(　　　　　)

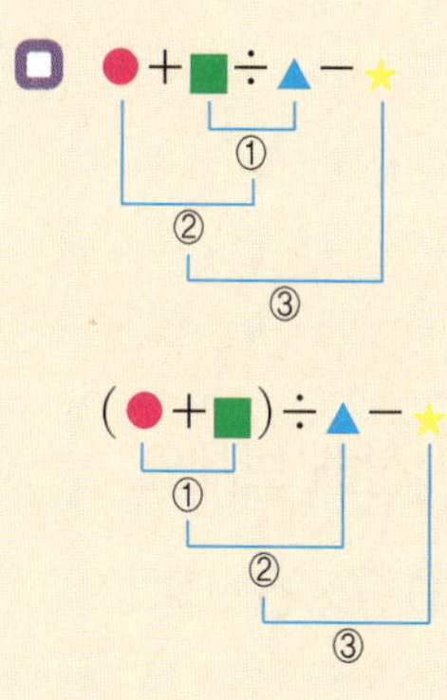

기본문제 다지기

1 □ 안에 알맞은 수를 써넣으세요.

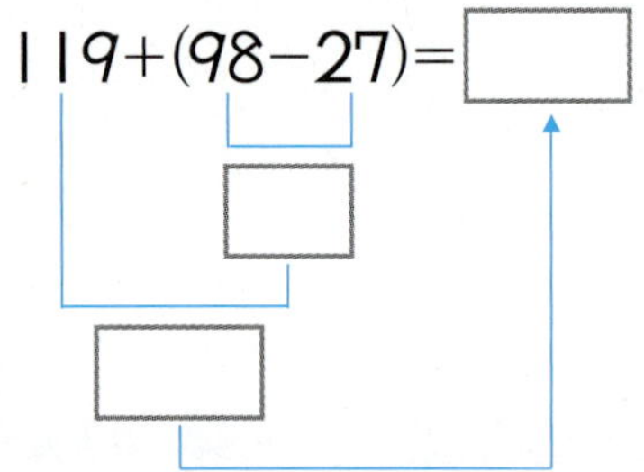

$$54-19+8=\boxed{}+8$$
$$=\boxed{}$$

①
②

2 □ 안에 알맞은 수를 써넣으세요.

$$119+(98-27)=\boxed{}$$

3 계산해 보세요.

(1) $7\times6\div2$

(　　　　　　)

(2) $96\div8\times3$

(　　　　　　)

4 크기를 비교하여 ○ 안에 $>$, $=$, $<$를 알맞게 써넣으세요.

$$64\div(20-4)\ \bigcirc\ 5$$

5 계산해 보세요.

(1) $16+9\times8-67$

(　　　　　　)

(2) $56-54\div(6+3)$

(　　　　　　)

6 다음을 계산할 때 가장 먼저 계산해야 하는 식을 쓰세요.

$$36-4\times12\div3+8-19$$

(　　　　　　)

7 계산해 보세요.

$$67+8\times(21-6)\div3$$

(　　　　　　)

8 체육 시간에 남학생 24명은 8명씩, 여학생 21명은 7명씩 각각 모둠을 만들어 짝짓기놀이를 하고 있습니다. 모두 몇 모둠일까요?

(　　　　　　)

1 풀이 과정을 쓰고 계산 결과를 비교하여 ○ 안에 $>$, $=$, $<$를 알맞게 써넣으세요.

$$36-(12+8) \quad \bigcirc \quad 36-12+8$$

2 계산이 잘못된 곳을 찾아 바르게 계산해 보세요.

$$14+(17-9)\times3$$
$$=14+8\times3$$
$$=22\times3$$
$$=66$$

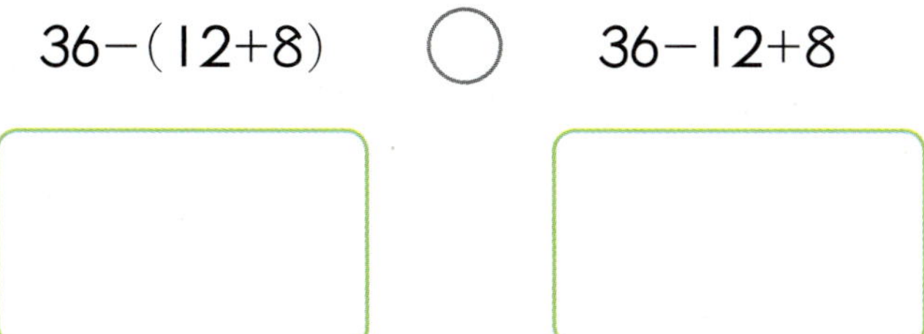

$$14+(17-9)\times3$$

3 계산해 보세요.

$$11+(38-25)\times6-75\div5$$

( )

4 아버지의 연세는 민지의 나이의 4배이고, 할아버지의 연세는 아버지의 연세의 2배보다 4살이 적다고 합니다. 할아버지의 연세가 84세이면 민지의 나이는 몇 살일까요?

( )

단원 마무리

1 □ 안에 알맞은 수를 써넣으세요.

(1) $22-15+17=\boxed{}+17$
  ①
  $=\boxed{}$
  ②

(2) $83+(42-16)=83+\boxed{}$
  ①
  $=\boxed{}$
  ②

2 계산을 하세요.

(1) $21+59-38$

( )

(2) $285+(207-179)$

( )

3 계산 결과를 비교하여 ○ 안에 >, =, <를 알맞게 써넣으세요.

(1) $18-9+36\ \bigcirc\ 38+23-19$

(2) $45-(8+2)\ \bigcirc\ 16+(37-18)$

4 두 사람의 계산 결과의 차를 구하세요.

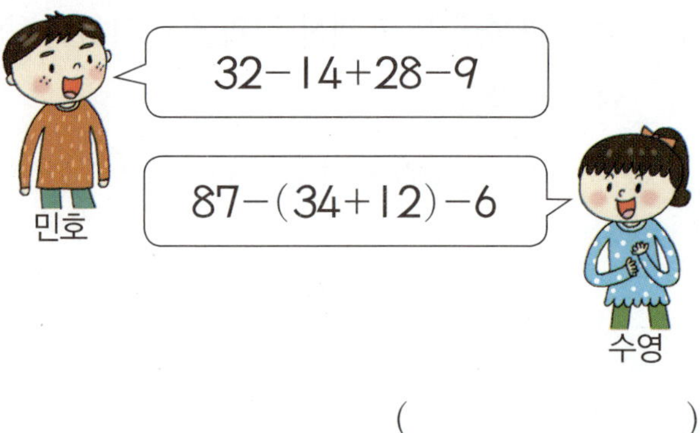

( )

5 □ 안에 알맞은 수를 구하세요.

$82-(28+\boxed{})=44$

( )

6 상자 안에 빨간 구슬이 35개 있고, 파란 구슬이 47개 있습니다. 이 중에서 29개를 꺼냈다면 남은 구슬은 몇 개일까요?

( )

7 계산을 하세요.

(1) $108 \div 9 \times 12$

(   )

(2) $24 \times 39 \div 3 \div 6$

(   )

8 다음 식에서 가장 먼저 계산해야 할 식을 쓰세요.

$$160 \div 10 \times (36 \div 9)$$

(   )

서술형

9 42명을 6명씩 모둠으로 나누었습니다. 한 모둠에 15자루씩 연필을 나누어 주려면 연필은 모두 몇 자루가 있어야 하는지 풀이 과정을 쓰고 답을 구하세요.

풀이 과정 ______________________

____

____

답 ______________________

10~11 □ 안에 알맞은 수를 써넣으세요.

10 $135 - 6 \times 9 + 28 = 135 - \boxed{} + 28$

$$= \boxed{} + 28$$

$$= \boxed{}$$

11 $47 + 93 - 65 \div 5 = 47 + 93 - \boxed{}$

$$= \boxed{} - \boxed{}$$

$$= \boxed{}$$

12~13 계산을 하세요.

12 $35 + 12 \times 8 - 99$

(   )

13 $33 + 72 \div 9 - 27$

(   )

14 계산 결과를 비교하여 ○ 안에 >, =, <를 알맞게 써넣으세요.

(1) $104-8\times6$ ◯ $24+96\div3$

(2) $11\times(17-12)$ ◯ $168\div(8+4)$

15~16 □ 안에 알맞은 수를 써넣으세요.

15 $50-15\times3+63\div7$
$=50-\boxed{}+63\div7$
$=50-\boxed{}+\boxed{}$
$=\boxed{}+\boxed{}$
$=\boxed{}$

16 $84\div7+(22-16)\times3$
$=84\div7+\boxed{}\times3$
$=\boxed{}+\boxed{}\times3$
$=\boxed{}+\boxed{}$
$=\boxed{}$

17 관련있는 것끼리 이어 보세요.

$7\times(40-15)\div5$ · · 45

$5\times(24-6)\div2$ · · 35

18 □ 안에 들어갈 알맞은 수를 구하세요.

$25\times(\square\div8)-14=36$

(   )

19 등식이 성립하도록 ○ 안에 +, ÷를 한 번씩 알맞게 써넣으세요.

$5\times(5\ ◯\ 5)-5\ ◯\ 5=49$

20 정아는 지난 달까지 35800원을 예금하였고, 이번 달에는 6000원씩 4번을 예금하고, 19000원을 찾았다면 정아 통장에 남은 돈은 얼마일까요?

(   )

2 약수와 배수

공부할 내용

- 약수와 배수 찾아보기
- 곱을 이용하여 약수와 배수의 관계 알아보기
- 공약수와 최대공약수 구하기
- 공배수와 최소공배수 구하기

이미 배운 내용

- 곱셈
- 나눗셈
- 곱셈과 나눗셈

앞으로 배울 내용

- 약분과 통분
- 분수의 덧셈과 뺄셈
- 분수의 곱셈
- 분수의 나눗셈

 약수와 배수 찾아보기

- 약수 : 어떤 수를 나누어떨어지게 하는 수
- 배수 : 어떤 수를 1배, 2배, 3배……한 수
- 6의 약수와 배수
  - $6 \div 1 = 6,\ 6 \div 2 = 3,\ 6 \div 3 = 2,\ 6 \div 6 = 1$
    ➡ 6의 약수 : 1, 2, 3, 6
  - $6 \times 1 = 6,\ 6 \times 2 = 12,\ 6 \times 3 = 18,\ 6 \times 4 = 24$……
    ➡ 6의 배수 : 6, 12, 18, 24……

1 12의 약수와 배수를 구하려고 합니다. ☐ 안에 알맞은 수를 써넣으세요.

(1) $12 \div 1 = 12,\ 12 \div 2 = 6,\ 12 \div 3 = 4,\ 12 \div 4 = \square$,

$12 \div 6 = \square$, $12 \div 12 = \square$

➡ 12의 약수 : 1, 2, $\square$, $\square$, $\square$, 12

(2) $12 \times 1 = 12,\ 12 \times 2 = \square$, $12 \times 3 = \square$, $12 \times 4 = \square$ ……

➡ 12의 배수 : 12, $\square$, $\square$, $\square$ ……

 곱을 이용하여 약수와 배수의 관계 알아보기

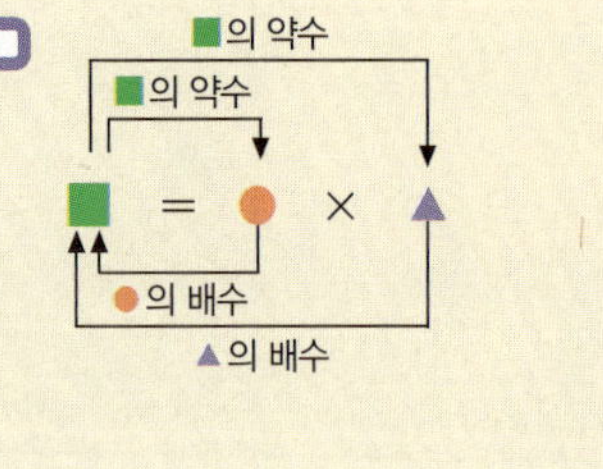

$$8 = 1 \times 8 \Rightarrow \begin{cases} 8 \div 1 = 8 \\ 8 \div 8 = 1 \end{cases} \qquad 8 = 2 \times 4 \Rightarrow \begin{cases} 8 \div 2 = 4 \\ 8 \div 4 = 2 \end{cases}$$

➡ 1, 2, 4, 8은 8의 약수이고, 8은 1, 2, 4, 8의 배수입니다.

2 ☐ 안에 알맞은 수나 말을 써넣으세요.

(1) $48 = 6 \times 8$ $\begin{cases} 48 \div \square = 8 \\ 48 \div \square = 6 \end{cases}$

(2) 6과 8은 48의 $\square$ 이고, 48은 6과 8의 $\square$ 입니다.

```
┌ 16의 약수 : ①, ②, ④, 8, 16      ┌ 16과 20의 공약수 : 1, 2, 4
└ 20의 약수 : ①, ②, ④, 5, 10, 20  └ 16과 20의 최대공약수 : 4
```

```
2 ) 16  20
2 )  8  10   →  16과 20의 최대공약수 : 2×2 =4
     4   5
```

$16=\boxed{2×2}×2×2$ $20=\boxed{2×2}×5$

→ 16과 20의 최대공약수 : $\boxed{2×2}$ =4

3 24와 36의 최대공약수와 공약수를 구하세요.

```
 4 ) 24  36
□ )  6   9
     2   3   최대공약수 : 4×□=□
```

공약수 : □ 의 약수 ➡ (   )


```
┌ 4의 배수 : 4, 8, 12, 16, 20, 24……
└ 6의 배수 : 6, 12, 18, 24, 30……
    ┌ 4와 6의 공배수 : 12, 24……
    └ 4와 6의 최소공배수 : 12
```

```
2 ) 4  6   →  4와 6의 최소공배수 : 2×2×3=12
    2  3
```

$4=②×2$ $6=②×3$

4와 6의 최소공배수 : $②×2×3=12$

4 12와 18의 최소공배수를 구하고, 공배수를 작은 수부터 3개 쓰세요.

```
□ ) 12  18
□ )  6   9
     2   3   최소공배수 : □×□×2×3=□
```

공배수 : □ 의 배수 ➡ (   )

• **공약수** : 두 수의 공통된 약수

• **최대공약수** : 공약수 중에서 가장 큰 수

• 두 수의 공약수는 최대공약수의 약수입니다.

• **공배수** : 두 수의 공통된 배수

• **최소공배수** : 공배수 중에서 가장 작은 수

• 두 수의 공배수는 최소공배수의 배수입니다.

1 16의 약수를 구하려고 합니다. □ 안에 알맞은 수를 써넣으세요.

$$16 \div 1 = 16 \qquad 16 \div \Box = 8$$
$$16 \div \Box = 4 \qquad 16 \div \Box = 2$$
$$16 \div \Box = 1$$

➡ 16의 약수 : 1, □, □, □, □

2 1부터 200까지의 자연수 중에서 6의 배수는 모두 몇 개일까요?

( )

3 20과 30의 최대공약수를 구하려고 합니다. 알맞게 쓰세요.

(1) 20의 약수

( )

(2) 30의 약수

( )

(3) 20과 30의 공약수

( )

(4) 20과 30의 최대공약수

( )

4 두 수의 공약수와 최대공약수를 구하세요.

(1) (12, 20)

공약수 ( )

최대공약수 ( )

(2) (18, 24)

공약수 ( )

최대공약수 ( )

5 4와 6의 최소공배수를 구하려고 합니다. □ 안에 알맞은 수를 써넣으세요.

(1) 4의 배수

➡ 4, 8, □, □, 20, □ ……

(2) 6의 배수

➡ 6, □, □, □ ……

(3) 4와 6의 공배수

➡ □, □ ……

(4) 4와 6의 최소공배수

➡ □

6 두 수의 공배수를 가장 작은 수부터 2개 쓰고 최소공배수를 구하세요.

(1) (5, 8)

공배수 ( )

최소공배수 ( )

(2) (12, 24)

공배수 ( )

최소공배수 ( )

1 27의 약수를 구하려고 합니다. □ 안에 알맞은 수를 써넣으세요.

$$1 \times 27 = \boxed{}$$
$$3 \times \boxed{} = 27$$

➡ 27의 약수는 1, $\boxed{}$, $\boxed{}$, $\boxed{}$ 입니다.

2 24를 어떤 자연수로 나누었을 때, 나누어떨어지게 하는 모든 수의 합을 구하세요.

(   )

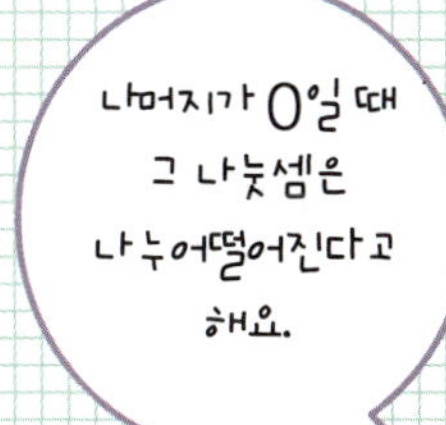

3 두 수의 최대공약수를 (가, 나), 두 수의 최소공배수를 [가, 나]라고 할 때, (16, 24)+[15, 12]를 구하세요.

(   )

4 어느 버스정류장에 160번 버스는 8분마다, 502번 버스는 14분마다 도착한다고 합니다. 오후 1시 정각에 두 버스가 동시에 도착했다면 다음 번에 동시에 도착하는 시각을 구하세요.

(   )

1 16의 약수를 모두 구하세요.

( )

2 왼쪽 수가 오른쪽 수의 약수가 되는 것을 모두 고르세요.

ㄱ (2, 6) ㄴ (3, 8)
ㄷ (6, 15) ㄹ (8, 72)
ㅁ (10, 45) ㅂ (13, 52)

( )

3~4 다음 수의 배수를 작은 수부터 5개씩 써 보세요.

3 6의 배수

( )

4 10의 배수

( )

5 다음 수 중에서 7의 배수를 모두 찾아 쓰세요.

1, 14, 17, 35, 42, 57, 70

( )

6 식을 보고 □ 안에 알맞은 말을 써넣으세요.

20=4×5

(1) 20은 4와 5의 □ 입니다.

(2) 4와 5는 20의 □ 입니다.

7 9와 12의 약수를 보고 공약수와 최대공약수를 구하세요.

9의 약수 : 1, 3, 9
12의 약수 : 1, 2, 3, 4, 6, 12

공약수 ( )

최대공약수 ( )

8 빈칸에 알맞은 수를 써넣으세요.

12의 약수	
18의 약수	
12와 18의 공약수	
12와 18의 최대공약수	

9 16과 28의 공약수와 최대공약수의 관계를 알아보려고 합니다. 물음에 답하세요.

(1) 16과 28의 공약수를 구하세요.

( )

(2) 16과 28의 최대공약수의 약수를 구하세요.

( )

(3) 알맞은 말에 ○표 하세요.
두 수의 공약수는 두 수의 최대공약수의 약수와 (같습니다 , 다릅니다).

10 어떤 두 수의 최대공약수가 18일 때 □ 안에 알맞은 수를 써넣고, 두 수의 공약수를 모두 구하세요.

$18 = 1 \times \boxed{} = 2 \times \boxed{} = 3 \times \boxed{}$

( )

11 어떤 두 수의 최대공약수가 20일 때, 이 두 수의 공약수를 모두 구하세요.

( )

12 16과 24의 공배수를 작은 수부터 3개 구하고, 최소공배수를 구하세요.

공배수 ( )

최소공배수 ( )

13 6과 9의 공배수와 최소공배수의 관계를 알아보려고 합니다. 물음에 답하세요.

(1) 6과 9의 공배수를 작은 수부터 3개 구하세요.

( )

(2) 6과 9의 최소공배수의 배수를 작은 수부터 3개 구하세요.

( )

(3) 알맞은 말에 ○표 하세요.
두 수의 공배수는 두 수의 최소공배수의 배수와 (같습니다 , 다릅니다).

14~15 어떤 두 수의 최소공배수가 16일 때, 이 두 수의 공배수를 작은 수부터 3개 구하려고 합니다. ☐ 안에 알맞은 수를 써넣으세요.

14 16의 배수 : 16, ☐, ☐ ……

15 두 수의 공배수 : 16, ☐, ☐

16 어떤 두 수의 최소공배수가 30일 때, 이 두 수의 공배수를 작은 수부터 5개 구하세요.

( )

17 수 배열표에서 2의 배수에 ○표, 3의 배수에 ×표 하면, ○표와 ×표가 겹친 수는 어떤 수라고 말할 수 있을까요?

1	2	3	4	5	6	7	8	9	10
11	12	13	14	15	16	17	18	19	20
21	22	23	24	25	26	27	28	29	30

( )

18 다음 식을 보고 18과 30의 최대공약수와 최소공배수를 구하세요.

$$18 = 2 \times 3 \times 3, \quad 30 = 2 \times 3 \times 5$$

최대공약수 ( )

최소공배수 ( )

19 두 수 36과 8의 최대공약수와 최소공배수를 각각 구하세요.

최대공약수 ( )

최소공배수 ( )

서술형

20 사과 24개와 귤 36개를 될 수 있는대로 많은 접시에 남김없이 똑같이 나누어 담으려고 합니다. 최대 몇 개의 접시에 담을 수 있는지 풀이 과정을 쓰고 답을 구하세요.

풀이 과정 ___________________

____

____

____

답 ___________________

3 규칙과 대응

공부할 내용

- 두 양 사이의 관계 알아보기
- 대응 관계를 식으로 나타내는 방법 알아보기
- 생활 속에서 대응 관계를 찾아 식으로 나타내기

이미 배운 내용

- 수의 배열에서 규칙 찾기
- 도형의 배열에서 규칙 찾기
- 계산식에서 규칙 찾기
- 규칙적인 계산식 찾기

앞으로 배울 내용

- 비와 비율
- 비례식과 비례배분

○ 대응되는 두 양에서 공통인 규칙이 무엇인지 찾아봅니다.

두 양 사이의 관계 알아보기

- 자동차 수와 바퀴의 수 사이의 대응 관계

자동차의 수(대)	1	2	3	4
바퀴의 수(개)	4	8	12	16

➡ 자동차의 수가 1대씩 늘어날 때, 바퀴의 수는 4개씩 늘어납니다.
➡ 바퀴의 수는 자동차의 수의 4배입니다.

1 표를 완성하고, 누나의 나이와 동생의 나이 사이의 대응 관계를 쓰세요.

누나의 나이(살)	10	11	12	13	14	15
동생의 나이(살)	8	9	10			

(   )

○ 규칙을 찾아 식으로 나타내면 구하고자 하는 것을 쉽게 구할 수 있습니다.

대응 관계를 식으로 나타내는 방법 알아보기 (1)

- 음료수 병의 수와 음료수의 값 사이의 대응 관계

음료수 병의 수(병)	1	2	3	4	5
음료수의 값(원)	800	1600	2400	3200	4000

➡ 음료수 병의 수와 음료수의 값 사이의 대응 관계를 식으로 나타내면
(음료수의 값)=(음료수 병의 수)×800 또는
(음료수 병의 수)=(음료수의 값)÷800입니다.

2 표를 완성하고, 연도와 유미의 나이 사이의 대응 관계를 식으로 나타내어 보세요.

연도(년)	2014	2015	2016	2017	2018
유미의 나이(살)	12	13			

식 (연도)=

또는 (유미의 나이)=

🐝 대응 관계를 식으로 나타내는 방법 알아보기 (2)

• 인형의 수와 팔의 수 사이의 대응 관계

인형의 수(개)	1	2	3	4	5	6	7
팔의 수(개)	2	4	6	8	10	12	14

➡ 인형의 수를 ○, 팔의 수를 ☆이라고 할 때, 두 양 사이의 대응 관계를 식으로 나타내면 ☆=○×2 또는 ○=☆÷2입니다.

3 △와 ☆ 사이의 대응 관계를 식으로 나타내어 보세요.

△	21	22	23	24	25	26
☆	10	11	12	13	14	15

식   △=

또는 ☆=

🐝 생활 속에서 대응 관계를 찾아 식으로 나타내기

• 한 상자에 카드 6장씩 들어 있는 상자의 수와 카드의 수 사이의 대응 관계

상자의 수(상자)	1	2	3	4
카드의 수(장)	6	12	18	24

➡ 두 양 사이의 대응 관계를 식으로 나타내면
(카드의 수)=(상자의 수)×6 또는 (상자의 수)=(카드의 수)÷6입니다.

4 오토바이의 수를 ○, 바퀴의 수를 △라고 할 때, 오토바이의 수와 바퀴의 수 사이의 대응 관계를 식으로 나타내어 보세요.

오토바이의 수(대)	5	6	7	8	9	10
바퀴의 수(개)	10	12	14	16	18	20

식   △=

또는 ○=

1 강당에 긴 의자가 있습니다. 긴 의자 1개에 학생들이 6명씩 앉을 때, 물음에 답하세요.

(1) 다음 표의 빈칸에 알맞은 수를 써넣으세요.

의자의 수(개)	1	2	3	4	5
학생 수(명)	6	12			

(2) 긴 의자가 4개일 때 앉아 있는 학생은 모두 몇 명일까요?

( )

(3) 학생 수가 30명일 때 의자는 몇 개가 필요할까요?

( )

(4) 학생 수는 의자 수의 몇 배일까요?

( )

(5) 의자 수와 학생 수 사이의 대응 관계를 쓰세요.

( )

2 1분에 3L의 물이 나오는 수도가 있습니다. 이 수도로 물을 18L 받았다면 물을 받은 시간은 몇 분인가요?

받은 시간(분)	1	2	3	4
받은 물의 양(L)	3	6	9	12

( )

3 표를 보고 물음에 답하세요.

★	0	1	2	3	4	
▲	3	4	5		7	8

(1) ★이 3일 때 ▲는 얼마일까요?

( )

(2) ▲가 8일 때 ★은 얼마일까요?

( )

(3) 대응표의 규칙에 맞게 □ 안에 알맞은 수를 써넣으세요.

▲ = ★ + □ 또는 ★ = ▲ − □

4 △와 ☆ 사이의 대응 관계를 나타낸 표입니다. 표를 완성하고, △와 ☆ 사이의 대응 관계를 식으로 나타내어 보세요.

△	1	2	3	4		
☆	3	6		12	15	18

식 ____________ 또는 ____________

5 껌 1통에 껌이 7개씩 들어 있습니다. 껌의 통수(○)와 껌의 수(□) 사이의 대응 관계를 ○와 □를 사용하여 식으로 나타내어 보세요.

(또는)

1 필통 한 개에 연필이 7자루씩 들어 있습니다. 필통의 수와 연필의 수 사이의 대응 관계를 알아보세요.

(1) 다음 표의 빈칸에 알맞은 수를 써넣으세요.

필통의 수(개)	1	2	3	4	5
연필의 수(자루)	7	14			

(2) 필통 6개에는 연필이 몇 자루 들어 있을까요?

( )

2 표를 보고 물음에 답하세요.

○	2	3	4	5	6
☆	8	9	10	11	12

(1) ○와 ☆의 차는 얼마일까요?

( )

(2) 알맞은 말에 ○표 하세요.

☆은 ○보다 6 (큽니다, 작습니다).

3 표를 보고 □와 △ 사이의 대응 관계를 식으로 나타내어 보세요.

□	4	8	12	16	20	24
△	1	2	3	4	5	6

(또는)

4 물이 1분에 9L씩 나오는 수도가 있습니다. 시간을 ○, 물의 양을 △라고 할 때, 시간과 물의 양 사이의 대응 관계를 식으로 나타내어 보세요.

(또는)

1 오각형의 수와 변의 수 사이의 대응 관계를 나타낸 표입니다. 표를 완성하고, □ 안에 알맞은 수를 써넣으세요.

오각형의 수(개)	1	2	3	4	5
변의 수(개)	5	10			

➡ 변의 수는 오각형의 수의 □ 배입니다.

2 표를 완성하고, 두 양 사이의 대응 관계를 쓰세요.

닭의 수(마리)	1	2	3	
다리 수(개)	2	4		8

( )

3 표를 보고 □와 △ 사이의 대응 관계를 쓰세요.

(1)

□	0	1	2	3	4
△	5	6	7	8	9

( )

(2)

□	3	4	5	6	7
△	9	12	15	18	21

( )

4 필통 한 개에 연필이 6자루씩 들어 있습니다. 필통의 개수와 연필의 개수 사이의 대응 관계를 식으로 나타내려고 합니다. □ 안에 알맞은 수를 써넣으세요.

식 (연필의 개수)=(필통의 개수)×□

또는 (필통의 개수)=(연필의 개수)÷□

5 표를 보고 관계있는 것끼리 이어 보세요.

□	3	4	5
△	15	20	25

•　　　• △=□×5

□	3	4	5
△	0	1	2

•　　　• △=□+2

□	3	4	5
△	5	6	7

•　　　• △=□−3

6~7 ○와 □의 대응 관계를 나타낸 표입니다. 물음에 답하세요.

○	4	5	6	7	8	9
□	1	2		4		6

6 빈칸에 알맞은 수를 써넣으세요.

7 ○와 □의 대응 관계를 식으로 나타내어 보세요.

( )

8 그림을 보고 물음에 답하세요.

바퀴 수(개)	3	6		12	15
자전거 수(대)	1	2	3	4	

(1) 빈칸에 알맞은 수를 써넣으세요.

(2) 바퀴 수를 ▽, 자전거 수를 □라 할 때 ▽ 와 □의 대응 관계를 식으로 나타내어 보세요.

( )

9 표를 완성하고, 두 수 사이의 대응 관계를 식으로 나타내어 보세요.

(1)

○	2	3	4	5	6
☆	5	6	7		

( )

앗 주의! 두 수를 더해 보아요.

(2)

○	4	5	6	7	8
☆	9	8	7		

( )

10~13 식탁의 수와 의자의 수 사이의 대응 관계를 나타낸 표입니다. 물음에 답하세요.

식탁의 수(개)	1	2	3	4	5
의자의 수(개)	6		18		

10 빈칸에 알맞은 수를 써넣으세요.

11 의자의 수는 식탁의 수의 몇 배일까요?

( )

서술형

12 식탁이 8개일 때 의자는 몇 개인지 풀이 과정을 쓰고 답을 구하세요.

풀이 과정 ______________________

____

____

____

답 ______________________

13 식탁의 수를 ○, 의자의 수를 □라 할 때 ○와 □의 대응 관계를 식으로 나타내어 보세요.

( )

연우는 하루에 8시간씩 잠을 잡니다. 연우가 5일 동안 잠을 잔 시간은 모두 몇 시간일까요?

14 표를 완성하세요.

날수(일)	1	2	3	4	5
시간(시간)	8	16			

15 5일 동안 잠을 잔 시간은 모두 몇 시간일까요?

( )

16 잠을 잔 시간이 모두 48시간이라면 며칠 동안 잠을 잔 것일까요?

( )

17 10일 동안 잠을 잔 시간은 모두 몇 시간일까요?

( )

18 문제를 읽고 □와 △ 사이의 대응 관계를 식으로 나타내어 보세요.

어머니의 연세(□)는 42세이고 내 나이(△)는 10살입니다.

( )

시간	1	2	3	4	5
거리(km)	70	140			

19 빈칸에 알맞은 수를 써넣으세요.

20 타조가 490 km를 달렸다면 타조가 달린 시간은 모두 몇 시간일까요?

( )

4 약분과 통분

공부할 내용

- 크기가 같은 분수 알아보기
- 분수를 간단하게 나타내기
- 분모가 같은 분수로 나타내기
- 분수의 크기 비교하기
- 분수와 소수의 크기 비교하기

이미 배운 내용

- 약수와 배수
- 분모가 같은 분수의 크기 비교

앞으로 배울 내용

- 분수의 덧셈과 뺄셈
- 분수의 곱셈
- 분수와 소수의 혼합 계산

🐝 크기가 같은 분수 알아보기

- 분모와 분자에 각각 0이 아닌 같은 수를 곱하여 크기가 같은 분수 만들기

$$\frac{3}{4}=\frac{3\times2}{4\times2}=\frac{3\times3}{4\times3}=\frac{3\times4}{4\times4}=\cdots\cdots$$

- 분모와 분자를 각각 0이 아닌 같은 수로 나누어 크기가 같은 분수 만들기

$$\frac{30}{45}=\frac{30\div3}{45\div3}=\frac{30\div5}{45\div5}=\cdots\cdots$$

- 분모와 분자에 각각 0이 아닌 같은 수를 곱하면 크기가 같은 분수가 됩니다.
- 분모와 분자를 각각 0이 아닌 같은 수로 나누면 크기가 같은 분수가 됩니다.

1 $\frac{5}{8}$와 크기가 같은 분수를 모두 찾아 ○표 하세요.

$$\frac{5}{6},\quad\frac{15}{24},\quad\frac{25}{48},\quad\frac{35}{56},\quad\frac{10}{16},\quad\frac{9}{32}$$

2 ☐ 안에 알맞은 수를 써넣으세요.

(1) $\dfrac{3}{8}=\dfrac{18}{\boxed{}}$

(2) $\dfrac{20}{36}=\dfrac{\boxed{}}{9}$

🐝 분수를 간단하게 나타내기

- 약분하기 : 분모와 분자를 공약수로 나누어 간단히 하는 것

$$\frac{12}{16}=\frac{12\div2}{16\div2}=\frac{6}{8},\quad\frac{12}{16}=\frac{12\div4}{16\div4}=\frac{3}{4}$$

- 기약분수로 나타내기 : 분모와 분자를 최대공약수로 나눕니다.

$$\frac{16}{20}=\frac{16\div4}{20\div4}=\frac{4}{5},\quad\frac{18}{24}=\frac{18\div6}{24\div6}=\frac{3}{4}$$

- 분모와 분자의 공약수가 1뿐인 분수를 기약분수라고 하며, 분모와 분자를 그들의 최대공약수로 나누면 기약분수가 됩니다.

3 $\frac{12}{20}$를 여러 가지 방법으로 약분하려고 합니다. 물음에 답하세요

(1) 12와 20의 공약수를 쓰세요.

(   )

(2) ☐ 안에 알맞은 수를 써넣으세요.

$$\frac{12}{20}=\frac{12\div2}{20\div\boxed{}}=\frac{6}{\boxed{}},\quad\frac{12}{20}=\frac{12\div\boxed{}}{20\div4}=\frac{\boxed{}}{5}$$

🐝 분모가 같은 분수로 나타내기

> • 분수의 분모를 같게 하는 것을 **통분한다**고 합니다.
>
> $$\left(\frac{3}{4},\ \frac{1}{6}\right) \xrightarrow[\text{공통분모로 하여 통분하기}]{\text{두 분모의 곱 24를}} \left(\frac{3\times6}{4\times6},\ \frac{1\times4}{6\times4}\right) \longrightarrow \left(\frac{18}{24},\ \frac{4}{24}\right)$$
>
> $$\left(\frac{3}{4},\ \frac{1}{6}\right) \xrightarrow[\text{공통분모로 하여 통분하기}]{\text{두 분모의 최소공배수 12를}} \left(\frac{3\times3}{4\times3},\ \frac{1\times2}{6\times2}\right) \longrightarrow \left(\frac{9}{12},\ \frac{2}{12}\right)$$

□ 통분한 분모를 **공통분모**라고 합니다.

4 크기가 같은 분수를 만들어 통분하려고 합니다. □ 안에 알맞은 수를 써넣으세요.

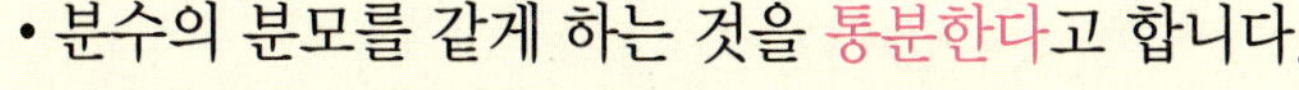

(1) $\left(\dfrac{2}{3},\ \dfrac{1}{2}\right)$

$$\dfrac{2}{3}=\dfrac{4}{\square}=\dfrac{\square}{9}=\dfrac{\square}{12}=\dfrac{10}{\square}=\dfrac{\square}{18}=\cdots\cdots$$

$$\dfrac{1}{2}=\dfrac{\square}{4}=\dfrac{3}{\square}=\dfrac{4}{\square}=\dfrac{\square}{10}=\dfrac{\square}{12}=\cdots\cdots$$

(2) $\left(\dfrac{2}{3},\ \dfrac{1}{2}\right)$을 통분하면 $\left(\dfrac{\square}{6},\ \dfrac{\square}{6}\right),\ \left(\dfrac{\square}{12},\ \dfrac{\square}{12}\right)\cdots\cdots$입니다.

🐝 분수의 크기 비교하기, 분수와 소수의 크기 비교하기

> • 분수를 통분한 후 분자의 크기를 비교합니다.
>
> $$\left(\frac{3}{8},\ \frac{1}{6}\right) \Rightarrow \left(\frac{3\times3}{8\times3},\ \frac{1\times4}{6\times4}\right) \Rightarrow \left(\frac{9}{24},\ \frac{4}{24}\right)$$ 이므로 $\dfrac{3}{8}>\dfrac{1}{6}$입니다.
>
> • 분수와 소수를 비교할 때는 분수를 소수로 나타내거나 소수를 분수로 나타내어 크기를 비교합니다.

□ 분모가 다른 세 분수의 크기를 비교할 때는 두 분수씩 차례로 비교합니다.

5 크기를 비교하여 ○ 안에 >, =, <를 알맞게 써넣으세요.

(1) $1\dfrac{2}{5}\ \bigcirc\ 1\dfrac{3}{8}$ 　　　　(2) $0.7\ \bigcirc\ \dfrac{3}{4}$

6 세 분수를 작은 분수부터 차례로 쓰세요.

$$\dfrac{5}{6}\qquad\dfrac{3}{8}\qquad\dfrac{7}{12}$$

(　　　　　)

1 크기가 같은 분수를 만들려고 합니다. 그림을 보고 □ 안에 알맞은 수를 써넣으세요.

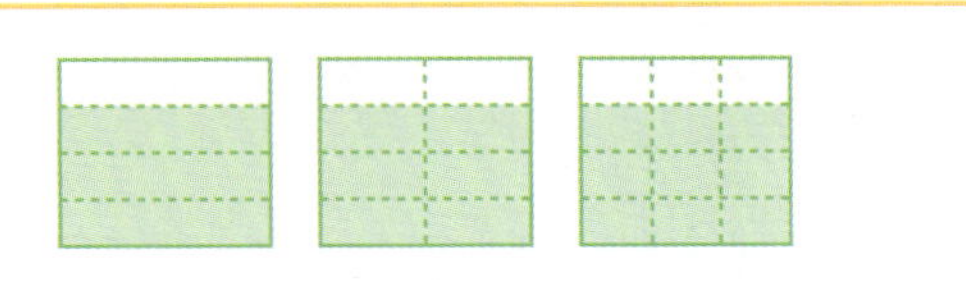

$$\frac{3}{4}=\frac{3\times\square}{4\times2}=\frac{3\times\square}{4\times3}$$

➡ $\dfrac{3}{4}=\dfrac{\square}{8}=\dfrac{\square}{12}$

2 $\dfrac{4}{9}$와 크기가 같은 분수를 모두 찾아 ○표 하세요.

$$\frac{7}{12}\qquad\frac{8}{18}\qquad\frac{10}{27}\qquad\frac{12}{27}\qquad\frac{12}{36}$$

3 $\dfrac{12}{36}$를 약분하여 크기가 같은 분수를 만들려고 합니다. 약분할 수 <u>없는</u> 수는 어느 것인가요?
·· ( )

① 3 　 ② 4 　 ③ 5 　 ④ 6 　 ⑤ 12

4 분수를 기약분수로 나타내어 보세요.

(1) $\dfrac{2}{8}$ 　　　　 ( )

(2) $\dfrac{9}{15}$ 　　　　 ( )

5 두 분모의 곱을 공통분모로 하여 두 분수를 통분해 보세요.

(1) $\left(\dfrac{1}{3},\dfrac{2}{5}\right)$ 　　 ( )

(2) $\left(\dfrac{3}{5},\dfrac{5}{6}\right)$ 　　 ( )

6 두 분모의 최소공배수를 공통분모로 하여 두 분수를 통분해 보세요.

(1) $\left(\dfrac{2}{3},\dfrac{3}{4}\right)$ 　　 ( )

(2) $\left(\dfrac{5}{8},\dfrac{11}{12}\right)$ 　　 ( )

7 크기를 비교하여 ○ 안에 >, =, <를 알맞게 써넣으세요.

(1) $\dfrac{7}{10}$ ○ $\dfrac{3}{4}$

(2) $2\dfrac{3}{4}$ ○ $2\dfrac{4}{5}$

8 □ 안에 알맞은 수를 써넣고, ○ 안에 >, =, <를 알맞게 써넣으세요.

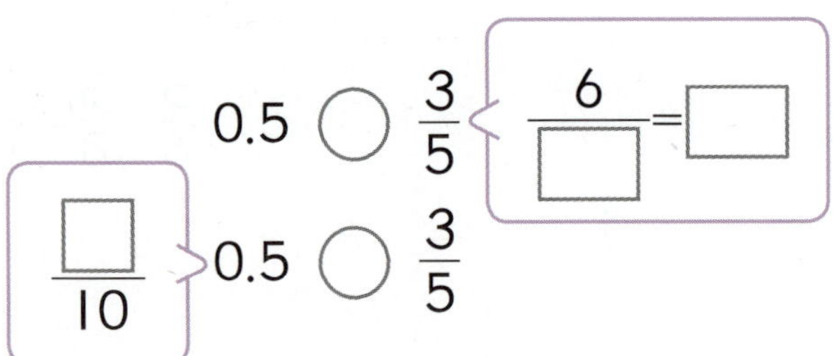

MeMo

1 어떤 분수의 분자에 5를 더한 후, 6으로 약분하였더니 $\dfrac{3}{5}$이 되었습니다. 어떤 분수를 구하세요.

(   )

2 어떤 두 기약분수를 통분하였더니 $\left(\dfrac{21}{72}, \dfrac{20}{72}\right)$이 되었습니다. 두 기약분수를 구하세요.

(   )

3 분모와 분자의 합이 92이고 약분하면 $\dfrac{6}{17}$이 되는 분수를 구하세요.

(   )

4 $\dfrac{2}{3}$와 $\dfrac{3}{4}$ 사이에 있는 분수 중 분모가 84인 분수는 모두 몇 개일까요?

(   )

5 가, 나, 다 3개의 병에 각각 0.4 L, 0.75 L, $\dfrac{7}{8}$ L의 물을 부었습니다. 물이 가장 많이 들어 있는 병은 어느 병일까요?

(   )

1 □ 안에 알맞은 수를 써넣으세요.

(1) $\dfrac{2}{3} = \dfrac{2 \times 2}{3 \times \square} = \dfrac{2 \times \square}{3 \times 3} = \cdots\cdots$

➡ $\dfrac{2}{3} = \dfrac{4}{\square} = \dfrac{\square}{9} = \cdots\cdots$

(2) $\dfrac{12}{24} = \dfrac{12 \div \square}{24 \div 2} = \dfrac{12 \div 3}{24 \div \square} = \cdots\cdots$

➡ $\dfrac{12}{24} = \dfrac{\square}{12} = \dfrac{4}{\square} = \cdots\cdots$

2 다음 분수와 크기가 같은 분수를 분모가 작은 수부터 차례로 3개씩 만들어 보세요.

(1) $\dfrac{3}{4}$ ➡ (   )

(2) $\dfrac{2}{5}$ ➡ (   )

3 $\dfrac{5}{6}$와 크기가 같은 분수 중에서 분모가 30인 분수를 구하세요.

(   )

4 다음 분수와 크기가 같은 분수를 모두 만들어 보세요. (단, 분모가 주어진 분수의 분모보다 작아야 합니다.)

(1) $\dfrac{8}{24}$ ➡ (   )

(2) $\dfrac{24}{36}$ ➡ (   )

5 다음 중 $\dfrac{6}{9}$과 크기가 같은 분수를 모두 찾아 기호를 쓰세요.

> ㉠ $\dfrac{2}{3}$ ㉡ $\dfrac{9}{12}$ ㉢ $\dfrac{12}{18}$ ㉣ $\dfrac{24}{27}$

(   )

6 $\dfrac{8}{12}$을 여러 가지 방법으로 약분하려고 합니다.

□ 안에 알맞은 수를 써넣으세요.

8과 12의 공약수 : 1, $\square$, $\square$

$\dfrac{8}{12} = \dfrac{8 \div \square}{12 \div 2} = \dfrac{\square}{6}$

$\dfrac{8}{12} = \dfrac{8 \div 4}{12 \div \square} = \dfrac{2}{\square}$

7 다음 분수를 약분했을 때 나올 수 있는 분수를 모두 쓰세요.(단, 분모가 50보다 작아야 합니다.)

$$\frac{30}{50} \quad \Rightarrow \quad (\qquad\qquad)$$

8 보기 와 같이 약분하여 기약분수로 나타내어 보세요.

보기

$$\frac{12}{30} \;\Rightarrow\; \frac{\overset{6}{\cancel{12}}}{\underset{15}{\cancel{30}}} \;\Rightarrow\; \frac{\overset{2}{\cancel{6}}}{\underset{5}{\cancel{15}}} \;\Rightarrow\; \frac{2}{5}$$

$$\frac{18}{30} \quad \Rightarrow \quad (\qquad\qquad)$$

9 다음 분수를 최대공약수로 약분하여 기약분수로 나타내려고 합니다. 어떤 수로 약분해야 하는지 쓰고, 기약분수로 나타내어 보세요.

$$\frac{18}{24} \quad \Rightarrow \quad (\qquad , \qquad)$$

10 다음 중 기약분수가 아닌 것을 모두 찾아 기호를 쓰세요.

$$\text{㉠}\ \frac{2}{3} \qquad \text{㉡}\ \frac{4}{6} \qquad \text{㉢}\ \frac{5}{8}$$

$$\text{㉣}\ \frac{13}{13} \qquad \text{㉤}\ \frac{17}{20} \qquad \text{㉥}\ \frac{13}{52}$$

$$(\qquad\qquad)$$

11 $\left(\dfrac{5}{6},\ \dfrac{3}{8}\right)$ 을 통분할 수 있는 가장 작은 공통분모를 구하세요.

$$(\qquad\qquad)$$

12 두 분모의 곱을 공통분모로 하여 통분해 보세요.

$$\left(2\frac{3}{5},\ 1\frac{1}{6}\right) \;\Rightarrow\; \left(\qquad , \qquad \right)$$

13 두 분모의 최소공배수를 공통분모로 하여 통분해 보세요.

$$\left(\frac{5}{9},\ \frac{7}{12}\right) \;\Rightarrow\; \left(\qquad , \qquad \right)$$

14 $\dfrac{5}{6}$ 와 $\dfrac{7}{8}$ 의 크기를 비교하려고 합니다. ☐ 안에 알맞은 수를 써넣고, ○ 안에는 >, =, <를 알맞게 써넣으세요.

$$\frac{5}{6}=\frac{5\times\Box}{6\times 4}=\frac{\Box}{24}$$

$$\frac{7}{8}=\frac{7\times\Box}{8\times 3}=\frac{\Box}{24}$$

$$\Rightarrow\quad \frac{5}{6}\ \bigcirc\ \frac{7}{8}$$

15 다음 중 $\dfrac{2}{3}$보다 작은 분수를 찾아 기호를 쓰세요.

> ㉠ $\dfrac{3}{4}$　　㉡ $\dfrac{3}{5}$　　㉢ $\dfrac{5}{7}$

(　　　　　　　)

16 세 분수의 크기를 비교하여 큰 수부터 차례로 쓰세요.

$$\left(\dfrac{4}{9},\ \dfrac{2}{3},\ \dfrac{1}{2}\right) \rightarrow \left(\quad,\quad,\quad\right)$$

서술형

17 □ 안에 들어갈 수 있는 자연수를 모두 구하려고 합니다. 풀이 과정을 쓰고 답을 구하세요.

$$\dfrac{5}{7} < \dfrac{\square}{63} < \dfrac{7}{9}$$

풀이 과정 ___________________________

____

____

____

답 _______________________

18 분수와 소수의 크기를 비교하여 ○ 안에 >, =, <를 알맞게 써넣으세요.

(1) $\dfrac{5}{12}$ ○ 0.5

(2) $1\dfrac{3}{4}$ ○ 1.7

19 다음 중 가장 작은 수를 찾아 쓰세요.

> 0.5　　$\dfrac{1}{3}$　　$\dfrac{3}{7}$　　0.25

(　　　　　　　)

20 우유 $\dfrac{1}{4}$ L, 주스 0.4 L가 서로 다른 그릇에 들어 있습니다. 우유와 주스 중에서 양이 더 많은 것은 어느 것일까요?

(　　　　　　　)

5 분수의 덧셈과 뺄셈

공부할 내용

- 진분수의 덧셈
- 대분수의 덧셈
- 진분수의 뺄셈
- 대분수의 뺄셈

이미 배운 내용

- 분수와 소수
- 분수의 덧셈과 뺄셈
- 약분과 통분

앞으로 배울 내용

- 분수의 곱셈
- 분수의 나눗셈
- 소수의 곱셈
- 소수의 나눗셈

○ 계산 결과가 기약분수가 아닐 경우에는 기약분수로 나타내고, 가분수일 경우에는 대분수로 나타냅니다.

🐝 진분수의 덧셈

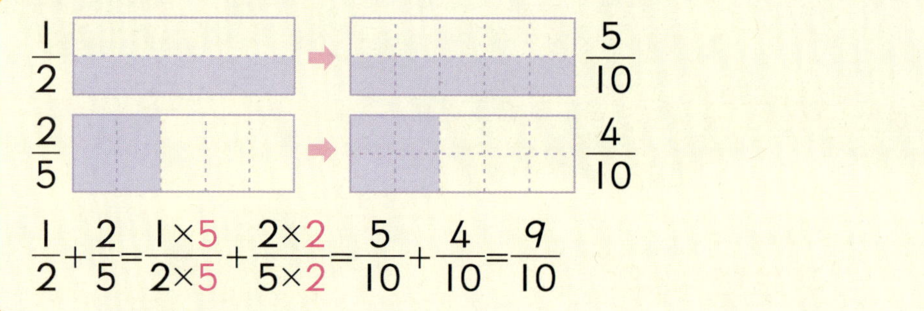

$$\frac{1}{2}+\frac{2}{5}=\frac{1\times5}{2\times5}+\frac{2\times2}{5\times2}=\frac{5}{10}+\frac{4}{10}=\frac{9}{10}$$

1 □ 안에 알맞은 수를 써넣으세요.

$$\frac{5}{6}+\frac{3}{8}=\frac{\square}{24}+\frac{\square}{24}=\frac{\square}{24}=\square$$

🐝 대분수의 덧셈

○ 대분수의 덧셈은 자연수는 자연수끼리, 분수는 분수끼리 계산하거나 대분수를 가분수로 고쳐서 계산합니다.

· $1\frac{3}{4}+3\frac{2}{3}$ 의 계산

방법 ❶
$$1\frac{3}{4}+3\frac{2}{3}=1\frac{9}{12}+3\frac{8}{12}=(1+3)+\left(\frac{9}{12}+\frac{8}{12}\right)$$
$$=4+\frac{17}{12}=4+1\frac{5}{12}=5\frac{5}{12}$$

방법 ❷
$$1\frac{3}{4}+3\frac{2}{3}=\frac{7}{4}+\frac{11}{3}=\frac{21}{12}+\frac{44}{12}=\frac{65}{12}=5\frac{5}{12}$$

2 □ 안에 알맞은 수를 써넣으세요.

$$2\frac{3}{5}+3\frac{2}{3}=2\frac{\square}{15}+3\frac{\square}{15}=(2+3)+\left(\frac{\square}{15}+\frac{\square}{15}\right)$$
$$=\square+\frac{\square}{15}=\square+1\frac{\square}{15}=\square$$

3 계산해 보세요.

(1) $1\frac{4}{9}+2\frac{5}{6}$ (　　　　　　)　　(2) $3\frac{7}{10}+1\frac{3}{4}$ (　　　　　　)

🐝 진분수의 뺄셈

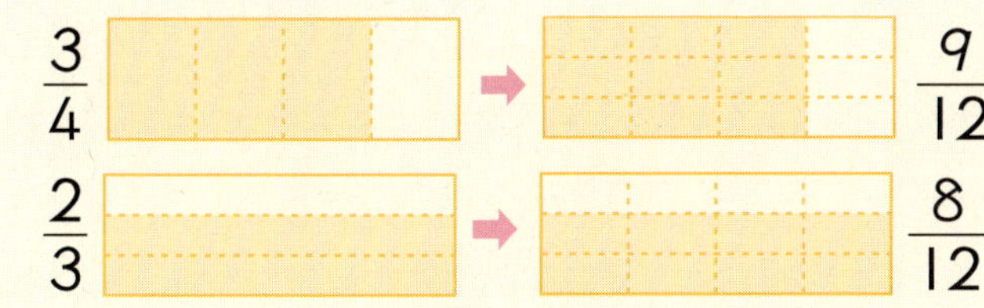

$$\dfrac{3}{4} - \dfrac{2}{3} = \dfrac{3 \times 3}{4 \times 3} - \dfrac{2 \times 4}{3 \times 4} = \dfrac{9}{12} - \dfrac{8}{12} = \dfrac{1}{12}$$

➡️ 두 분모의 곱을 공통분모로 하여 계산하거나 최소공배수를 공통분모로 하여 계산합니다.

4 □ 안에 알맞은 수를 써넣으세요.

(1) $\dfrac{1}{2} - \dfrac{2}{5} = \dfrac{1 \times \boxed{}}{2 \times 5} - \dfrac{2 \times \boxed{}}{5 \times 2} = \dfrac{\boxed{}}{10} - \dfrac{\boxed{}}{10} = \dfrac{\boxed{}}{10}$

(2) $\dfrac{5}{6} - \dfrac{3}{8} = \dfrac{5 \times \boxed{}}{6 \times 4} - \dfrac{3 \times \boxed{}}{8 \times 3} = \dfrac{\boxed{}}{24} - \dfrac{\boxed{}}{24} = \dfrac{\boxed{}}{24}$

🐝 대분수의 뺄셈

• $3\dfrac{5}{8} - 2\dfrac{1}{4}$ 의 계산

방법 ❶ $\quad 3\dfrac{5}{8} - 2\dfrac{1}{4} = 3\dfrac{5}{8} - 2\dfrac{2}{8} = (3-2) + \left(\dfrac{5}{8} - \dfrac{2}{8}\right) = 1 + \dfrac{3}{8} = 1\dfrac{3}{8}$

방법 ❷ $\quad 3\dfrac{5}{8} - 2\dfrac{1}{4} = \dfrac{29}{8} - \dfrac{9}{4} = \dfrac{29}{8} - \dfrac{18}{8} = \dfrac{11}{8} = 1\dfrac{3}{8}$

• $4\dfrac{1}{4} - 1\dfrac{2}{5}$ 의 계산

방법 ❶ $\quad 4\dfrac{1}{4} - 1\dfrac{2}{5} = 4\dfrac{5}{20} - 1\dfrac{8}{20} = 3\dfrac{25}{20} - 1\dfrac{8}{20}$

$\qquad\qquad = (3-1) + \left(\dfrac{25}{20} - \dfrac{8}{20}\right) = 2 + \dfrac{17}{20} = 2\dfrac{17}{20}$

방법 ❷ $\quad 4\dfrac{1}{4} - 1\dfrac{2}{5} = \dfrac{17}{4} - \dfrac{7}{5} = \dfrac{85}{20} - \dfrac{28}{20} = \dfrac{57}{20} = 2\dfrac{17}{20}$

5 계산해 보세요.

(1) $4\dfrac{5}{8} - 1\dfrac{3}{10}$ ($\qquad\qquad$)   (2) $3\dfrac{1}{6} - 1\dfrac{4}{9}$ ($\qquad\qquad$)

1 그림을 보고 ⬜ 안에 알맞은 수를 써넣으세요.

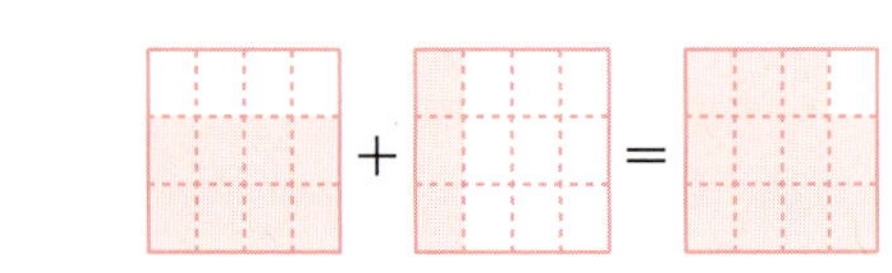

$$\frac{2}{3}+\frac{1}{4}=\frac{\square}{12}+\frac{\square}{12}=\frac{\square}{12}$$

2 그림을 보고 ⬜ 안에 알맞은 수를 써넣으세요.

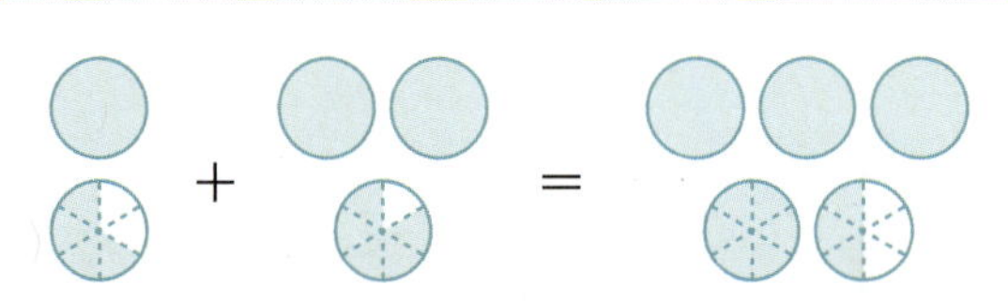

$$1\frac{2}{3}+2\frac{5}{6}=1\frac{\square}{6}+2\frac{5}{6}=3\frac{\square}{6}$$

$$=\frac{\square}{6}=\square\frac{\square}{2}$$

3 ⬜ 안에 알맞은 수를 써넣으세요.

$$\frac{3}{4}+\frac{5}{6}=\frac{3\times\square}{4\times3}+\frac{5\times\square}{6\times2}$$

$$=\frac{\square}{12}+\frac{\square}{12}=\frac{\square}{12}=\square$$

4 계산해 보세요.

(1) $\dfrac{5}{9}+\dfrac{1}{6}$　　　（　　　　）

(2) $2\dfrac{3}{4}+3\dfrac{2}{3}$　　　（　　　　）

5 그림을 보고 ⬜ 안에 알맞은 수를 써넣으세요.

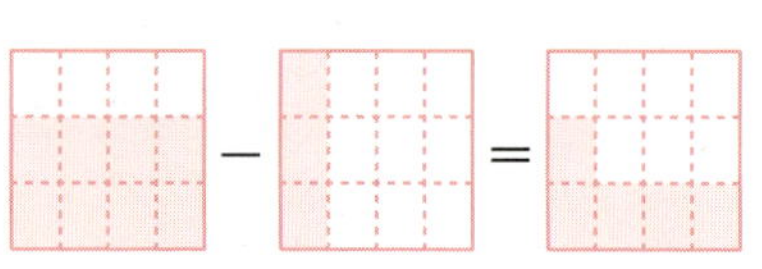

$$\frac{2}{3}-\frac{1}{4}=\frac{\square}{12}-\frac{\square}{12}=\frac{\square}{12}$$

6 그림을 보고 ⬜ 안에 알맞은 수를 써넣으세요.

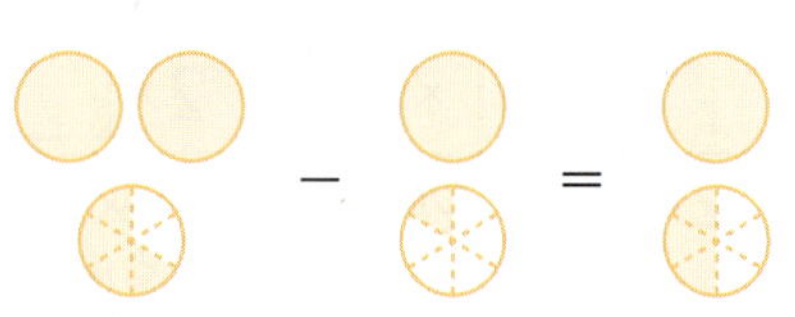

$$2\frac{2}{3}-1\frac{1}{6}=2\frac{\square}{6}-1\frac{\square}{6}$$

$$=1\frac{\square}{6}=\square$$

7 ⬜ 안에 알맞은 수를 써넣으세요.

$$2\frac{1}{6}-1\frac{3}{4}=\frac{\square}{6}-\frac{\square}{4}$$

$$=\frac{\square}{12}-\frac{\square}{12}=\frac{\square}{12}$$

8 계산해 보세요.

(1) $\dfrac{3}{4}-\dfrac{2}{5}$　　　（　　　　）

(2) $2\dfrac{5}{6}-1\dfrac{5}{9}$　　　（　　　　）

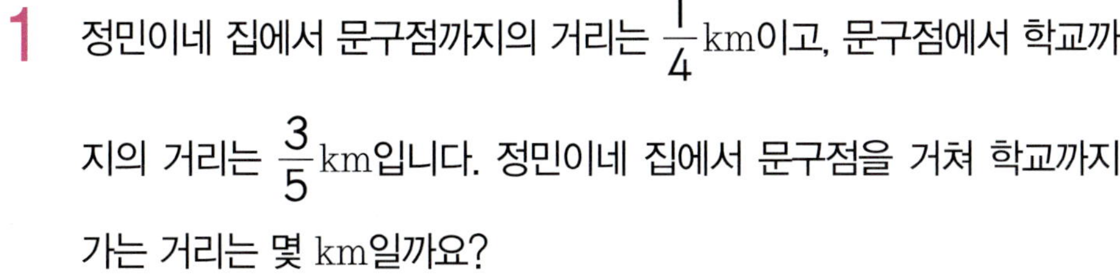

1 정민이네 집에서 문구점까지의 거리는 $\dfrac{1}{4}$ km이고, 문구점에서 학교까지의 거리는 $\dfrac{3}{5}$ km입니다. 정민이네 집에서 문구점을 거쳐 학교까지 가는 거리는 몇 km일까요?

(   )

2 승호는 빨간색 테이프 $2\dfrac{1}{3}$ m와 파란색 테이프 $3\dfrac{4}{5}$ m를 가지고 있습니다. 승호가 가지고 있는 테이프는 모두 몇 m일까요?

(   )

3 가장 큰 분수와 가장 작은 분수의 차를 구하세요.

$$\dfrac{1}{2} \qquad \dfrac{3}{4} \qquad \dfrac{7}{8}$$

(   )

4 냉장고에 콜라가 $\dfrac{1}{3}$ L, 사이다가 $\dfrac{2}{5}$ L 있습니다. 냉장고에 있는 사이다는 콜라보다 몇 L 더 많을까요?

(   )

5 복숭아가 가득 들어 있는 상자의 무게를 재어 보았더니 $9\dfrac{1}{4}$ kg이었습니다. 복숭아의 무게를 재어 보았더니 $7\dfrac{4}{5}$ kg일 때 상자만의 무게는 몇 kg일까요?

(   )

1 그림을 보고 ☐ 안에 알맞은 수를 써넣으세요.

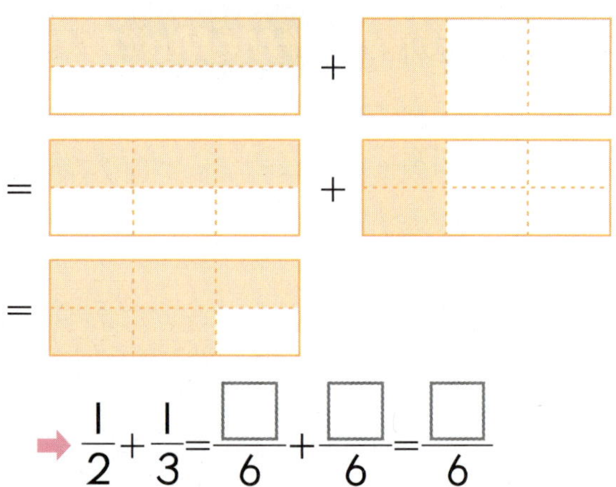

$$\frac{1}{2}+\frac{1}{3}=\frac{\square}{6}+\frac{\square}{6}=\frac{\square}{6}$$

2 ☐ 안에 알맞은 수를 써넣으세요.

(1) $\dfrac{1}{3}+\dfrac{2}{5}=\dfrac{\square}{15}+\dfrac{\square}{15}=\dfrac{\square}{15}$

(2) $\dfrac{5}{9}+\dfrac{5}{6}=\dfrac{\square}{18}+\dfrac{\square}{18}=\dfrac{\square}{18}=\square$

3 계산해 보세요.

(1) $\dfrac{1}{4}+\dfrac{2}{5}$

$$(\qquad\qquad)$$

(2) $\dfrac{3}{10}+\dfrac{7}{8}$

$$(\qquad\qquad)$$

4 승우는 어제 위인전의 $\dfrac{1}{7}$ 을 읽었고, 오늘은 $\dfrac{1}{5}$ 을 읽었습니다. 이틀 동안에 읽은 양은 전체의 얼마일까요?

$$(\qquad\qquad)$$

5 그림을 보고 ☐ 안에 알맞은 수를 써넣으세요.

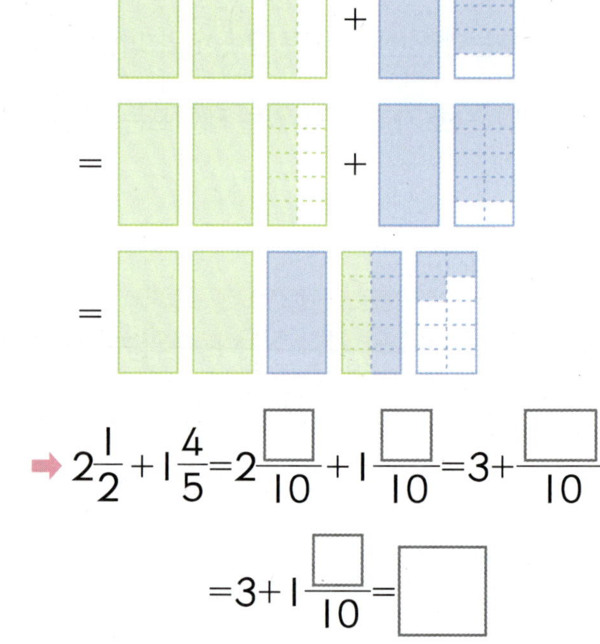

$$2\frac{1}{2}+1\frac{4}{5}=2\frac{\square}{10}+1\frac{\square}{10}=3+\frac{\square}{10}$$

$$=3+1\frac{\square}{10}=\square$$

6 ☐ 안에 알맞은 수를 써넣으세요.

$$1\frac{2}{3}+3\frac{4}{5}=1\frac{\square}{15}+3\frac{\square}{15}$$

$$=(1+3)+\left(\frac{\square}{15}+\frac{\square}{15}\right)$$

$$=4+\frac{\square}{15}=4+\square\frac{\square}{15}$$

$$=\square$$

7 $2\frac{5}{8}+1\frac{7}{12}$을 두 가지 방법으로 계산하려고 합니다. □ 안에 알맞은 수를 써넣으세요.

(1) 방법 ❶

$$2\frac{5}{8}+1\frac{7}{12}=2\frac{\square}{24}+1\frac{\square}{24}$$
$$=(2+1)+\left(\frac{\square}{24}+\frac{\square}{24}\right)$$
$$=3+\frac{\square}{24}=3+\square\frac{\square}{24}$$
$$=\boxed{}$$

(2) 방법 ❷

$$2\frac{5}{8}+1\frac{7}{12}=\frac{\square}{8}+\frac{\square}{12}$$
$$=\frac{\square}{24}+\frac{\square}{24}$$
$$=\frac{\square}{24}=\boxed{}$$

8 계산해 보세요.

(1) $3\frac{1}{4}+1\frac{4}{5}$

(   )

(2) $2\frac{3}{4}+3\frac{5}{6}$

(   )

9 계산 결과를 비교하여 ○ 안에 >, =, <를 알맞게 써넣으세요.

$$1\frac{2}{3}+2\frac{3}{4}\quad\bigcirc\quad4\frac{7}{12}$$

10 $\frac{2}{3}-\frac{1}{4}$을 계산하려고 합니다. 그림을 보고 □ 안에 알맞은 수를 써넣으세요.

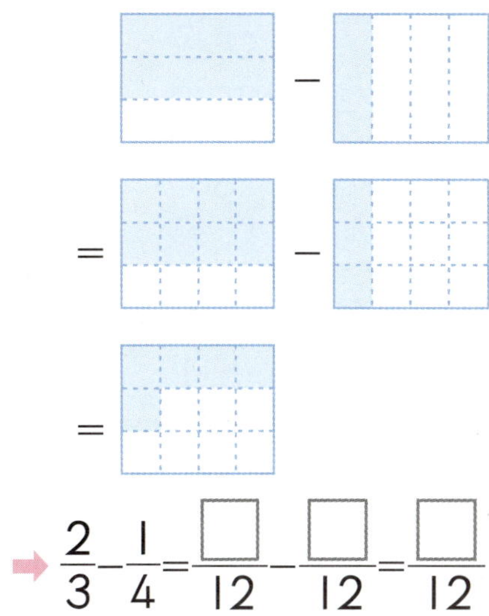

$$\rightarrow\ \frac{2}{3}-\frac{1}{4}=\frac{\square}{12}-\frac{\square}{12}=\frac{\square}{12}$$

11 계산해 보세요.

(1) $\frac{3}{5}-\frac{1}{2}$

(   )

(2) $\frac{7}{8}-\frac{7}{12}$

(   )

12 □ 안에 알맞은 수를 써넣으세요.

$$4\frac{5}{8}-2\frac{1}{4}=4\frac{5}{8}-2\frac{\square}{8}$$
$$=(4-2)+\left(\frac{5}{8}-\frac{\square}{8}\right)$$
$$=2+\frac{\square}{8}=\boxed{}$$

13 $3\frac{5}{12}-1\frac{17}{18}$을 두 가지 방법으로 계산하려고 합니다. □ 안에 알맞은 수를 써넣으세요.

(1) 방법 ❶

$$3\frac{5}{12}-1\frac{17}{18}=3\frac{\square}{36}-1\frac{\square}{36}$$
$$=2\frac{\square}{36}-1\frac{\square}{36}$$
$$=\square$$

(2) 방법 ❷

$$3\frac{5}{12}-1\frac{17}{18}=\frac{\square}{12}-\frac{\square}{18}$$
$$=\frac{\square}{36}-\frac{\square}{36}$$
$$=\frac{\square}{36}=\square$$

 계산해 보세요.

14 $3\frac{3}{5}-1\frac{1}{3}$

(   )

15 $4\frac{5}{6}-3\frac{1}{8}$

(   )

16 계산 결과를 비교하여 ○ 안에 >, =, <를 알맞게 써넣으세요.

$$3\frac{13}{24}-2\frac{3}{8} \bigcirc 3\frac{2}{3}-2\frac{1}{4}$$

 계산해 보세요.

17 $5\frac{3}{10}-1\frac{5}{6}$

(   )

18 $4\frac{2}{11}-2\frac{1}{2}$

(   )

19 계산 결과에 맞게 이어 보세요.

$3\frac{2}{9}-1\frac{3}{4}$ ·   · $1\frac{17}{36}$

$4\frac{7}{36}-2\frac{5}{6}$ ·   · $1\frac{13}{36}$

서술형

20 민영이는 미술 준비물로 털실 $8\frac{1}{6}$ m를 가져와서 짝에게 $3\frac{3}{4}$ m를 주었습니다. 남은 털실의 길이는 몇 m인지 풀이 과정을 쓰고 답을 구하세요.

풀이 과정 ___________________________

____

____

답

공부할 내용

- 정다각형, 사각형의 둘레 구하기
- 1cm^2 알아보기
- 직사각형의 넓이 구하기
- 1cm^2 보다 더 큰 넓이의 단위 알아보기
- 평행사변형, 삼각형의 넓이 구하기
- 마름모, 사다리꼴의 넓이 구하기

이미 배운 내용

- 1cm, 1mm, 1km 알아보기
- 여러 가지 삼각형 알아보기
- 여러 가지 사각형 알아보기

앞으로 배울 내용

- 직육면체의 겉넓이와 부피
- 원주와 원의 넓이 구하기

- (직사각형의 둘레)
 ={(가로+세로)}×2
- (마름모의 둘레)
 =(한 변의 길이)×4

- 1m² : 한 변의 길이가 1m인 정사각형의 넓이(1제곱미터)
- 1km² : 한 변의 길이가 1km인 정사각형의 넓이(1제곱킬로미터)

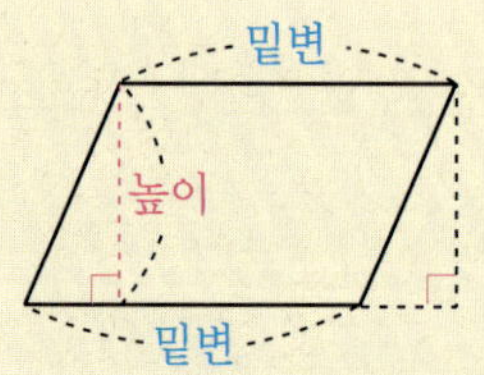

정다각형, 사각형의 둘레 구하기

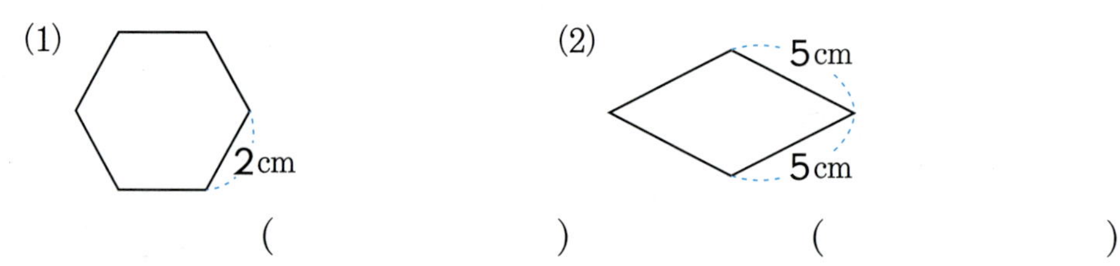

(정다각형의 둘레)=(한 변의 길이)×(변의 수)
(평행사변형의 둘레)={(한 변의 길이)+(다른 한 변의 길이)}×2

1 도형의 둘레를 구하세요.

(1) 2cm

(2) 5cm 5cm

( )   ( )

1cm² 알아보기, 직사각형의 넓이 구하기

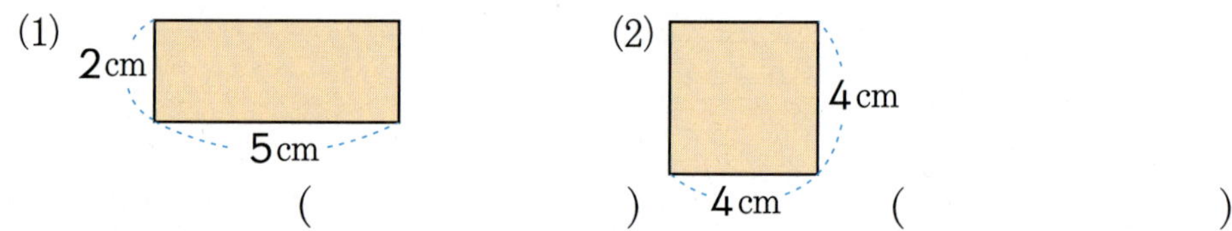

1cm² : 한 변의 길이가 1cm인 정사각형의 넓이 → 1 제곱센티미터

(직사각형의 넓이)=(가로)×(세로)

2 직사각형의 넓이를 구하세요.

(1) 2cm 5cm

(2) 4cm 4cm

( )   ( )

평행사변형의 넓이 구하기

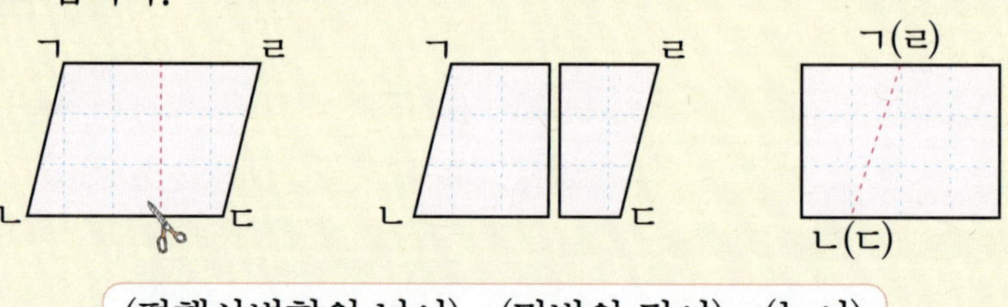

평행사변형에서 평행한 두 변을 밑변이라 하고, 두 밑변 사이의 거리를 높이라고 합니다.

(평행사변형의 넓이)=(밑변의 길이)×(높이)

3 평행사변형의 넓이를 구하세요.

(1) 3cm 4cm

(2) 2m 7m

( )   ( )

🐝 삼각형의 넓이 구하기

삼각형의 한 변을 <u>밑변</u>이라 하면, 밑변과 마주 보는 꼭 짓점에서 밑변에 수직으로 그은 선분의 길이를 <u>높이</u>라 고 합니다.

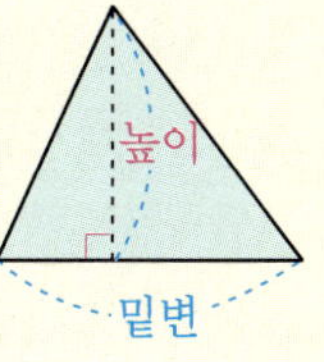
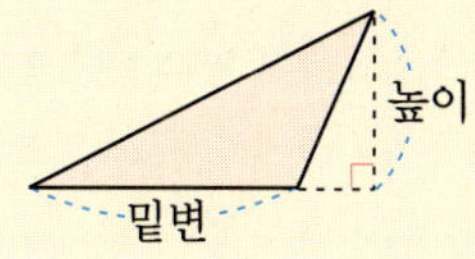

> (삼각형의 넓이)=(밑변의 길이)×(높이)÷2

4 삼각형의 넓이를 구하세요.

(1) 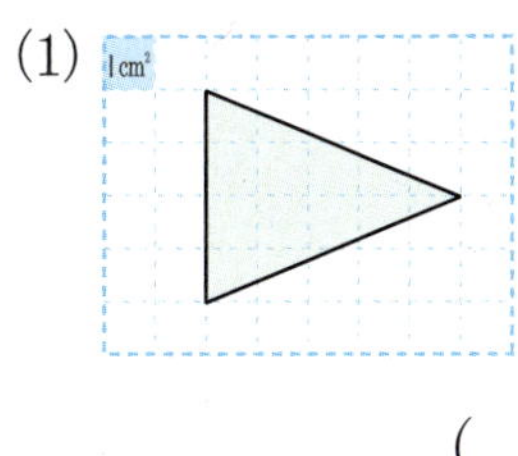

(2) 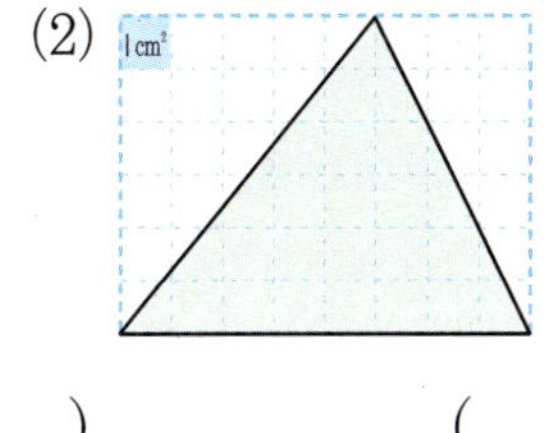

(   )   (   )

🐝 마름모의 넓이 구하기, 사다리꼴의 넓이 구하기

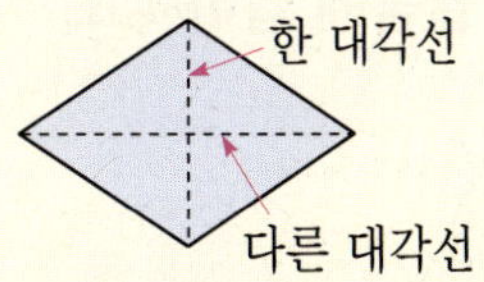

(마름모의 넓이)
=(한 대각선의 길이)×(다른 대각선의 길이)÷2

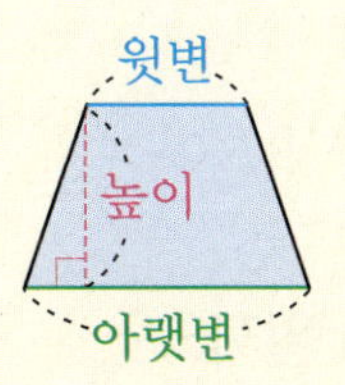

사다리꼴에서 평행한 두 변을 <u>밑변</u>이라 하고, 밑변을 한 밑변을 <u>윗변</u>, 다른 밑변을 <u>아랫변</u>이라고 합니다. 이때 두 밑변 사이의 거리를 <u>높이</u>라고 합니다.

> (사다리꼴의 넓이)
> ={(윗변의 길이)+(아랫변의 길이)}×(높이)÷2

5 도형의 넓이를 구하세요.

(1) 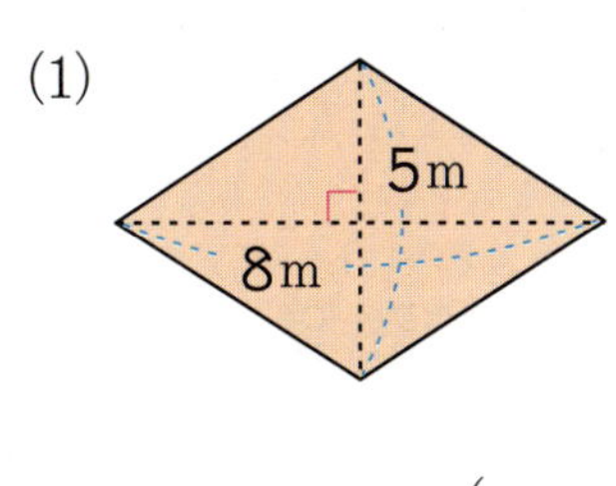

(2) 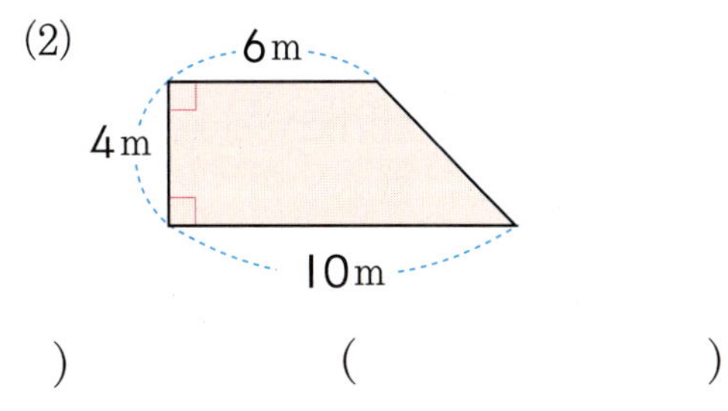

(   )   (   )

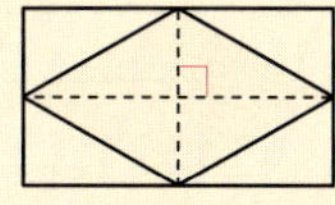

(마름모의 넓이)
=(직사각형의 넓이)÷2
=(한 대각선의 길이)×
(다른 대각선의 길이)÷2

사다리꼴의 넓이는 사다리 꼴을 두 개의 삼각형으로 나누어 구하거나 평행사변 형의 넓이를 이용하여 구 할 수 있습니다.

1 정구각형의 둘레가 45 cm입니다. 정구각형의 한 변의 길이는 cm일까요?

( )

2 직사각형의 둘레를 구하세요.

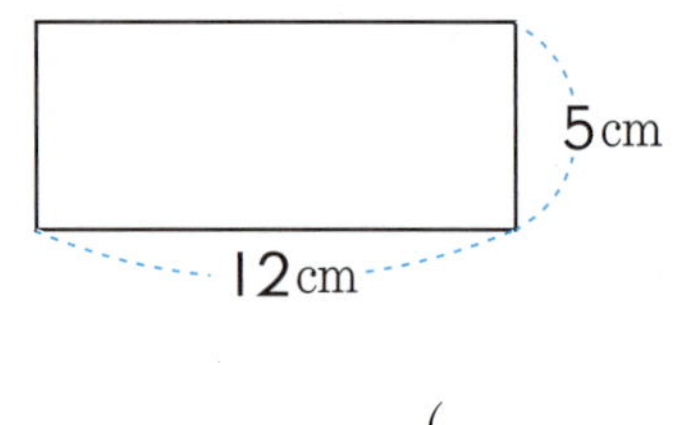

( )

3 □ 안에 알맞은 수를 써넣으세요.

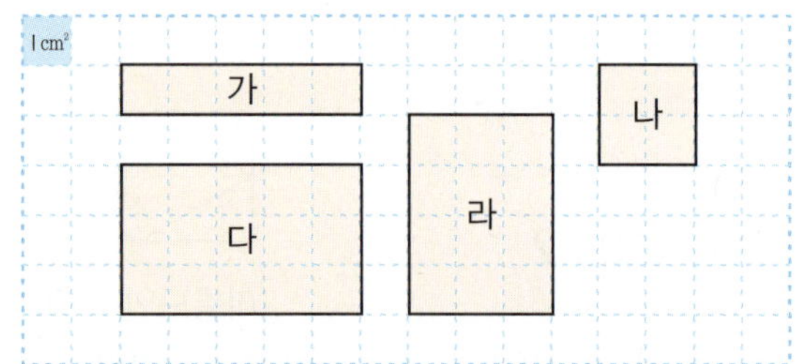

도형 **다**는 도형 **가**보다 넓이가 □ cm² 더 넓습니다.

도형 **라**는 도형 **나**보다 넓이가 □ cm² 더 넓습니다.

4 가로가 11 cm이고 세로가 16 cm인 직사각형 모양의 도화지가 있습니다. 이 도화지의 넓이는 몇 cm²일까요?

( )

5

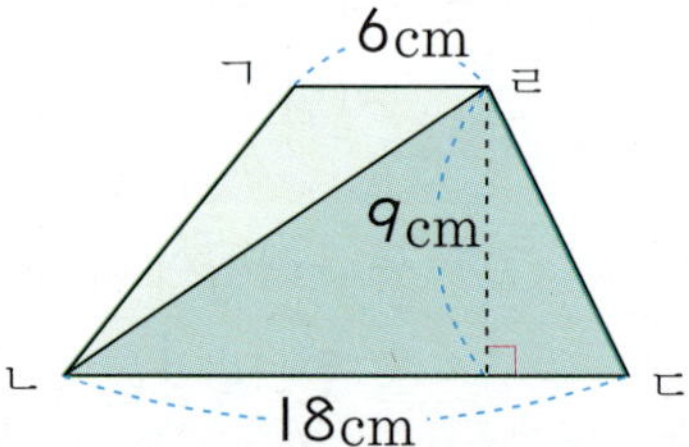

넓이 : 80 m²

( )

6

넓이 : 72 m²

( )

7 삼각형 ㄱㄴㄹ의 넓이는 몇 cm²일까요?

( )

8 삼각형 ㄴㄷㄹ의 넓이는 몇 cm²일까요?

( )

9 사다리꼴 ㄱㄴㄷㄹ의 넓이는 몇 cm²일까요?

( )

1 직사각형과 정사각형의 둘레가 같습니다. 정사각형의 넓이는 몇 m^2일까요?

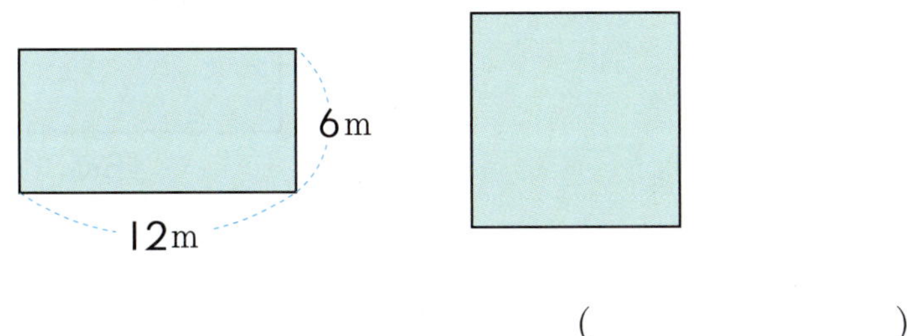

(   )

2 평행사변형의 둘레가 36 cm일 때, 평행사변형의 넓이는 몇 cm^2일까요?

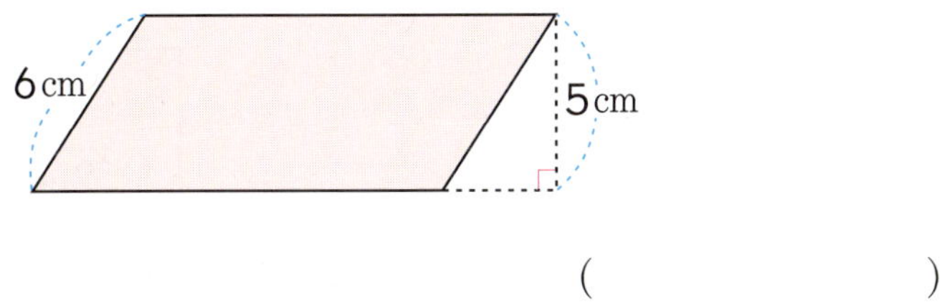

(   )

3 색칠한 부분의 넓이를 구하세요.

(1)

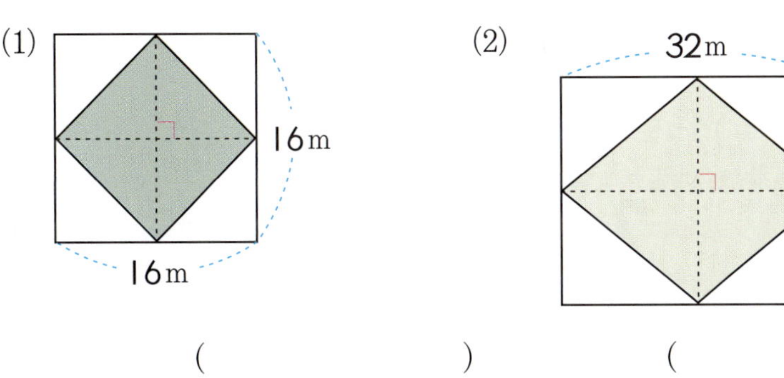

(   )

(2)

(   )

4 사다리꼴의 넓이를 구하세요.

(1)

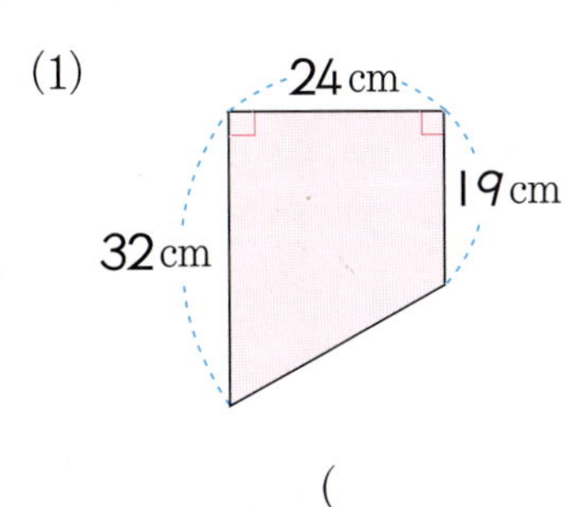

(   )

(2)

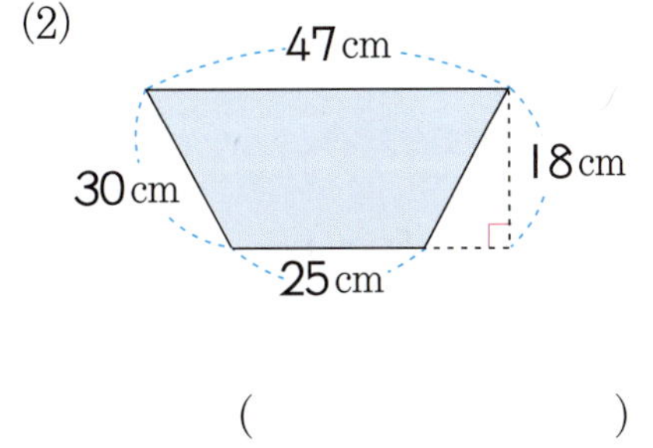

(   )

MeMo

1 정사각형의 둘레를 구하세요.

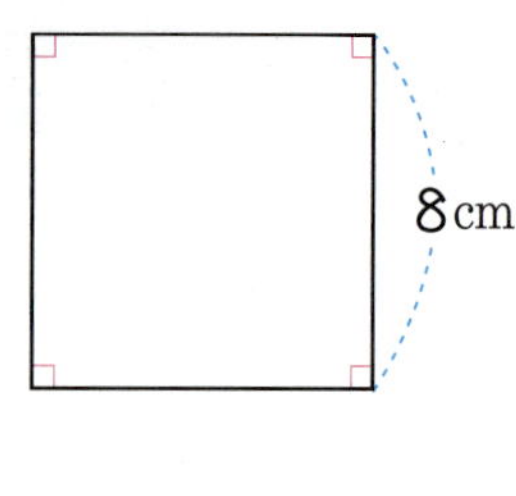

(   )

2 평행사변형의 둘레를 구하세요.

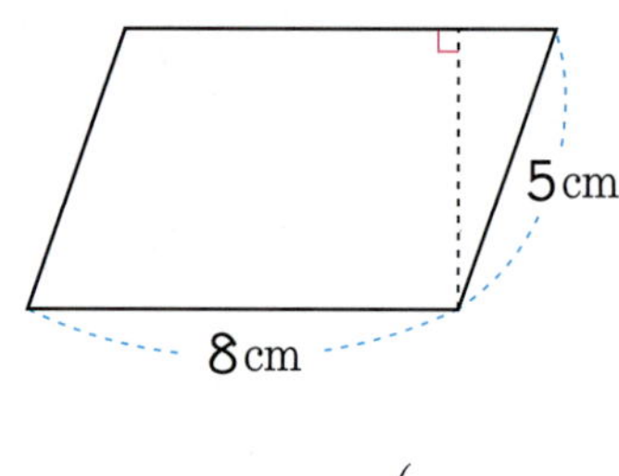

(   )

3 1 제곱센티미터를 바르게 쓴 것을 찾아 기호를 쓰세요.

(   )

4 도형의 넓이는 몇 cm^2일까요?

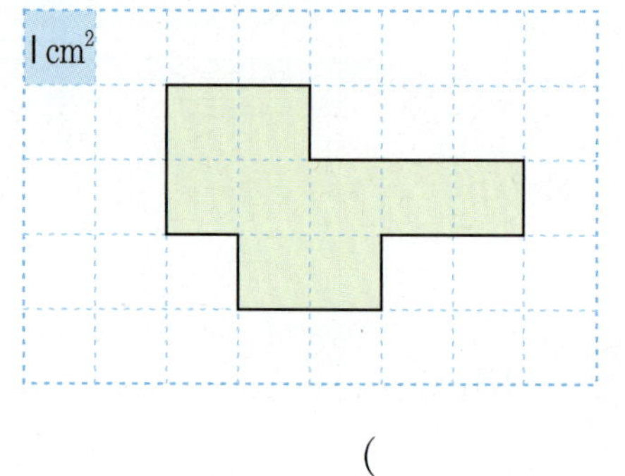

(   )

5 직사각형의 가로가 15 cm이고, 넓이가 120 cm^2입니다. 세로는 몇 cm일까요?

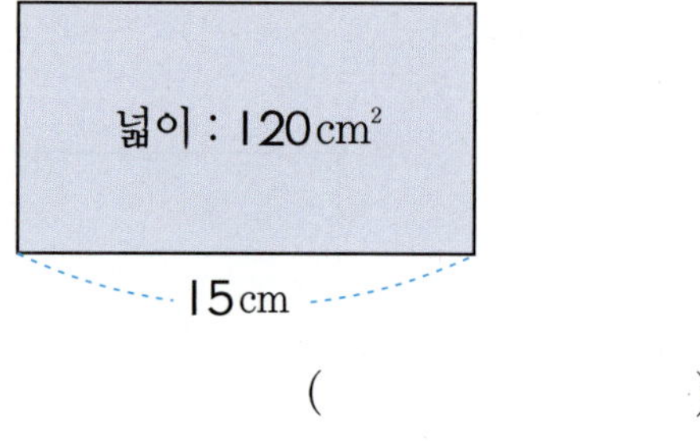

(   )

6 둘레가 44 cm인 정사각형의 넓이를 구하세요.

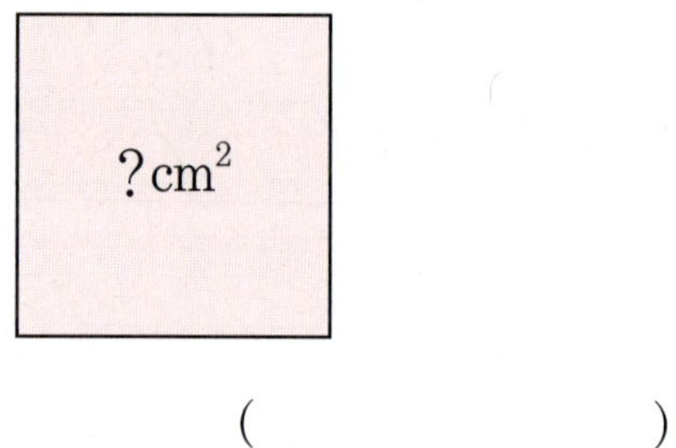

(   )

7 ☐ 안에 알맞은 수를 써넣으세요.

(1) $4 m^2 = $ ☐ cm^2

(2) $60000 cm^2 = $ ☐ m^2

(3) $7 km^2 = $ ☐ m^2

(4) $3000000 m^2 = $ ☐ km^2

8 평행사변형의 높이는 몇 cm일까요?

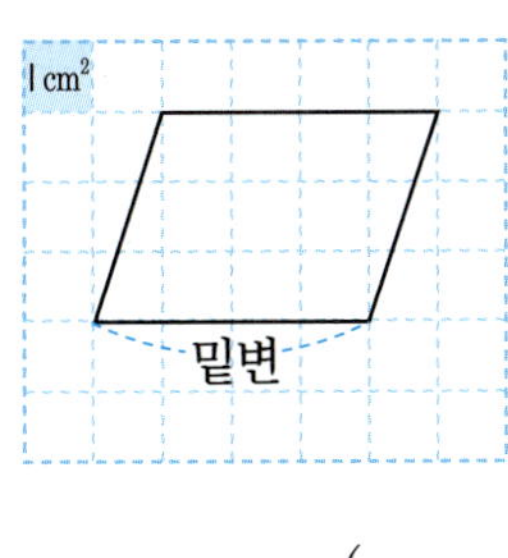

( )

9 평행사변형의 넓이를 구하세요.

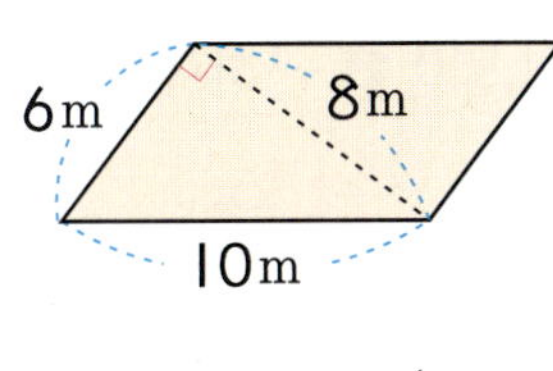

( )

10 넓이가 104 cm²이고, 높이가 8 cm인 평행사변형입니다. 밑변의 길이는 몇 cm일까요?

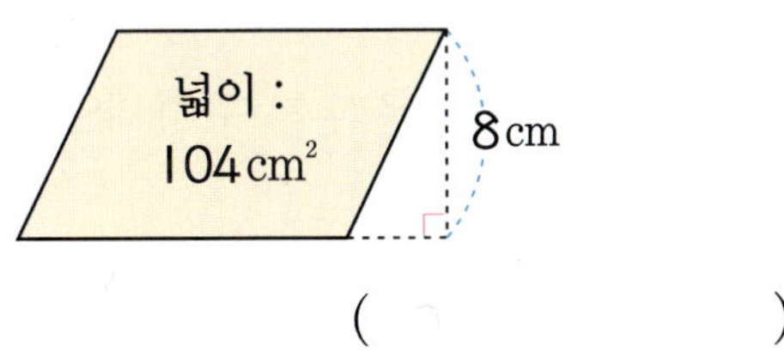

( )

11 한 변의 길이가 12 cm인 정사각형과 넓이가 같은 평행사변형이 있습니다. 이 평행사변형의 밑변의 길이가 8 cm일 때, 높이는 몇 cm일까요?

( )

12 직선 가와 나가 평행할 때 넓이가 가장 넓은 삼각형부터 차례로 기호를 쓰세요.

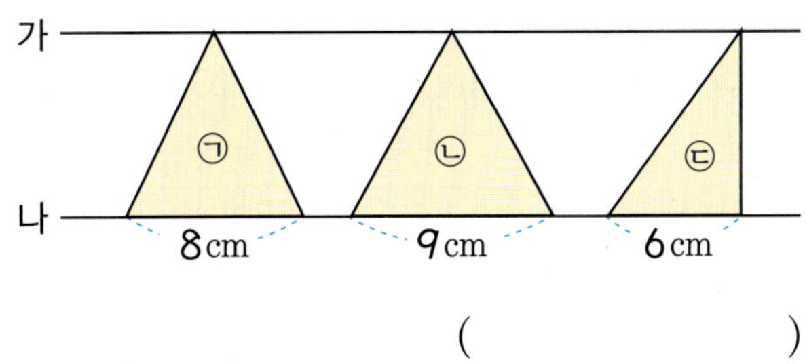

( )

13 삼각형의 넓이를 구하세요.

(1)

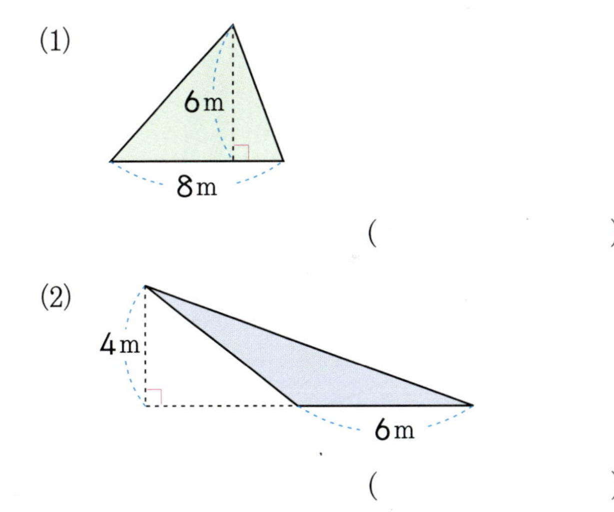

( )

(2)

( )

14 넓이가 108 cm²이고, 밑변의 길이가 18 cm인 삼각형이 있습니다. 높이는 몇 cm일까요?

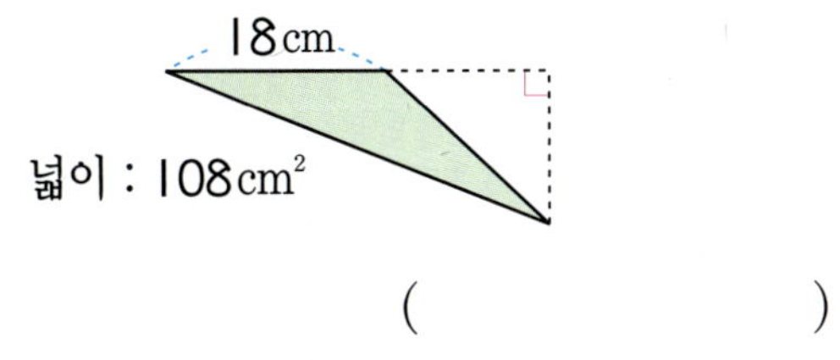

( )

15 □ 안에 들어갈 수 있는 수를 구하려고 합니다. 풀이 과정을 쓰고 답을 구하세요.

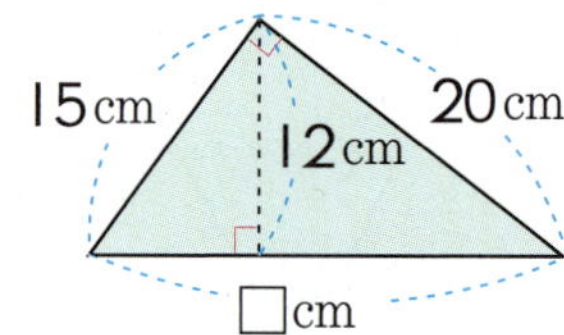

풀이 과정 ________________________

____

____

____

답 ________________________

16 색칠한 부분의 넓이를 구하세요.

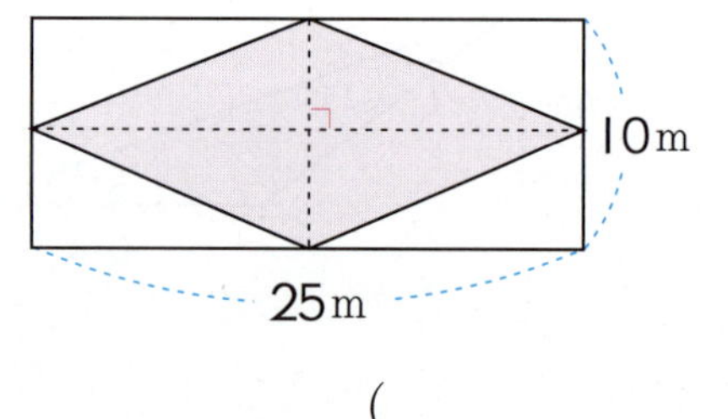

(   )

17 마름모의 넓이가 $42\,cm^2$일 때, □ 안에 알맞은 수를 써넣으세요.

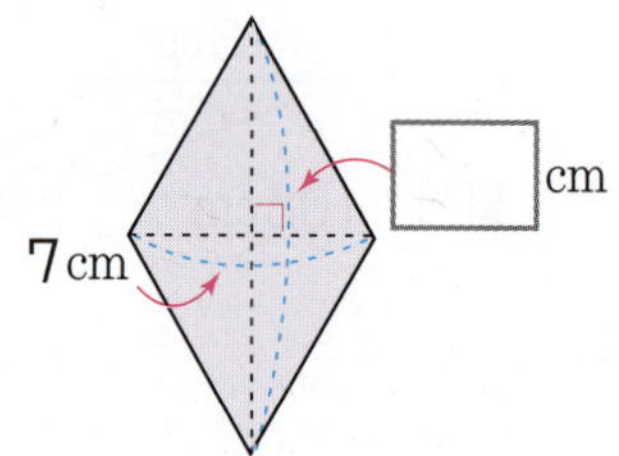

18 반지름이 $6\,cm$인 원 안에 가장 큰 마름모를 그릴 때 마름모의 넓이는 몇 cm^2일까요?

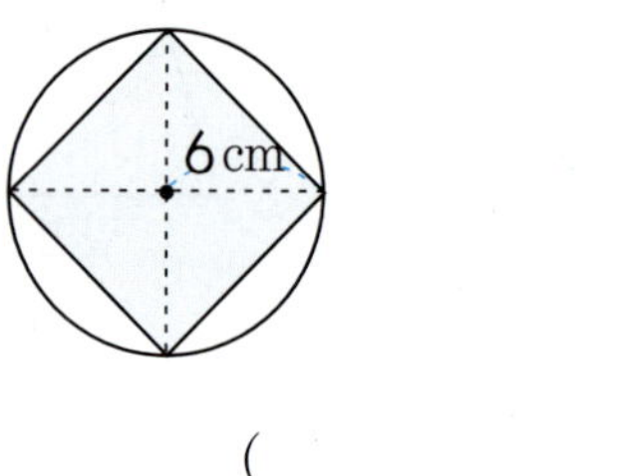

(   )

19 사다리꼴의 넓이를 구하세요.

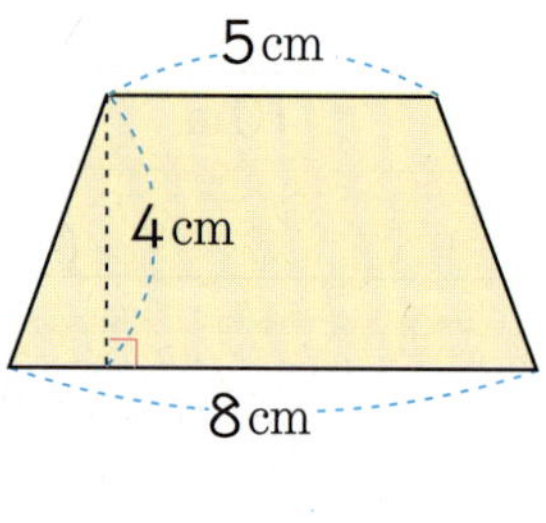

(   )

20 □ 안에 알맞은 수를 구하세요.

(1)
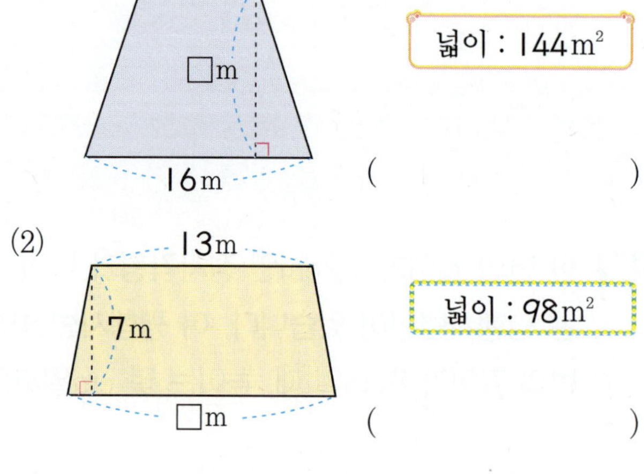

(   )

(2)

(   )

익힘 마스터

학습 목표
• ( )가 없을 때와 있을 때의 덧셈과 뺄셈 또는 곱셈과 나눗셈이 섞여 있는 식의 계산 순서를 설명할 수 있다.

덧셈과 뺄셈이 섞여 있는 식

01 다음을 계산하세요.

$$45-13+7=\boxed{32}+7$$
$$①$$
$$=\boxed{39}$$
$$②$$

(1) $16-7+2=\boxed{}$

(2) $42+6-25=\boxed{}$

(3) $12+8-13+15=\boxed{}$

02 계산을 하세요.

(1) $45-9+12=\boxed{}$

(2) $31-(6+10)=\boxed{}$

03 민영이네 반은 남학생이 19명, 여학생이 17명입니다. 체육 시간에 체육복을 입은 학생이 33명이라면 체육복을 입지 <u>않은</u> 학생은 몇 명인지 하나의 식으로 나타내어 구해 보세요.

곱셈과 나눗셈이 섞여 있는 식

04 가장 먼저 계산해야 하는 부분에 ◯표 하세요.

(1) $48÷6×2$

(2) $48÷(6×2)$

05 다음을 계산하세요.

$$60÷5×3=\boxed{12}×3$$
$$①$$
$$=\boxed{36}$$
$$②$$

(1) $12÷6×7=\boxed{}$

(2) $48×6÷16=\boxed{}$

(3) $72÷3×12÷6=\boxed{}$

06 다음을 계산하세요.

(1) $12+(33-18)=\boxed{}$

(2) $25-(16+9)=\boxed{}$

(3) $60÷(5×2)=\boxed{}$

(4) $7×(32÷8)=\boxed{}$

07 연필 7타를 4명에게 똑같이 나누어 주려고 합니다. 한 사람에게 몇 자루씩 나누어 주면 되는지 하나의 식으로 나타내어 구해 보세요.

식

답

08 한 사람이 한 시간에 종이꽃을 4개씩 만들 수 있다고 합니다. 3명이 종이꽃 72개를 만들려면 몇 시간이 걸리는지 하나의 식으로 나타내어 보세요.

식

답

덧셈, 뺄셈, 곱셈이 섞여 있는 식

09 다음을 계산하세요.

$$30+5\times9-10=30+\boxed{45}-10$$
$$=\boxed{75}-10$$
$$=\boxed{65}$$

(1) $20+3\times7-13=\boxed{}$

(2) $78+(25-16)\times3=\boxed{}$

10 계산 결과를 비교하여 ○ 안에 >, =, <를 알맞게 써넣으세요.

$$56-4+2\times6 \bigcirc 56-(4+2)\times6$$

11 효진이는 어제 2000원을 가지고 한 자루에 200원 하는 연필 8자루를 샀습니다. 오늘은 어제 남은 돈으로 공책을 사려고 하니 500원이 부족하여 아버지께 500원을 받아 공책을 샀습니다. 효진이가 산 공책의 값은 얼마인지 하나의 식으로 나타내어 구해 보세요.

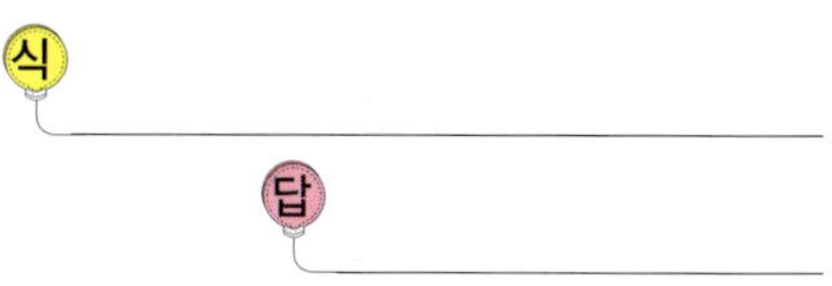

답

12 방울토마토가 45개 있습니다. 남학생 3명과 여학생 4명이 각각 5개씩 먹었습니다. 남은 방울토마토는 몇 개인지 하나의 식으로 나타내어 구해 보세요.

답

1 자연수의 혼합 계산

덧셈, 뺄셈, 나눗셈이 섞여 있는 식

13 가장 먼저 계산해야 하는 부분에 ○표 하세요.

(1)
$$24-48\div8+5$$

(2)
$$8+36\div(21-15)$$

14 다음을 계산하세요.

$$90+63\div9-25=90+\boxed{7}-25$$
$$=\boxed{97}-25$$
$$=\boxed{72}$$

(1) $83-84\div6=\boxed{}$

(2) $40\div8+56\div7=\boxed{}$

(3) $50-24+18\div6=\boxed{}$

15 계산이 <u>잘못된</u> 곳을 찾아 바르게 계산해 보세요.

$$42+(36-18)\div3=42+18\div3$$
$$=60\div3$$
$$=20$$

$$42+(36-18)\div3$$

16 여학생 12명은 6명씩 모둠을 만들고, 남학생 9명은 3명씩 모둠을 만들었습니다. 만든 모둠은 모두 몇 모둠인지 하나의 식으로 나타내어 구해 보세요.

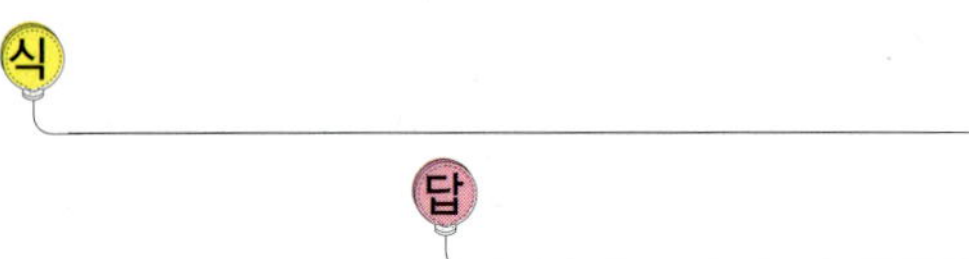

17 공책 한 권은 800원, 연필 한 타는 4800원입니다. 지혜는 5000원으로 공책 한 권과 연필 한 자루를 샀습니다. 지혜가 받은 거스름돈은 얼마인지 하나의 식으로 나타내어 구해 보세요. (연필 한 타는 12자루입니다.)

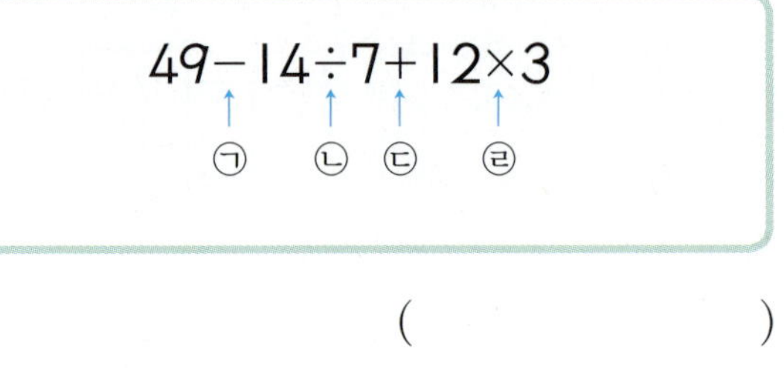

덧셈, 뺄셈, 곱셈, 나눗셈이 섞여 있는 식

18 계산 순서에 맞게 기호를 써 보세요.

$$49-14\div7+12\times3$$
$$\uparrow\quad\uparrow\quad\uparrow\quad\uparrow$$
$$㉠\quad㉡\quad㉢\quad㉣$$

( )

"

19 다음을 계산하세요.

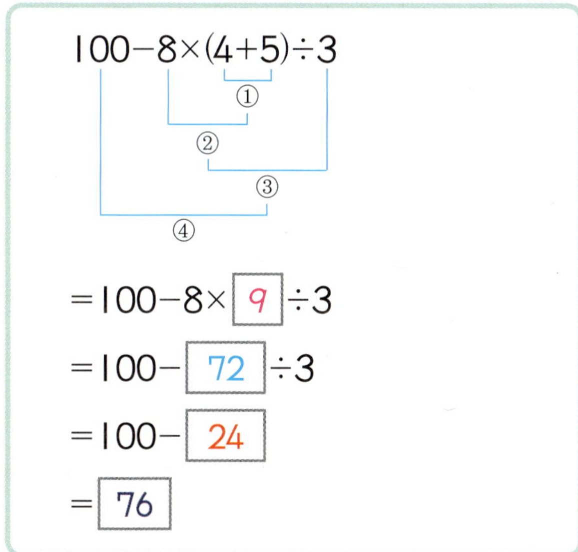

$$100-8\times(4+5)\div3$$

$$=100-8\times\boxed{9}\div3$$
$$=100-\boxed{72}\div3$$
$$=100-\boxed{24}$$
$$=\boxed{76}$$

(1) $26+9\times8\div3-5=\boxed{}$

(2) $12+3\times15-8\div4=\boxed{}$

(3) $50-(9\times6+2)\div4=\boxed{}$

20 다음을 계산하세요.

(1) $2+(6-5)+36\div9=\boxed{}$

(2) $25+35\div(22-3\times5)=\boxed{}$

21 계산 순서를 나타내고, □ 안에 알맞은 수를 써 넣으세요.

$$(20-4)\div2+3\times16-30$$

$$=\boxed{}\div2-3\times16-30$$
$$=\boxed{}+3\times16-30$$
$$=\boxed{}+\boxed{}-30$$
$$=\boxed{}-30$$
$$=\boxed{}$$

22 진영이는 구슬을 35개 가지고 있습니다. 현지는 한 상자에 140개 들어 있는 구슬을 7명이 똑같이 나누어 한 부분을 가졌습니다. 경수는 8개씩 든 구슬 주머니를 3개 가지고 있습니다. 현지와 경수가 가진 구슬은 진영이가 가진 구슬보다 몇 개가 더 많은지 하나의 식으로 나타내어 구해 보세요.

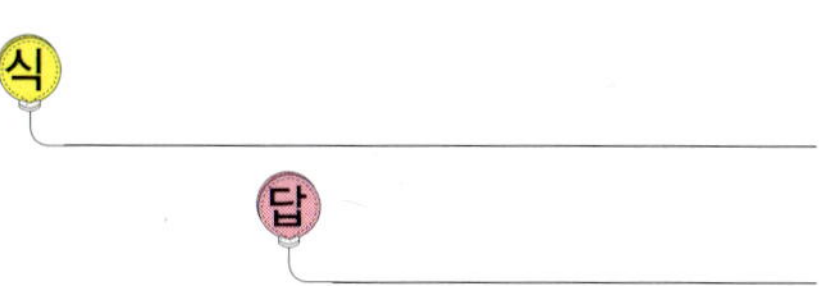

23 □ 안에 알맞은 수를 써넣으세요.

(1) $10-(4+2)=\square$

(2) 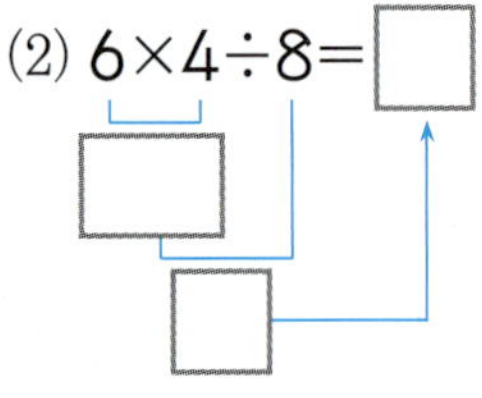 $6\times4\div8=\square$

(3) 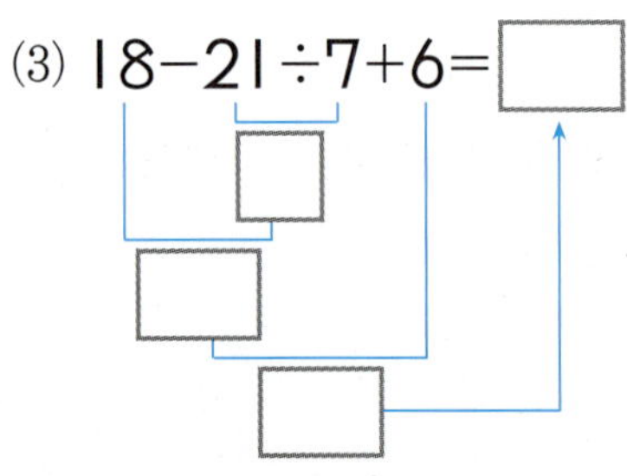 $18-21\div7+6=\square$

(4) $\{(16+12)\div4-2\}\times6=\square$

다음을 계산하세요. (24~27)

24
$16+8-(3+7)$

25
$8\times12\div6$

26
$20+2\times9-8$

27
$10-\{15-(9-3)\}\div3$

28 카레 4인분을 만들기 위해 10000원으로 필요한 채소를 사고 남은 돈은 얼마인지 하나의 식으로 나타내어 구해 보세요.

양파 1인분	500원
감자 4인분	2800원
당근 8인분	5600원

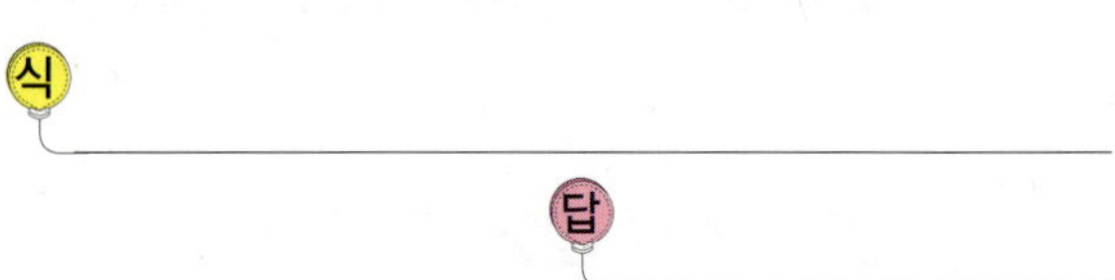

식

답

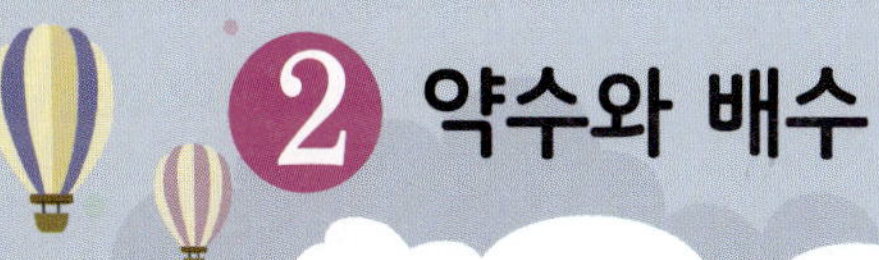 

❷ 약수와 배수

약수와 배수

01 □ 안에 알맞은 수를 써넣고, 14의 약수를 구하세요.

$14 \div \square = 14$ $14 \div \square = 7$

$14 \div \square = 2$ $14 \div \square = 1$

( )

02 빈칸에 알맞은 수를 써넣으세요.

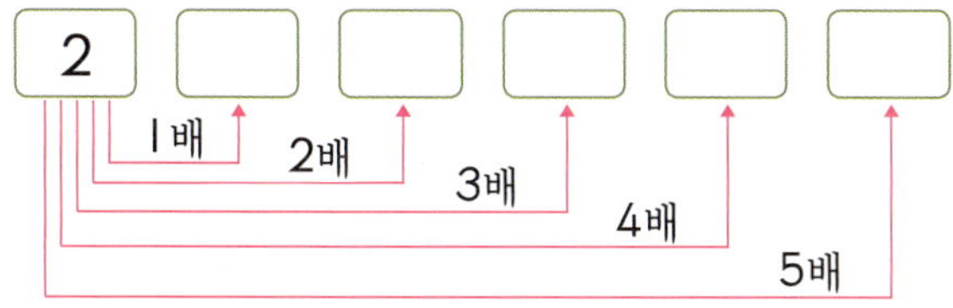

03 배수를 작은 수부터 5개씩 써 보세요.

(1) 3의 배수

( )

(2) 4의 배수

( )

04 왼쪽 수가 오른쪽 수의 약수인 것에 ○표, 아닌 것에 ×표 하세요.

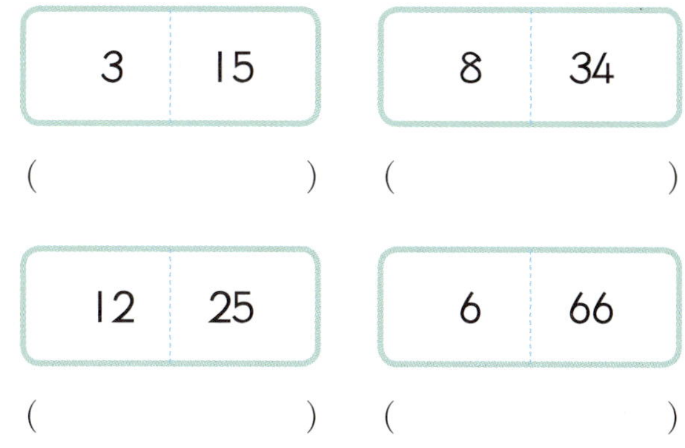

3	15		8	34

( )   ( )

12	25		6	66

( )   ( )

05 약수의 수가 가장 많은 수는 어느 것인가요?

9   12   16   19

( )

06 어떤 수의 배수를 가장 작은 수부터 쓴 것입니다. 14번째의 수를 구하세요.

8, 16, 24, 32, 40……

( )

07 터미널에서 놀이동산으로 가는 버스가 오전 8시부터 6분 간격으로 출발합니다. 오전 9시까지 버스는 몇 번 출발할까요?

( )

2 약수와 배수

약수와 배수의 관계

08 식을 보고 □ 안에 알맞은 수를 써넣으세요.

$$1 \times 20 = 20 \quad 2 \times 10 = 20 \quad 4 \times 5 = 20$$

⑴ 20은 1, □, □, □, □, □ 의 배수입니다.

⑵ 1, □, □, □, □, □ 은 20의 약수입니다.

09 식을 보고 □ 안에 '약수'와 '배수'를 알맞게 써넣으세요.

$$2 \times 7 = 14$$

⑴ 14는 2와 7의 □ 입니다.

⑵ 2와 7은 14의 □ 입니다.

10 24를 두 수의 곱으로 나타낸 뒤 약수와 배수의 관계를 알아보려고 합니다. □ 안에 알맞은 수를 써넣으세요.

$$1 \times \square = 24 \qquad 2 \times \square = 24$$
$$3 \times \square = 24 \qquad 4 \times \square = 24$$

24는 1, 2, □, □, □, □, □, □ 의 배수이고,

1, 2, □, □, □, □, □, □ 는 24의 약수입니다.

11 두 수가 약수와 배수의 관계가 되도록 빈칸에 알맞은 수를 써넣으세요.

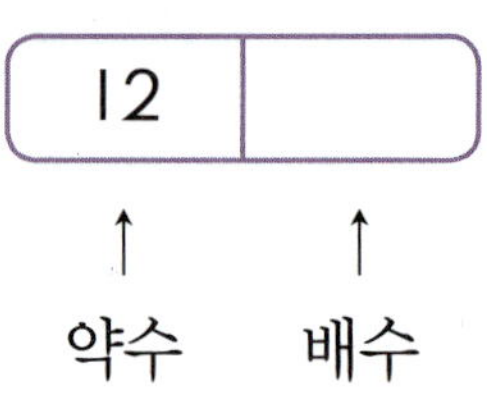

공약수와 최대공약수

12 12와 36의 공약수와 최대공약수를 구하세요.

12의 약수 : 1, 2, 3, 4, 6, 12
36의 약수 : 1, 2, 3, 4, 6, 9, 12, 18, 36

⑴ 공약수　　　　(　　　　　)

⑵ 최대공약수　　(　　　　　)

13 두 수의 약수를 각각 구하고, 공약수와 최대공약수를 구하세요.

21	35

⑴ 21의 약수 ➡ (　　　　)

⑵ 35의 약수 ➡ (　　　　)

⑶ 21과 35의 공약수
　　　　　➡ (　　　　)

⑷ 21과 35의 최대공약수
　　　　　➡ (　　　　)

14 두 수의 약수를 각각 구하고, 공약수와 최대공약수를 구하세요.

15	18

(1) 15의 약수 ➡ (   )

(2) 18의 약수 ➡ (   )

(3) 15와 18의 공약수
➡ (   )

(4) 15와 18의 최대공약수
➡ (   )

15 어떤 두 수의 최대공약수가 44일 때 두 수의 공약수를 모두 써 보세요.

(   )

16 연필 63자루와 공책 35권을 최대한 많은 친구들에게 남김없이 똑같이 나누어 주려고 합니다. 최대 몇 명의 친구들에게 나누어 줄 수 있는지 구해 보세요.

(   )

17 두 수의 최대공약수를 구하려고 합니다. □ 안에 알맞은 수를 써넣으세요.

16	20

$$
\begin{array}{r}
2\,)\underline{16\ \ 20} \\
2\,)\underline{\ 8\ \ 10} \\
4\ \ \ 5
\end{array}
$$

16과 20의 최대공약수
➡ □ × □ = □

18 27과 36의 최대공약수를 구하려고 합니다. □ 안에 알맞은 수를 써넣으세요.

27	36

$$
\begin{array}{r}
3\,)\underline{27\ \ 36} \\
\square\,)\underline{\ 9\ \ 12} \\
3\ \ \ 4
\end{array}
$$

27과 36의 최대공약수 ➡ 3 × □ = □

19 두 수의 최대공약수가 가장 큰 것의 기호를 써 보세요.

㉠ (24, 28) ㉡ (30, 36) ㉢ (42, 45)

(   )

20 색종이 40묶음, 색 도화지 64장을 최대한 많은 사람에게 남김없이 똑같이 나누어 주려고 합니다. 최대 몇 명에게 나누어 줄 수 있나요?

(   )

21 4와 5의 공배수와 최소공배수를 구하세요. (단, 공배수는 가장 작은 수부터 3개만 쓰세요.)

4의 배수 : 4, 8, 12, 16, 20……
5의 배수 : 5, 10, 15, 20, 25……

(1) 공배수 (   )

(2) 최소공배수 (   )

22 두 수의 배수를 각각 구하고, 공배수와 최소공배수를 구하세요. (단, 배수와 공배수는 가장 작은 수부터 5개만 쓰세요.)

3	5

(1) 3의 배수 ➡ (   )

(2) 5의 배수 ➡ (   )

(3) 3과 5의 공배수

➡ (   )

(4) 3과 5의 최소공배수

➡ (   )

23 어떤 두 수의 최소공배수가 6일 때, 두 수의 공배수를 작은 수부터 3개 써 보세요.

(   )

최소공배수 구하기

24 두 수의 최소공배수를 구하려고 합니다. ☐ 안에 알맞은 수를 써넣으세요.

18	24

```
2 ) 18  24
3 )  9  12
      3   4
```

18과 24의 최소공배수

➡ 2×3×☐×☐=☐

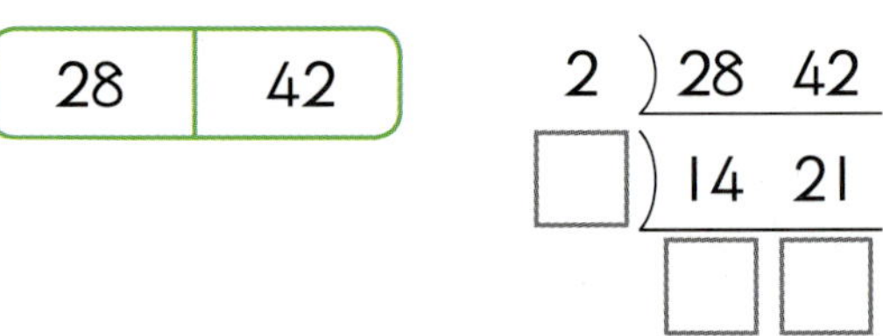

25 28과 42의 최소공배수를 구하려고 합니다. ☐ 안에 알맞은 수를 써넣으세요.

28	42

```
 2 ) 28  42
☐ ) 14  21
     ☐   ☐
```

28과 42의 최소공배수

➡ 2×☐×☐×☐=☐

26 두 수의 공배수 중에서 가장 작은 수를 쓰세요.

9	12

(   )

27 동준이와 재희는 운동장을 일정한 속력으로 걷고 있습니다. 동준이는 3분마다, 재희는 4분마다 운동장을 한 바퀴 돕니다. 두 사람이 출발점에서 같은 방향으로 동시에 출발할 때, 출발 후 30분 동안 출발점에서 몇 번 다시 만나는지 구해 보세요.

(   )

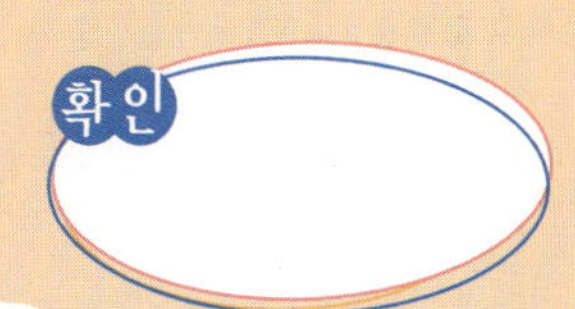

28 지우개가 18개 있습니다. 똑같이 나누어 가질 수 있는 사람 수를 모두 찾아 ○표 하세요.

> 1명 2명 3명 4명 6명 8명 9명 18명

29 14보다 크고 33보다 작은 4의 배수를 모두 찾아 ○표 하세요.

> 20 14 36 12 24 33 26 28

30 두 수가 약수와 배수의 관계인 것을 모두 이어 보세요.

8	·	·	24
3	·	·	54
4	·	·	48

31 두 수의 최대공약수와 최소공배수를 구하세요.

> 32 48

최대공약수 (   )

최소공배수 (   )

32 장미 30송이와 국화 45송이를 최대한 많은 학생에게 남김없이 똑같이 나누어 주려고 합니다. 한 학생이 장미와 국화를 각각 몇 송이씩 받을 수 있을까요?

장미 (   )

국화 (   )

33 윤희네 가족은 4주에 한 번씩 이웃 돕기 성금을 내고, 6주에 한 번씩 지역 봉사 활동을 합니다. 이번 주에 두 가지를 동시에 하였다면, 다음 번에 두 가지를 동시에 할 때는 몇 주 후일까요?

(   )

34 어떤 두 수의 최대공약수가 10일 때 이 두 수의 공약수를 모두 구하세요.

(   )

35 고속버스 터미널에 있는 버스 출발 시간표입니다. 두 버스는 몇 분마다 동시에 출발하는지 쓰고, 두 버스가 오전 6시 후 세 번째로 동시에 출발하는 시각을 구하세요.

〈버스 출발 시간표〉

출발 횟수	1	2	3	4	……
가 버스	오전 6:00	오전 6:15	오전 6:30	오전 6:45	……
나 버스	오전 6:00	오전 6:20	오전 6:40	오전 7:00	……

(,   )

3 규칙과 대응

두 양 사이의 관계

도형의 배열을 보고 물음에 답하세요.
(01~04)

01 다음에 이어질 알맞은 도형을 그려 보세요.

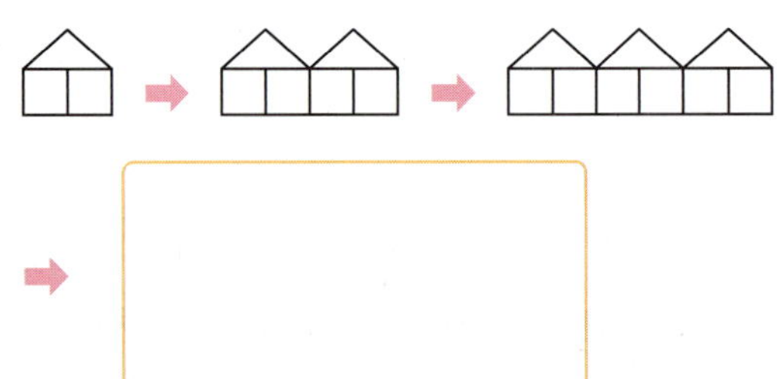

02 삼각형의 수와 사각형의 수 사이의 관계를 생각하며 ☐ 안에 알맞은 수를 써넣으세요.

- 삼각형이 **7**개일 때 필요한 사각형의 수는 ☐ 개입니다.
- 삼각형이 **20**개일 때 필요한 사각형의 수는 ☐ 개입니다.

03 사각형이 50개일 때 삼각형은 몇 개 필요할까요?

(   )

04 삼각형의 수와 사각형의 수 사이의 대응 관계를 써 보세요.

____

____

05 주차장에 있는 자동차의 수와 자동차의 바퀴의 수 사이에는 어떤 대응 관계가 있는지 알아보려고 합니다. 물음에 답하세요.

(1) 자동차의 수와 자동차의 바퀴의 수 사이의 관계를 알고 표를 완성하세요.

자동차의 수(대)	1	2	3	4
자동차의 바퀴의 수 (개)	4			

(2) 자동차의 수와 자동차의 바퀴의 수 사이의 대응 관계를 써 보세요.

____

____

06 야외 탁자의 수와 의자의 수 사이에는 어떤 대응 관계가 있는지 알아보려고 합니다. 물음에 답하세요.

(1) 탁자의 수와 의자의 수 사이의 관계를 알고 표를 완성하세요.

탁자의 수(개)	1	2	3	4
의자의 수(개)	3			

(2) 탁자의 수와 의자의 수 사이의 대응 관계를 써 보세요.

____

____

대응 관계를 식으로 나타내기

미술 시간에 작품을 만들고 있습니다. 색 테이프를 자른 횟수와 색 테이프 도막의 수 사이에는 어떤 대응 관계가 있는지 알아보려고 합니다. 물음에 답하세요.

(07~10)

07 색 테이프를 한 번 자르면 색 테이프는 몇 도막일까요?

( )

08 색 테이프가 4도막일 때 색 테이프를 자른 횟수는 몇 번일까요?

( )

09 색 테이프를 자른 횟수와 색 테이프 도막의 수 사이의 대응 관계를 알고 표를 완성하세요.

색테이프를 자른 횟수(번)	1	2	3	4	5
색 테이프 도막의 수(도막)	2	3			

10 색 테이프 도막의 수(□)와 색 테이프를 자른 횟수(△) 사이의 대응 관계를 □와 △를 사용한 식으로 나타내어 보세요.

(□ = 또는 △ =)

11 미술 시간에 꽃을 만들었습니다. 다음과 같은 꽃을 만들 때 꽃의 수(◇)와 꽃잎의 수(○) 사이의 대응 관계를 ◇와 ○를 사용한 식으로 나타내어 보세요.

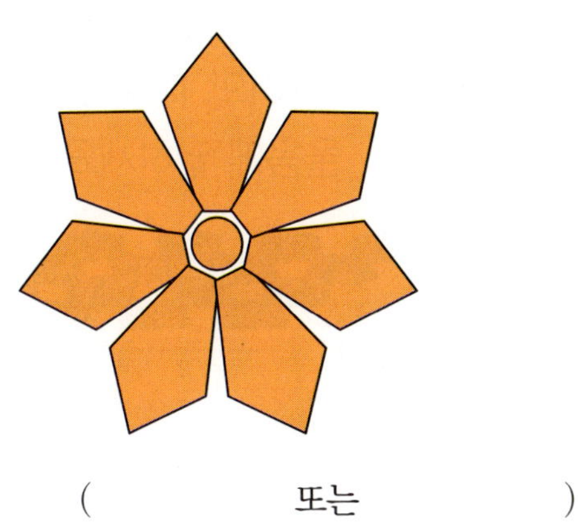

(또는)

12 △와 ○ 사이의 대응 관계를 나타낸 표입니다. 물음에 답하세요.

△	1	2	3		5	6
○	9		7	6	5	4

⑴ △가 2일 때 ○는 얼마일까요?

( )

⑵ ○가 6일 때 △는 얼마일까요?

( )

⑶ △와 ○ 사이의 대응 관계를 식으로 나타내어 보세요.

(또는)

소윤이는 가게에서 요구르트를 샀습니다. 요구르트 한 팩에는 요구르트가 5개씩 묶여 있습니다. 요구르트 팩의 수와 요구르트의 수 사이의 대응 관계를 알아보려고 합니다. 물음에 답하세요. **(13~16)**

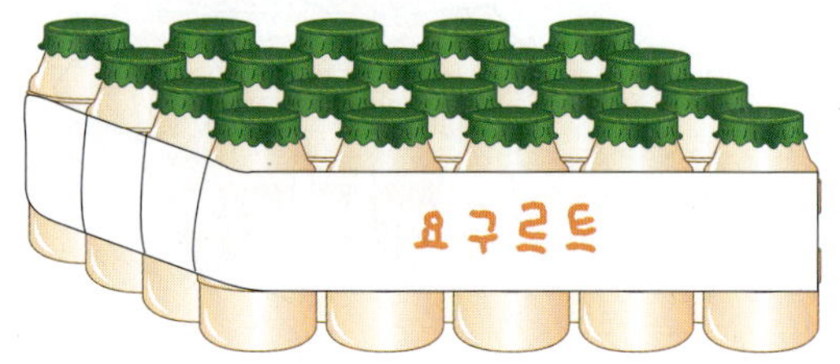

13 요구르트 팩의 수와 요구르트의 수 사이의 대응 관계를 알고 표로 완성해 보세요.

요구르트 팩의 수(개)	1	2	3	4
요구르트의 수(개)	5			

14 요구르트 팩의 수와 요구르트의 수 사이의 대응 관계를 식으로 나타내어 보세요.

( )

15 요구르트 9팩에는 요구르트가 몇 개 들어 있을까요?

( )

16 요구르트 40개는 몇 팩일까요?

( )

연도와 현진이의 나이 사이의 대응 관계를 나타낸 표입니다. 물음에 답하세요. **(17~18)**

연도(년)	2014	2015	2016	2017	2018
현진이의 나이(세)	11	12			

17 연도와 현진이의 나이 사이의 대응 관계를 알고 표를 완성하세요.

18 현진이의 나이와 연도 사이의 대응 관계를 식으로 나타내어 보세요.

( )

영철이는 친구들과 자석을 이용하여 칠판에 미술 작품을 붙였습니다. 사용한 자석의 수와 미술 작품의 수 사이의 대응 관계를 알아보려고 합니다. 물음에 답하세요. **(19~20)**

자석의 수 (개)	10		7	13	……
미술 작품의 수(개)	9	2	6		……

19 표를 완성해 보세요.

20 자석의 수를 ○, 미술 작품의 수를 △라고 할 때 대응 관계를 식으로 나타내어 보세요.

( )

확인

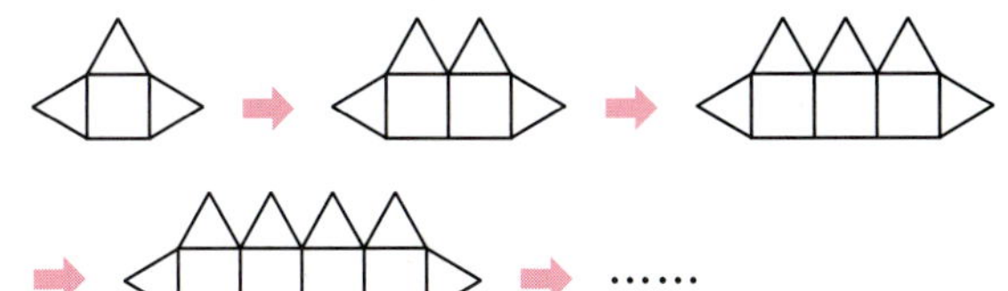

21 도형에서 변하는 부분과 변하지 않는 부분을 생각하며, 사각형의 수와 삼각형의 수가 어떻게 변하는지 표를 이용하여 알아보세요.

사각형의 수(개)	1	2	3	4	……
삼각형의 수(개)					……

22 사각형이 12개일 때 삼각형은 몇 개 필요할까요?

(   )

23 사각형의 수와 삼각형의 수 사이의 대응 관계를 써 보세요.

____

____

24 사각형의 수와 삼각형의 수 사이의 대응 관계를 식으로 나타내어 보세요.

(   )

보기와 같이 두 수 사이의 관계를 식으로 나타내어 보세요. **(25~26)**

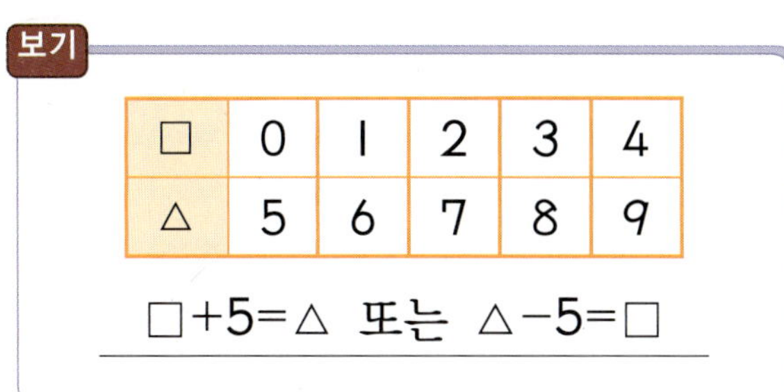

보기

□	0	1	2	3	4
△	5	6	7	8	9

□+5=△ 또는 △−5=□

25

□	1	3	5	7	9
△	3	9	15	21	27

____

26

□	8	12	16	20	24
△	2	3	4	5	6

____

27 다음을 읽고 □와 △ 사이의 대응 관계를 식으로 나타내어 보세요.

어머니의 연세(□)는 35세이시고 내 나이(△)는 10살입니다.

(   )

28 한 변의 길이가 3cm인 정삼각형의 수와 둘레의 대응 관계를 나타낸 표입니다. 빈칸에 알맞은 수를 써넣으세요.

정삼각형의 수(개)	1	2	3	4	5
둘레(cm)	9	18			45

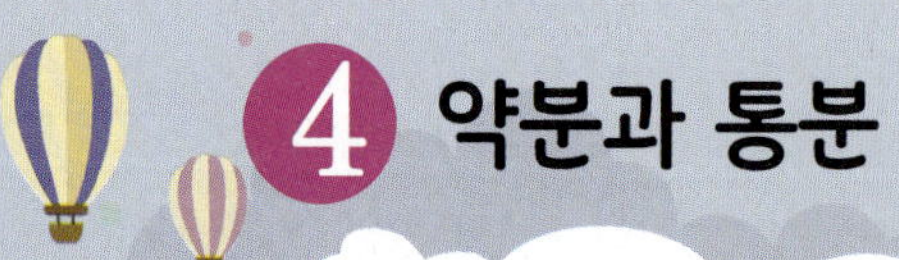

4 약분과 통분

크기가 같은 분수 (1)

01 알맞은 말에 ○표 하세요.

$\dfrac{1}{4}$

$\dfrac{2}{8}$

$\dfrac{1}{4}$과 $\dfrac{2}{8}$는 크기가 (같은, 다른) 분수입니다.

02 세 분수 $\dfrac{1}{3}$, $\dfrac{2}{6}$, $\dfrac{3}{9}$의 크기가 같은지 알아보려고 합니다. 물음에 답하세요

(1) 분수만큼 색칠하세요.

$\dfrac{1}{3}$ $\dfrac{2}{6}$ $\dfrac{3}{9}$

(2) 세 분수의 크기는 같나요?

(   )

03 희주는 케이크를 똑같이 3조각으로 나누어 한 조각을 먹었습니다. 지민이는 같은 크기의 케이크를 똑같이 9조각으로 나누었습니다. 희주와 같은 양을 먹으려면 지민이는 몇 조각을 먹어야 할까요?

(   )

크기가 같은 분수 (2)

04 □ 안에 알맞은 수를 써넣어 크기가 같은 분수를 만들어 보세요.

(1) $\dfrac{3}{4} = \dfrac{\square}{8} = \dfrac{9}{\square} = \dfrac{\square}{16}$

(2) $\dfrac{16}{20} = \dfrac{\square}{10} = \dfrac{4}{\square}$

05 $\dfrac{4}{9}$와 크기가 같은 분수를 모두 찾아 ○표 하세요.

$$\dfrac{12}{27} \quad \dfrac{7}{28} \quad \dfrac{36}{81} \quad \dfrac{14}{56} \quad \dfrac{28}{84} \quad \dfrac{20}{45}$$

06 $\dfrac{2}{7}$와 크기가 같은 분수 중에서 분모가 50보다 크고 65보다 작은 분수를 모두 써 보세요.

(   )

07 $\dfrac{2}{5}$와 크기가 같은 분수 중에서 분모와 분자의 합이 42인 분수를 써 보세요.

(   )

분수를 간단하게 나타내기

08 약분한 분수를 분모가 큰 것부터 써 보세요.
(단, 주어진 분모보다 분모가 작아야 합니다.)

(1) $\dfrac{12}{18}$

(   )

(2) $\dfrac{30}{40}$

(   )

09 분수를 기약분수로 나타내려고 합니다. □ 안에 알맞은 수를 써넣으세요.

(1) $\dfrac{18}{45} = \dfrac{18 \div \square}{45 \div \square} = \dfrac{\square}{\square}$

(2) $\dfrac{36}{72} = \dfrac{36 \div \square}{72 \div \square} = \dfrac{\square}{\square}$

10 기약분수로 나타내어 보세요.

(1) $\dfrac{11}{44} = \dfrac{\square}{\square}$

(2) $\dfrac{6}{15} = \dfrac{\square}{\square}$

11 기약분수인 것을 모두 찾아 ○표 하세요.

$$\dfrac{5}{7} \quad \dfrac{4}{8} \quad \dfrac{11}{14} \quad \dfrac{7}{21} \quad \dfrac{23}{69}$$

12 $\dfrac{12}{30}$ 를 약분하려고 합니다. 분모와 분자를 나눌 수 있는 수를 1을 제외하고 모두 써 보세요.

(   )

13 분모가 72인 진분수 중에서 약분하면 $\dfrac{7}{9}$ 이 되는 것을 써 보세요.

(   )

14 다음 진분수가 기약분수라고 할 때 1부터 8까지의 수 중에서 □ 안에 들어갈 수 있는 수를 모두 써 보세요.

$$\dfrac{\square}{8}$$

(   )

4 약분과 통분

분모가 같은 분수로 나타내기

15 □ 안에 알맞은 수를 써넣으세요.

$$\frac{1}{2}=\frac{2}{4}=\frac{3}{6}=\frac{4}{8}=\frac{5}{10}=\frac{6}{12}=\frac{7}{14}=\frac{8}{16}$$

$$=\frac{9}{18}=\frac{10}{20}=\cdots\cdots$$

$$\frac{2}{3}=\frac{4}{6}=\frac{6}{9}=\frac{8}{12}=\frac{10}{15}=\frac{12}{18}=\frac{14}{21}$$

$$=\frac{16}{24}=\frac{18}{27}=\cdots\cdots$$

두 분수를 분모가 같은 분수끼리 짝 지으면

$$\left(\frac{3}{6},\ \frac{\square}{6}\right),\ \left(\frac{\square}{\square},\ \frac{8}{12}\right),$$

$$\left(\frac{\square}{18},\ \frac{\square}{\square}\right)\cdots\cdots \text{입니다.}$$

이때 공통분모는 6, $\square$, $\square$ …… 입니다.

16 두 분수를 통분해 보세요.

$$\left(\frac{3}{10},\ \frac{5}{8}\right)\Rightarrow\left(\frac{\square}{40},\ \frac{\square}{40}\right)$$

17 $\frac{1}{6}$ 과 $\frac{7}{12}$ 을 통분하려고 합니다. 공통분모가 될 수 있는 수를 작은 수부터 3개 써 보세요.

$$(\qquad\qquad)$$

 $\frac{3}{8}$ 과 $\frac{5}{12}$ 를 통분하려고 합니다. □ 안에 알맞은 수를 써넣으세요. (18~19)

18 분모의 곱을 공통분모로 하여 통분하면

$$\frac{3}{8}=\frac{3\times\square}{8\times12}=\frac{\square}{\square},$$

$$\frac{5}{12}=\frac{5\times\square}{12\times8}=\frac{\square}{\square}\text{이므로}$$

$$\left(\frac{\square}{\square},\ \frac{\square}{\square}\right)\text{입니다.}$$

19 분모의 최소공배수를 공통분모로 하여 통분하면

$$\frac{3}{8}=\frac{3\times\square}{8\times3}=\frac{\square}{\square},$$

$$\frac{5}{12}=\frac{5\times\square}{12\times2}=\frac{\square}{\square}\text{이므로}$$

$$\left(\frac{\square}{\square},\ \frac{\square}{\square}\right)\text{입니다.}$$

20 두 분모의 곱을 공통분모로 하여 통분해 보세요.

$$\left(\frac{5}{7},\ \frac{2}{9}\right)\Rightarrow(\qquad,\qquad)$$

분수의 크기 비교하기

21 □ 안에 알맞은 수를 써넣고, ○ 안에 >, =, <를 알맞게 써넣으세요.

(1) $\left(\dfrac{2}{3}, \dfrac{3}{5} \right)$

➡ $\left(\dfrac{\square}{15}, \dfrac{\square}{15} \right)$ ➡ $\dfrac{2}{3} \bigcirc \dfrac{3}{5}$

(2) $\left(\dfrac{2}{9}, \dfrac{4}{15} \right)$

➡ $\left(\dfrac{\square}{45}, \dfrac{\square}{45} \right)$ ➡ $\dfrac{2}{9} \bigcirc \dfrac{4}{15}$

22 분수의 크기를 비교하여 ○ 안에 >, =, <를 알맞게 써넣으세요.

(1) $\dfrac{4}{9} \bigcirc \dfrac{3}{8}$　　(2) $\dfrac{8}{15} \bigcirc \dfrac{9}{20}$

23 세 분수 $\dfrac{3}{4}$, $\dfrac{5}{8}$, $\dfrac{7}{12}$ 의 크기를 비교하려고 합니다. □ 안에 알맞은 수를 써넣고, ○ 안에 >, =, <를 알맞게 써넣으세요.

$\left(\dfrac{3}{4}, \dfrac{5}{8} \right)$ ➡ $\left(\dfrac{\square}{8}, \dfrac{5}{8} \right)$ ➡ $\dfrac{3}{4} \bigcirc \dfrac{5}{8}$

$\left(\dfrac{5}{8}, \dfrac{7}{12} \right)$ ➡ $\left(\dfrac{\square}{24}, \dfrac{\square}{24} \right)$

➡ $\dfrac{5}{8} \bigcirc \dfrac{7}{12}$

$\left(\dfrac{3}{4}, \dfrac{7}{12} \right)$ ➡ $\left(\dfrac{\square}{12}, \dfrac{7}{12} \right)$ ➡ $\dfrac{3}{4} \bigcirc \dfrac{7}{12}$

➡ $\dfrac{\square}{\square} < \dfrac{\square}{\square} < \dfrac{\square}{\square}$

24 두 분수의 크기를 비교하여 더 큰 분수를 위의 □ 안에 써넣으세요.

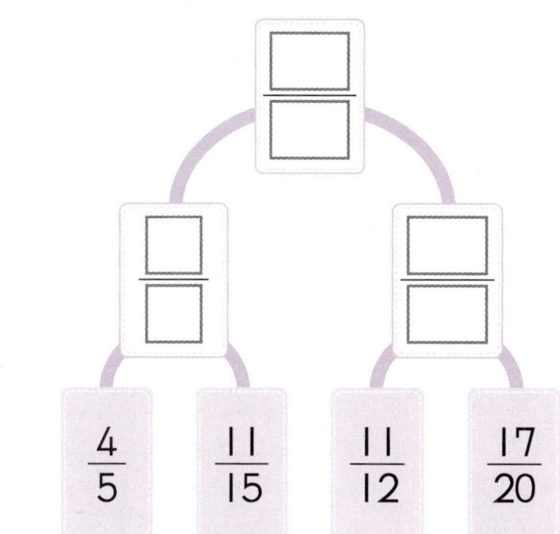

분수와 소수의 크기 비교하기

25 두 수의 크기를 비교하여 ○ 안에 >, =, <를 알맞게 써넣으세요.

(1) $\dfrac{3}{5} \bigcirc 0.6$　　(2) $2\dfrac{3}{4} \bigcirc 2.73$

26 분수와 소수의 크기를 비교하여 큰 수부터 차례로 써 보세요.

$$1\dfrac{1}{5} \qquad 0.7 \qquad \dfrac{4}{5} \qquad 1.3$$

(　　　　　　　　　　)

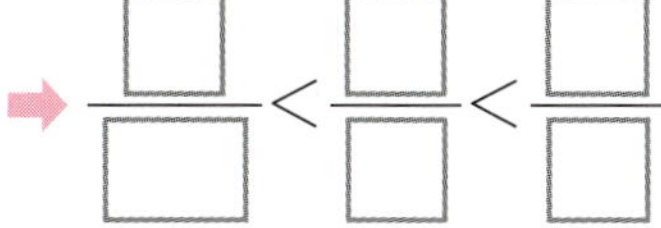

27 그림을 보고 □ 안에 알맞은 분수를 써 보세요.

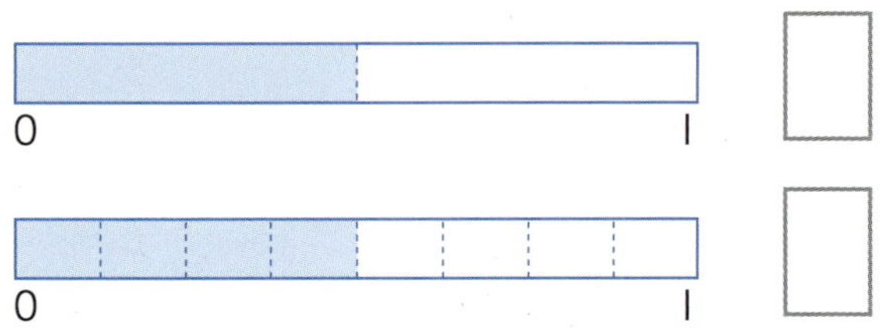

28 왼쪽 분수와 크기가 같은 분수를 모두 찾아 ○ 표 하세요.

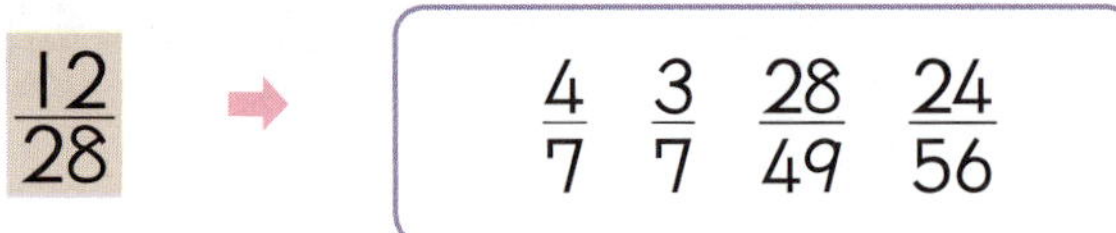

$$\frac{12}{28} \quad \Rightarrow \quad \frac{4}{7} \quad \frac{3}{7} \quad \frac{28}{49} \quad \frac{24}{56}$$

지석이네 모둠과 현영이네 모둠은 화분에 배양토를 넣으려고 합니다. 물음에 답하세요. (29~32)

지석이네 모둠

세진 : 배양토를 화분의 $\frac{3}{4}$만큼 넣으면 좋겠어.

민희 : 화분의 $\frac{2}{5}$만큼 넣으면 좋겠어.

지석 : 더 큰 분수의 양만큼 넣자.

현영이네 모둠

은민 : 화분이 길쭉하니까 화분의 $\frac{5}{6}$만큼 넣으면 좋겠어.

찬우 : 화분의 $\frac{5}{8}$만큼 넣으면 좋겠어.

현영 : 우리도 두 분수 중 큰 분수의 양만큼 넣자.

29 지석이네 모둠의 두 분수를 통분하려고 합니다. □ 안에 알맞은 수를 써넣으세요.

$$\frac{3}{4} = \frac{3 \times \boxed{}}{4 \times 5} = \frac{\boxed{}}{20}, \qquad \frac{2}{5} = \frac{2 \times \boxed{}}{5 \times 4} = \frac{\boxed{}}{20}$$

30 지석이네 모둠은 배양토를 화분의 얼마만큼 넣으면 될까요?

(   )

31 현영이네 모둠의 두 분수를 통분하려고 합니다. □ 안에 알맞은 수를 써넣으세요.

$$\frac{5}{6} = \frac{5 \times \boxed{}}{6 \times 4} = \frac{\boxed{}}{24}, \qquad \frac{5}{8} = \frac{5 \times \boxed{}}{8 \times 3} = \frac{\boxed{}}{24}$$

32 현영이네 모둠은 배양토를 화분의 얼마만큼 넣으면 될까요?

(   )

33 세이는 전체의 0.5, $\frac{2}{3}$, $\frac{3}{4}$만큼 남아 있는 케이크를 보고 세 수의 크기를 비교하려 합니다. 다음 수만큼 색칠하고 큰 수부터 차례로 써 보세요.

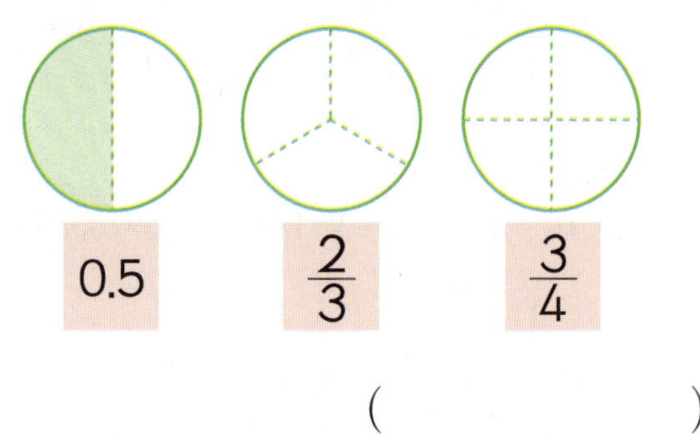

(   )

5 분수의 덧셈과 뺄셈

진분수의 덧셈 (1)

01 분수만큼 색칠하고 □ 안에 알맞은 수를 써넣어 $\dfrac{1}{3} + \dfrac{1}{6}$ 을 계산해 보세요.

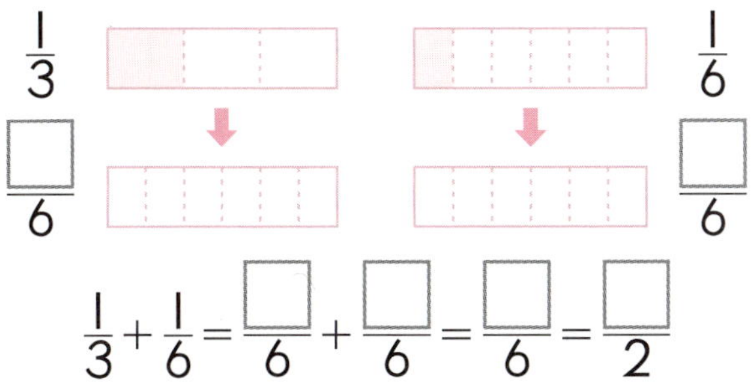

$$\dfrac{1}{3} + \dfrac{1}{6} = \dfrac{\square}{6} + \dfrac{\square}{6} = \dfrac{\square}{6} = \dfrac{\square}{2}$$

02 $\dfrac{2}{3} + \dfrac{1}{4}$ 을 계산하려고 합니다. □ 안에 알맞은 수를 써넣으세요.

$$\dfrac{2}{3} + \dfrac{1}{4} = \dfrac{2\times\square}{3\times4} + \dfrac{1\times\square}{4\times3}$$
$$= \dfrac{\square}{12} + \dfrac{\square}{12} = \square$$

03 □ 안에 알맞은 수를 써넣으세요.

$$\dfrac{2}{5} + \dfrac{3}{10} = \dfrac{2\times\square}{5\times2} + \dfrac{3}{10}$$
$$= \dfrac{\square}{10} + \dfrac{\square}{10} = \square$$

04 계산해 보세요.

(1) $\dfrac{1}{6} + \dfrac{3}{4} = \square$

(2) $\dfrac{2}{9} + \dfrac{7}{12} = \square$

05 지현이는 빵을 반죽하기 위해 밀가루에 물 $\dfrac{1}{3}$ 컵을 넣었는데, 물이 부족하여 $\dfrac{2}{5}$ 컵을 더 넣었습니다. 지현이가 넣은 컵은 모두 몇 컵일까요?

(   )

진분수의 덧셈 (2)

06 $\dfrac{3}{4} + \dfrac{2}{3}$ 를 계산하려고 합니다. □ 안에 알맞은 수를 써넣으세요.

$$\dfrac{3}{4} + \dfrac{2}{3} = \dfrac{3\times\square}{4\times3} + \dfrac{2\times\square}{3\times4}$$
$$= \dfrac{\square}{12} + \dfrac{\square}{12} = \dfrac{\square}{12} = \square$$

07 □ 안에 알맞은 수를 써넣으세요.

$$\dfrac{5}{6} + \dfrac{3}{8} = \dfrac{\square}{24} + \dfrac{\square}{24} = \dfrac{\square}{24} = \square$$

08 계산해 보세요.

(1) $\dfrac{3}{8}+\dfrac{11}{12}=\boxed{}$

(2) $\dfrac{7}{10}+\dfrac{9}{14}=\boxed{}$

09 값이 같은 것끼리 이어 보세요.

$\dfrac{3}{4}+\dfrac{5}{6}$ •   • $1\dfrac{5}{12}$

$\dfrac{1}{2}+\dfrac{11}{12}$ •   • $1\dfrac{7}{12}$

$\dfrac{7}{12}+\dfrac{5}{8}$ •   • $1\dfrac{5}{24}$

10 성욱이는 주말농장에서 딸기를 $\dfrac{7}{10}\,\mathrm{kg}$, 방울토마토를 $\dfrac{7}{12}\,\mathrm{kg}$ 땄습니다. 성욱이가 딴 딸기와 방울토마토의 무게는 모두 몇 kg인지 구해 보세요.

(   )

대분수의 덧셈

11 □ 안에 알맞은 수를 써넣으세요.

$$1\dfrac{5}{7}+2\dfrac{1}{3}=1\dfrac{\boxed{}}{21}+2\dfrac{\boxed{}}{21}$$

$$=(1+2)+\left(\dfrac{\boxed{}}{21}+\dfrac{\boxed{}}{21}\right)$$

$$=3\dfrac{\boxed{}}{21}=\boxed{}$$

12 □ 안에 알맞은 수를 써넣으세요.

$$2\dfrac{1}{3}+1\dfrac{5}{6}=\dfrac{\boxed{}}{3}+\dfrac{11}{6}$$

$$=\dfrac{\boxed{}}{6}+\dfrac{11}{6}=\dfrac{\boxed{}}{6}$$

$$=\boxed{}$$

13 계산해 보세요.

(1) $2\dfrac{7}{9}+1\dfrac{3}{4}=\boxed{}$

(2) $2\dfrac{6}{13}+1\dfrac{2}{3}=\boxed{}$

14 $2\dfrac{3}{5}+1\dfrac{3}{10}$ 을 두 가지 방법으로 계산해 보세요.

(1) **방법 ❶** 자연수는 자연수끼리, 분수는 분수끼리

$$2\dfrac{3}{5}+1\dfrac{3}{10}=\underline{}$$

$$\underline{}$$

(2) **방법 ❷** 대분수를 가분수로 고쳐서

$$2\dfrac{3}{5}+1\dfrac{3}{10}=\underline{}$$

$$\underline{}$$

진분수의 뺄셈

15 분수만큼 색칠하고 □ 안에 알맞은 수를 써넣어 $\dfrac{1}{2}-\dfrac{1}{3}$ 을 계산해 보세요.

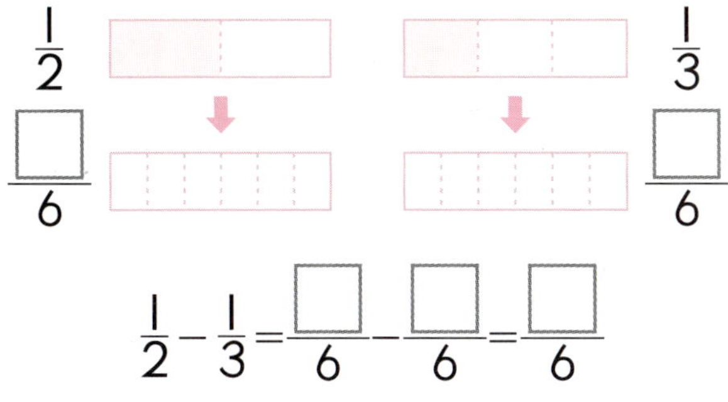

$$\dfrac{1}{2}-\dfrac{1}{3}=\dfrac{\square}{6}-\dfrac{\square}{6}=\dfrac{\square}{6}$$

16 $\dfrac{3}{4}-\dfrac{1}{3}$ 을 계산하려고 합니다. □ 안에 알맞은 수를 써넣으세요.

$$\dfrac{3}{4}-\dfrac{1}{3}=\dfrac{\square}{12}-\dfrac{\square}{12}=\boxed{}$$

17 □ 안에 알맞은 수를 써넣으세요.

$$\dfrac{2}{5}-\dfrac{3}{10}=\dfrac{2\times\square}{5\times\square}-\dfrac{3}{10}$$
$$=\dfrac{\square}{10}-\dfrac{\square}{10}=\boxed{}$$

18 계산을 하세요.

(1) $\dfrac{3}{4}-\dfrac{1}{6}=\boxed{}$

(2) $\dfrac{7}{12}-\dfrac{2}{9}=\boxed{}$

19 지효는 밀가루 반죽에 소금을 $\dfrac{3}{5}$ 큰 술 넣으려고 하다가 소금이 너무 많은 것 같아서 소금을 $\dfrac{1}{3}$ 큰 술 덜어내었습니다. 지효가 넣은 소금은 몇 큰 술일까요?

(   )

대분수의 뺄셈 (1)

20 $1\dfrac{3}{4}-1\dfrac{3}{8}$ 을 계산하려고 합니다. □ 안에 알맞은 수를 써넣으세요.

$$1\dfrac{3}{4}-1\dfrac{3}{8}=\dfrac{\square}{4}-\dfrac{\square}{8}$$
$$=\dfrac{\square}{8}-\dfrac{\square}{8}=\boxed{}$$

21 □ 안에 알맞은 수를 써넣으세요.

$$2\dfrac{5}{6}-1\dfrac{7}{12}=2\dfrac{\square}{12}-1\dfrac{7}{12}$$
$$=\left(\square-\square\right)+\left(\dfrac{\square}{12}-\dfrac{\square}{12}\right)$$
$$=\square\dfrac{\square}{12}=\boxed{}$$

22 계산해 보세요.

(1) $5\dfrac{3}{4} - 1\dfrac{1}{2} = \boxed{}$

(2) $4\dfrac{5}{6} - 2\dfrac{7}{18} = \boxed{}$

23 $2\dfrac{1}{4} - 1\dfrac{1}{6}$ 을 두 가지 방법으로 계산해 보세요.

(1) **방법 ❶** 자연수는 자연수끼리, 분수는 분수끼리 계산하기

$2\dfrac{1}{4} - 1\dfrac{1}{6} = $ ___________________

____

(2) **방법 ❷** 대분수를 가분수로 고쳐서 계산하기

$2\dfrac{1}{4} - 1\dfrac{1}{6} = $ ___________________

____

대분수의 뺄셈 (2)

24 $2\dfrac{1}{5} - 1\dfrac{1}{2}$ 을 계산하려고 합니다. □ 안에 알맞은 수를 써넣으세요.

$2\dfrac{1}{5} - 1\dfrac{1}{2} = \dfrac{\boxed{}}{5} - \dfrac{\boxed{}}{2}$

$= \dfrac{\boxed{}}{10} - \dfrac{\boxed{}}{10} = \boxed{}$

25 □ 안에 알맞은 수를 써넣으세요.

$3\dfrac{1}{2} - 1\dfrac{5}{6} = 3\dfrac{\boxed{}}{6} - 1\dfrac{5}{6} = 2\dfrac{\boxed{}}{6} - 1\dfrac{5}{6}$

$= (2-1) + \left(\dfrac{\boxed{}}{6} - \dfrac{5}{6} \right)$

$= 1\dfrac{\boxed{}}{6} = \boxed{}$

26 계산해 보세요.

(1) $2\dfrac{1}{9} - 1\dfrac{2}{3} = \boxed{}$

(2) $3\dfrac{1}{2} - 1\dfrac{5}{7} = \boxed{}$

27 계산 결과를 비교하여 ○ 안에 >, =, <를 알맞게 써넣으세요.

$$3\dfrac{11}{15} - 2\dfrac{4}{5} \quad \bigcirc \quad 6\dfrac{8}{15} - 5\dfrac{2}{3}$$

28 케이크를 만드는 데 필요한 우유는 $5\dfrac{1}{3}$ 컵입니다. 현재 지혜가 가지고 있는 우유는 $1\dfrac{5}{8}$ 컵입니다. 우유가 얼마나 더 필요한지 구해 보세요.

(   )

얼마나 알고 있나요

확인

29 계산해 보세요.

(1) $\dfrac{3}{4} + \dfrac{1}{5} = \boxed{}$

(2) $\dfrac{4}{5} - \dfrac{1}{2} = \boxed{}$

30 빈칸에 알맞은 수를 써넣으세요.

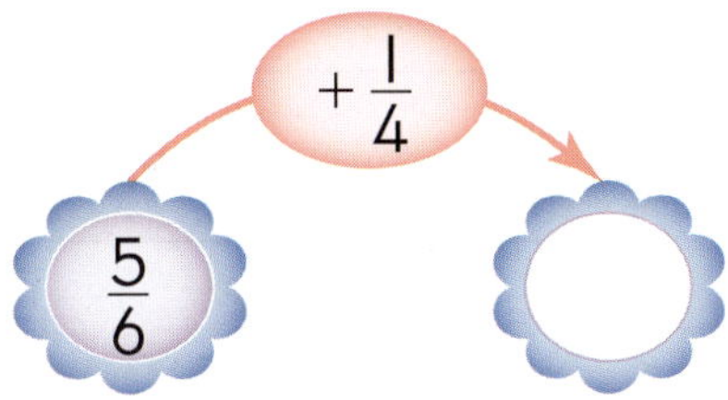

31 계산해 보세요.

(1) $1\dfrac{3}{8} + 1\dfrac{1}{3} = \boxed{}$

(2) $4\dfrac{3}{10} - 1\dfrac{1}{6} = \boxed{}$

32 계산 결과를 비교하여 ○ 안에 >, =, <를 알맞게 써넣으세요.

$$1\dfrac{2}{3} + 1\dfrac{3}{4} \quad\bigcirc\quad 5\dfrac{1}{3} - 2\dfrac{1}{2}$$

33 □ 안에 알맞은 수를 써넣으세요.

$$3\dfrac{2}{7} - \boxed{} = 1\dfrac{20}{21}$$

승환이가 계산한 것을 보고 물음에 답하세요. **(34~35)**

> **5. 분수의 덧셈과 뺄셈**
>
> 5학년 2반 이름 : 박승환
>
> 1. $\dfrac{5}{8} - \dfrac{1}{6} = \dfrac{5\times3}{8\times3} - \dfrac{1\times4}{6\times4} = \dfrac{15}{24} - \dfrac{4}{24} = \dfrac{11}{24}$
>
> 2. $\dfrac{4}{9} - \dfrac{1}{3} = \dfrac{4}{9} - \dfrac{1}{9} = \dfrac{3}{9} = \dfrac{1}{3}$

34 승환이가 1번 문제를 해결한 방법으로 계산해 보세요.

$$\dfrac{5}{14} - \dfrac{3}{10} = $$

35 2번 문제를 잘못 계산한 이유를 쓰고 바르게 계산해 보세요.

이유

바른 계산

6 다각형의 둘레와 넓이

정다각형의 둘레

01 정다각형의 둘레를 구해 보세요.

(1) (2)

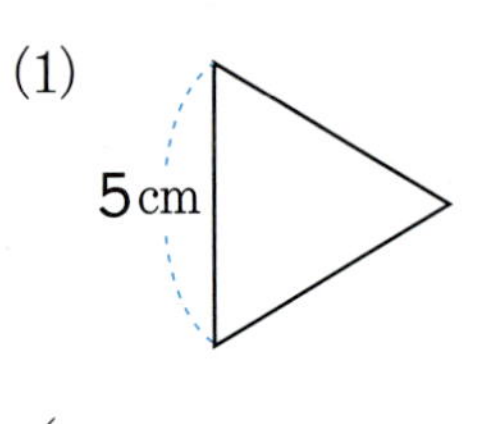

( ) ( )

02 정육각형의 둘레가 36 cm일 때 □ 안에 알맞은 수를 써넣으세요.

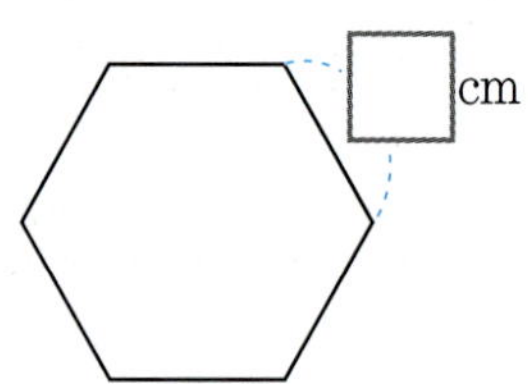

사각형의 둘레

03 평행사변형의 둘레를 구해 보세요.

(1)

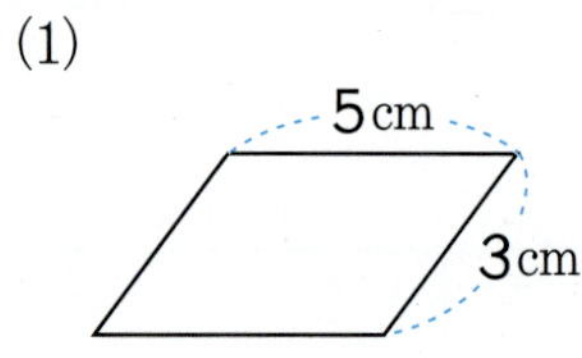

( )

(2)

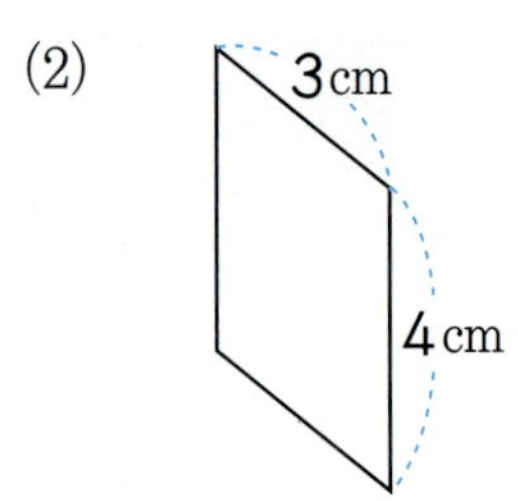

( )

04 마름모의 둘레를 구해 보세요.

(1) (2)

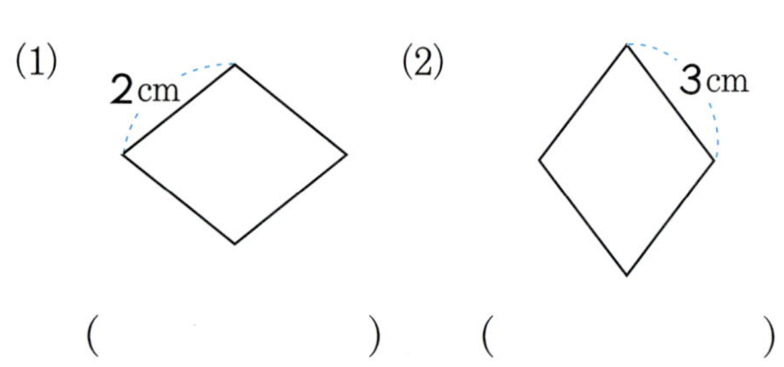

( ) ( )

05 직사각형의 둘레가 20 cm일 때 세로는 몇 cm일까요?

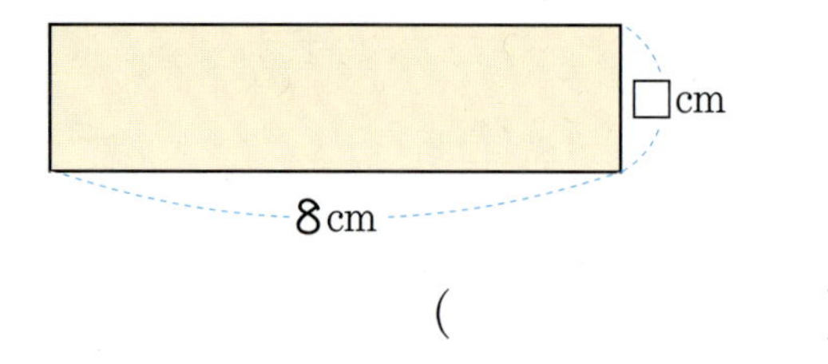

( )

1 cm² 알아보기

06 왼쪽 도형과 같이 넓이가 6 cm²인 도형을 2개 더 그려 보세요.

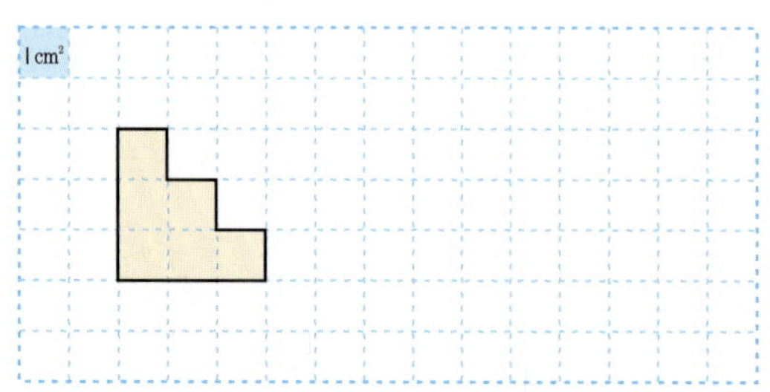

07 도형의 넓이를 구하세요.

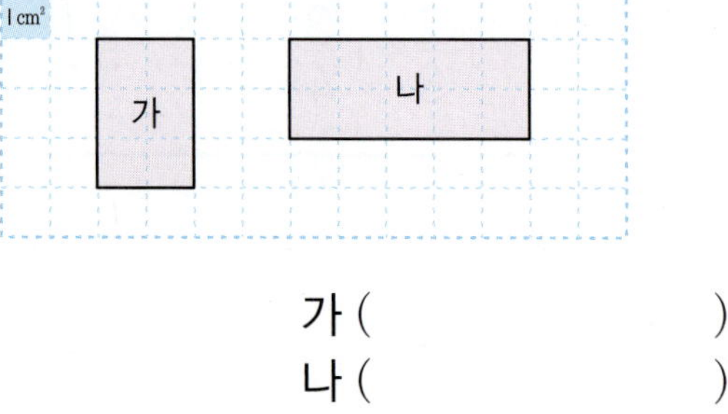

가 ( )
나 ( )

직사각형의 넓이

08 직사각형의 넓이를 구하세요.

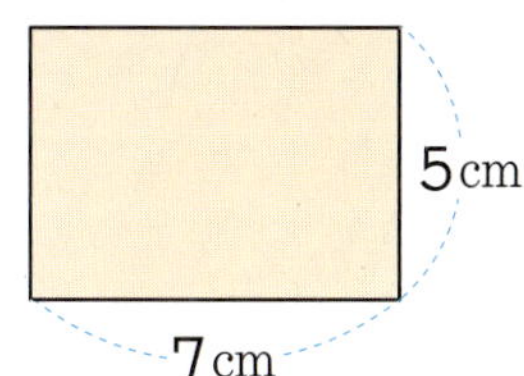

$$7 \times \boxed{} = \boxed{} \ (cm^2)$$

09 직사각형의 넓이를 구하세요.

(1)

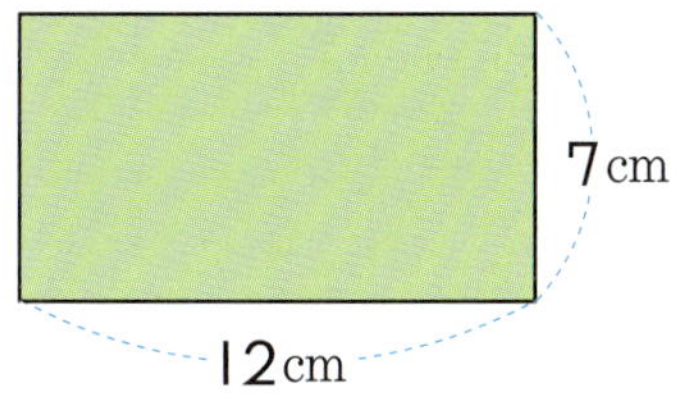

$\boxed{} \ cm^2$

(2)

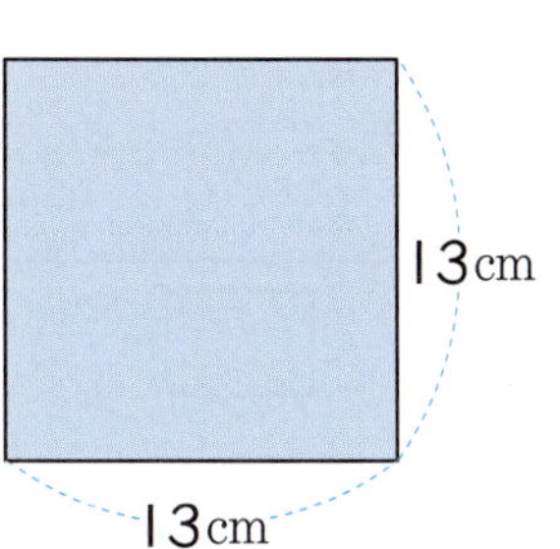

$\boxed{} \ cm^2$

10 직사각형의 둘레가 $22\,cm$일 때 넓이는 몇 cm^2
일까요?

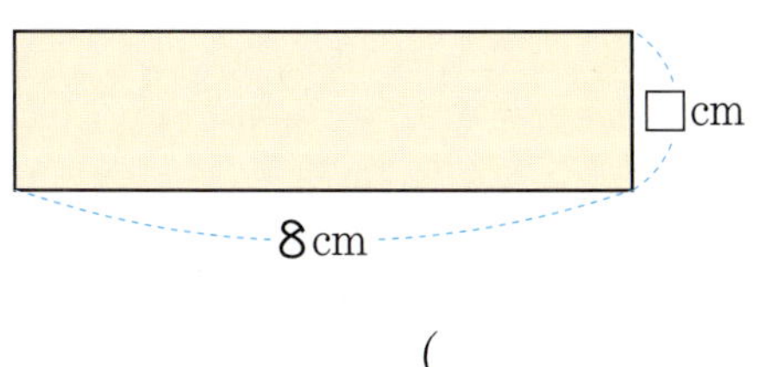

(　　　　　　　)

$1\,cm^2$보다 큰 넓이의 단위

11 □ 안에 알맞은 수를 써넣으세요.

(1) $1\,m^2 = \boxed{}\,cm^2$

(2) $50000\,cm^2 = \boxed{}\,m^2$

(3) $1000000\,m^2 = \boxed{}\,km^2$

(4) $8\,km^2 = \boxed{}\,m^2$

12 $1\,m^2$가 몇 번 들어가는지 □ 안에 알맞은 수를
써넣으세요.

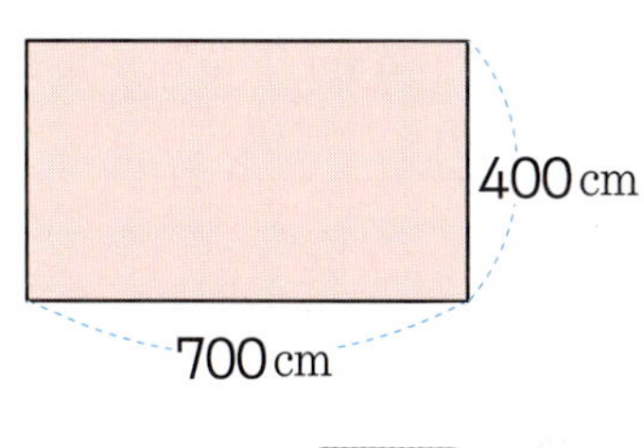

$1\,m^2$가 $\boxed{}$ 번

13 직사각형의 넓이를 구하세요.

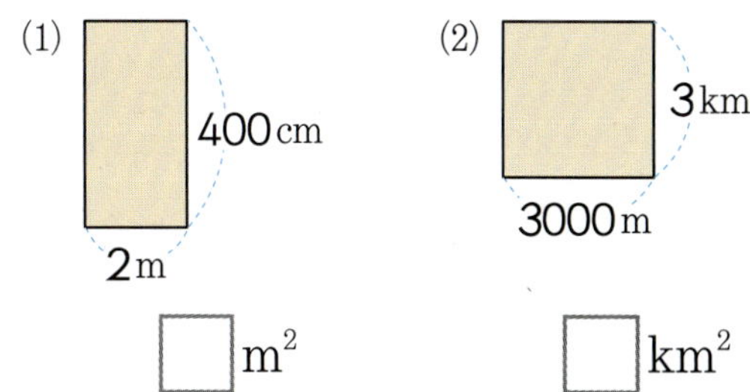

(1) $\boxed{}\,m^2$　　　　(2) $\boxed{}\,km^2$

 **6 다각형의 둘레와 넓이**

평행사변형의 넓이

14 평행사변형의 높이를 표시해 보세요.

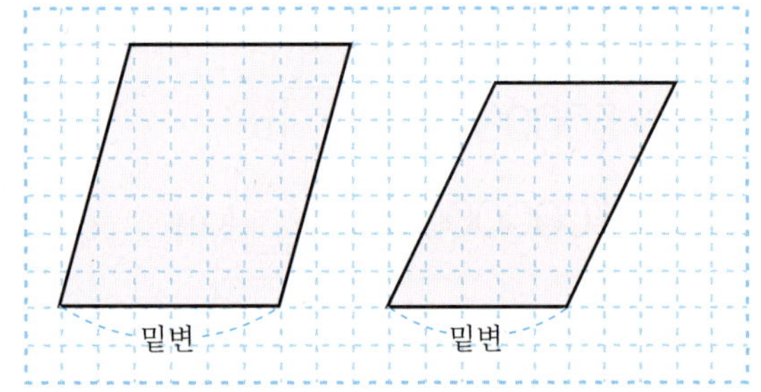

평행사변형의 넓이를 구하세요. (15~17)

15
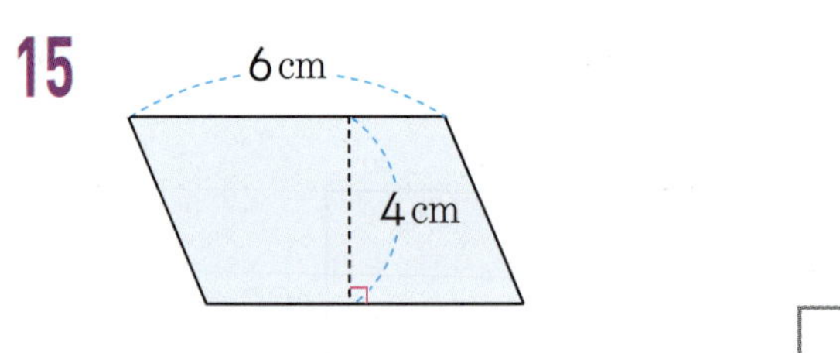

$\square$ cm^2

16
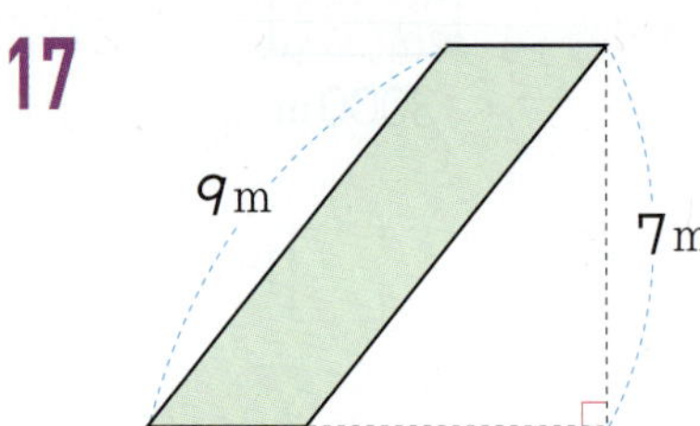

$\square$ cm^2

17

$\square$ m^2

□ 안에 알맞은 수를 써넣으세요. (18~20)

18
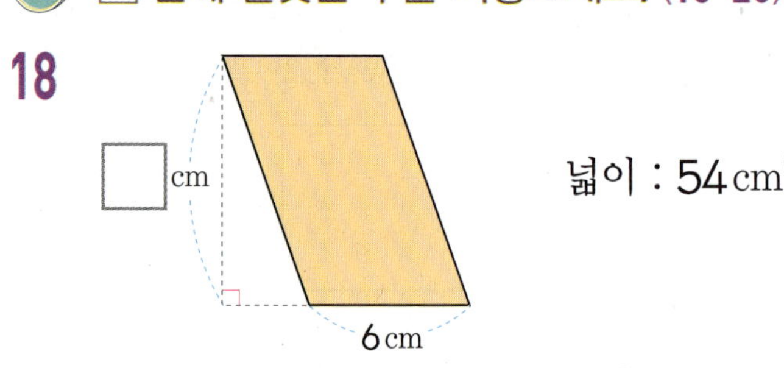

넓이 : 54 cm^2

19
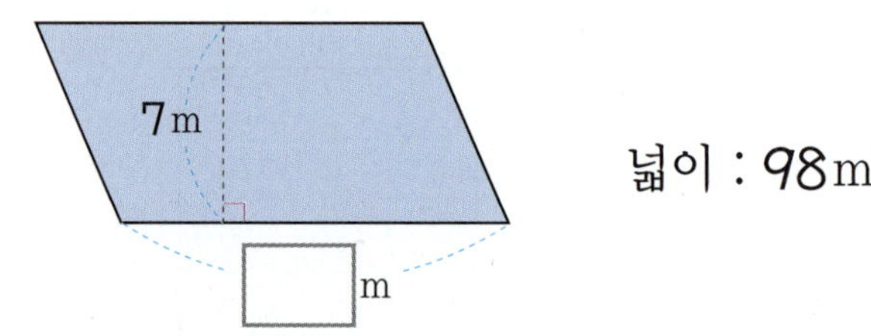

넓이 : 104 m^2

20

넓이 : 98 m^2

21 왼쪽 도형과 같이 평행사변형과 넓이가 같고 모양이 다른 평행사변형을 2개 그려 보세요.

삼각형의 넓이

22 삼각형에서 밑변이 다음과 같을 때 높이를 표시해 보세요.

(1) 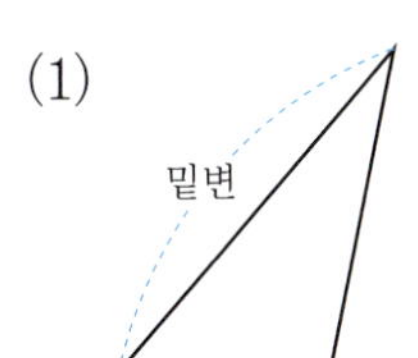

(2) 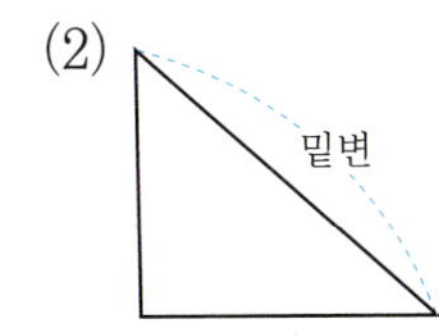

삼각형의 넓이를 구하세요. (23~24)

23

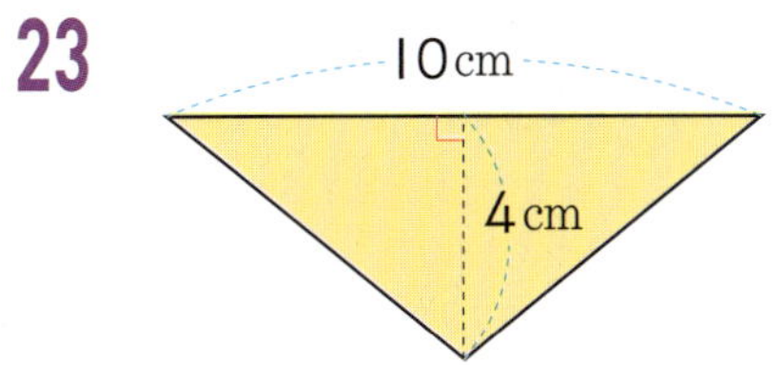

$\square$ cm^2

24

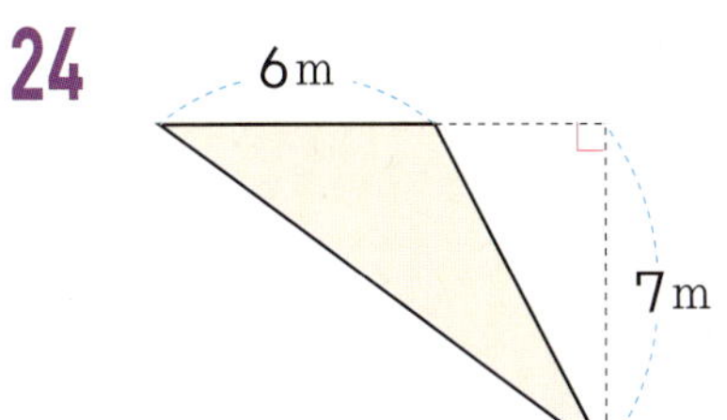

$\square$ m^2

25 삼각형의 넓이는 24 cm^{2}이고 높이는 6 cm입니다. 밑변은 몇 cm일까요?

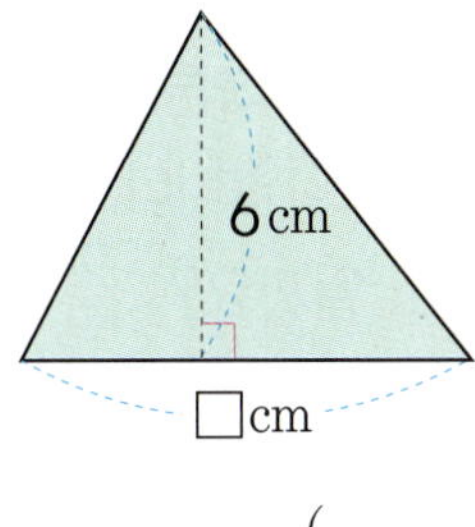

(   )

□ 안에 알맞은 수를 써넣으세요. (26~27)

26

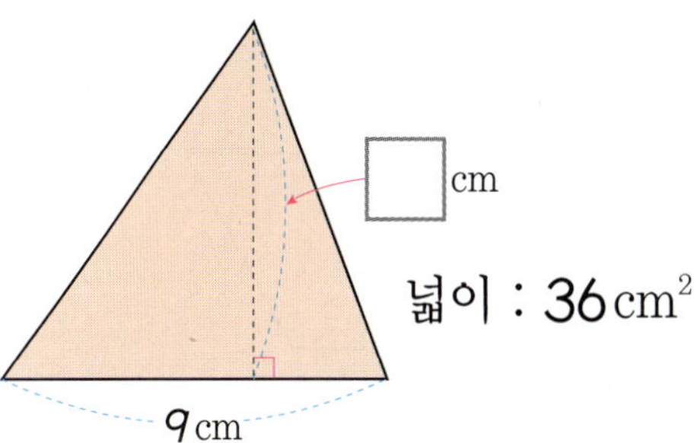

넓이 : 36 cm^2

27

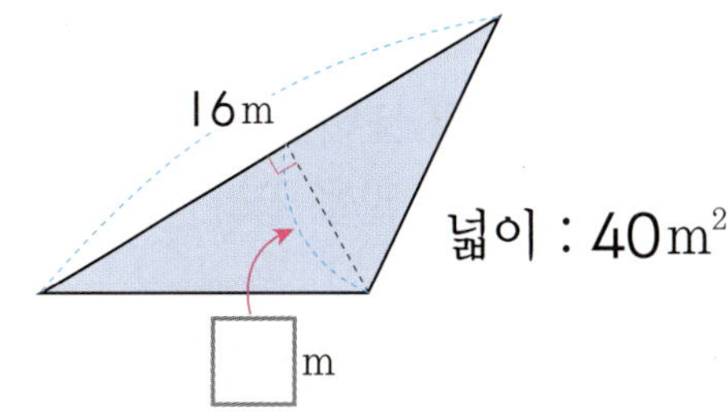

넓이 : 40 m^2

28 삼각형의 넓이를 구하려고 합니다. 빈칸에 알맞은 수를 쓰세요.

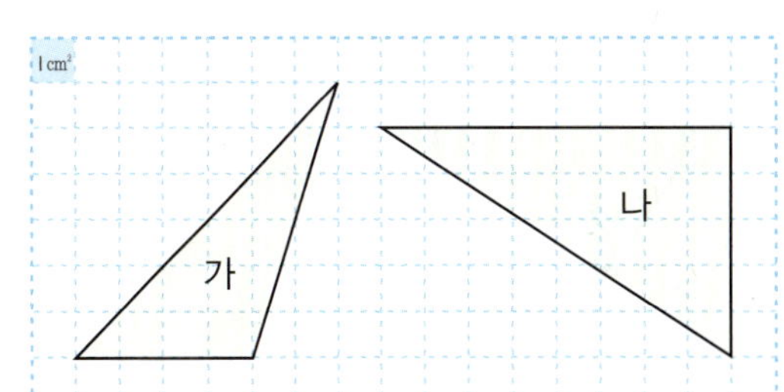

도형	밑변(cm)	높이(cm)	넓이(cm^2)
가	4		
나		5	

29 왼쪽 삼각형과 넓이가 같고 모양이 다른 삼각형을 2개 그려 보세요.

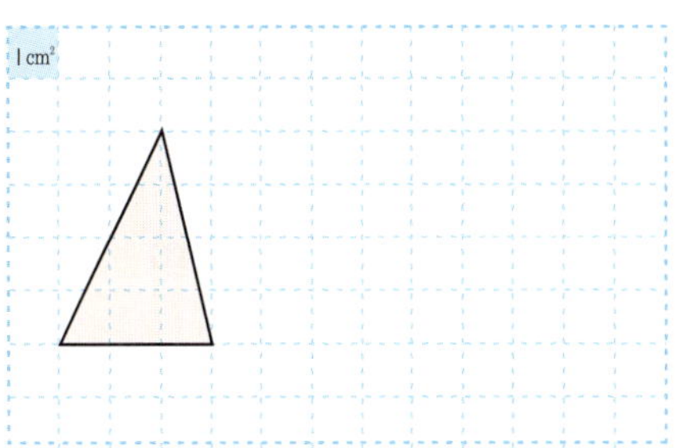

6 다각형의 둘레와 넓이

마름모의 넓이

30 마름모의 대각선을 모두 표시해 보세요.

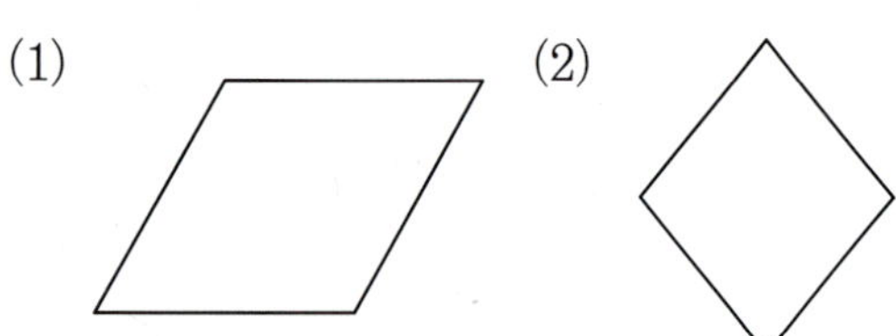

(1)　　　　　(2)

31 마름모의 넓이를 구하는 과정입니다. 보기 에서 알맞은 말을 골라 □ 안에 써넣으세요.

보기

| 높이　　한 대각선의 길이 |
| 직사각형　　삼각형 |

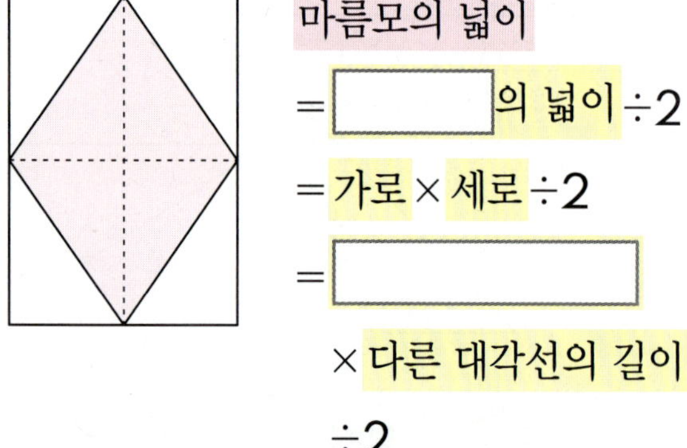

마름모의 넓이

= □ 의 넓이 ÷2

= 가로 × 세로 ÷2

= □

× 다른 대각선의 길이 ÷2

32 마름모의 넓이를 구하세요.

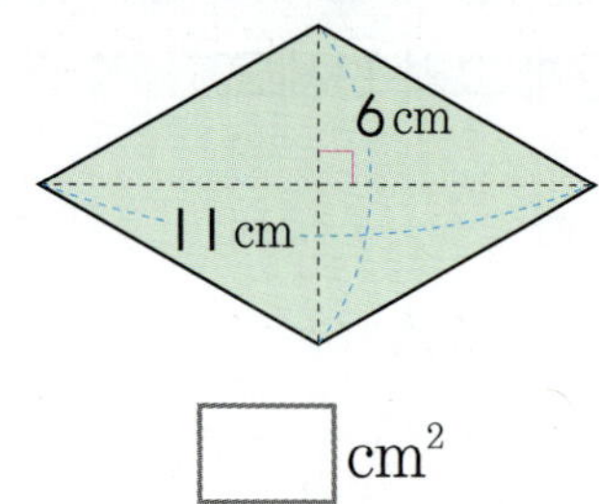

□ cm²

33 □ 안에 알맞은 수를 써넣으세요.

(1)

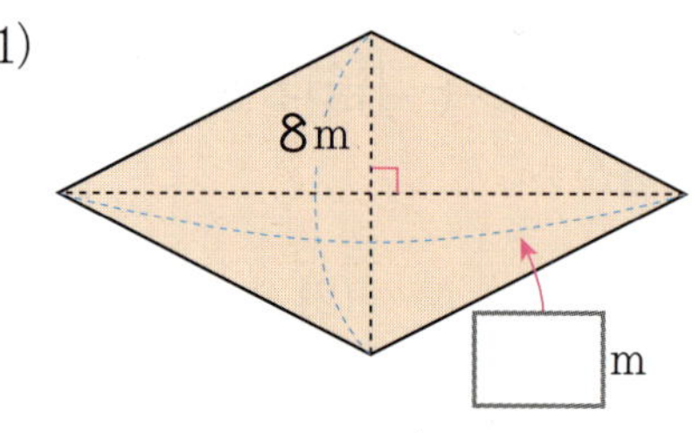

넓이 : 64 m²

(2)

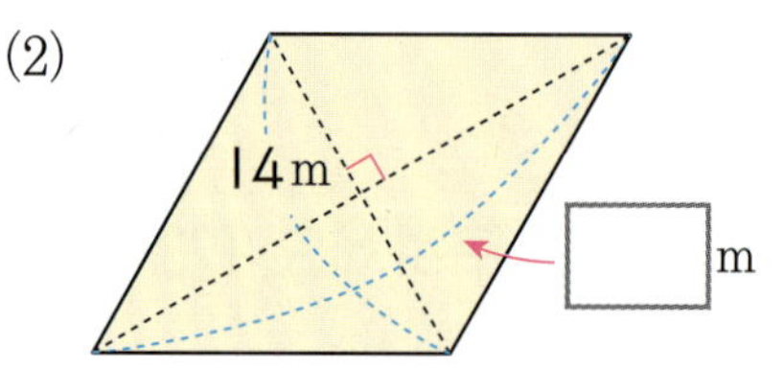

넓이 : 140 m²

34 왼쪽 마름모와 넓이가 같고 모양이 다른 마름모를 1개 그려 보세요.

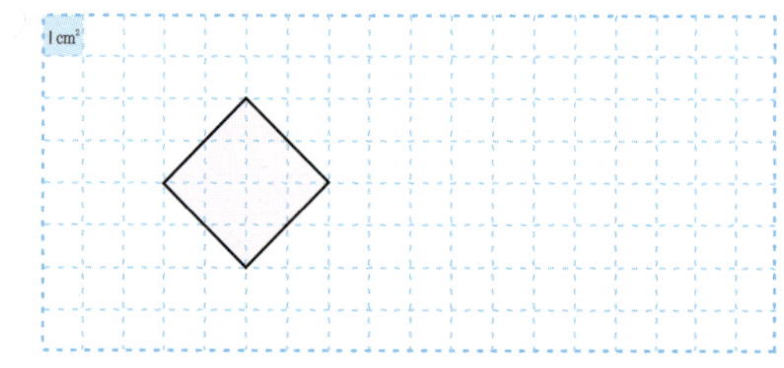

35 윤철이는 전통 놀이 시간에 가오리연을 만들었습니다. 가오리연의 몸통은 한 대각선의 길이가 40 cm이고, 다른 대각선의 길이는 56 cm인 마름모 모양입니다. 가오리연의 몸통의 넓이는 몇 cm²일까요?

(　　　　　　)

사다리꼴의 넓이

36 ☐ 안에 알맞은 말을 써넣으세요.

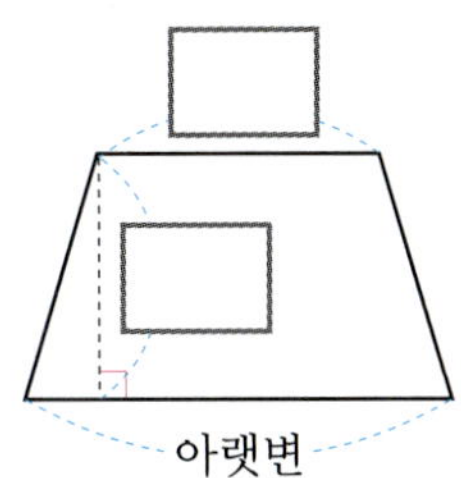

37~38 사다리꼴의 넓이를 구하세요.

37
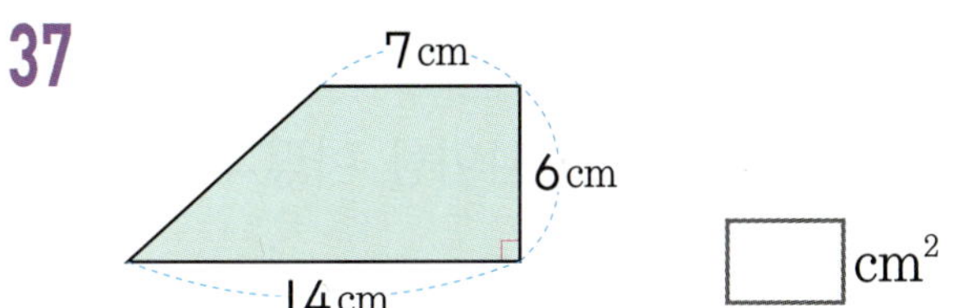

☐ cm²

38
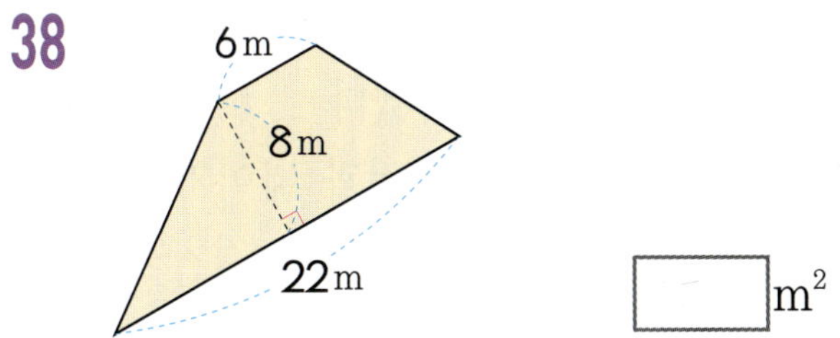

☐ m²

39 윗변이 10 m이고 아랫변이 20 m인 사다리꼴 모양의 꽃밭이 있습니다. 이 꽃밭의 윗변과 아랫변 사이의 수직인 거리가 8 m라면 꽃밭의 넓이는 몇 m²일까요?

(   )

40~41 ☐ 안에 알맞은 수를 써넣으세요.

40
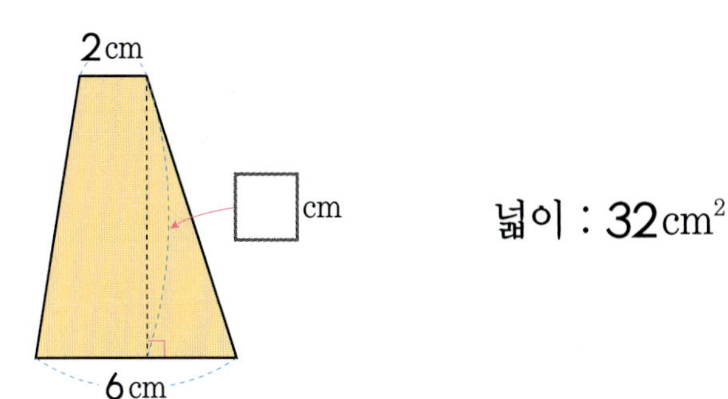

넓이 : 32 cm²

41
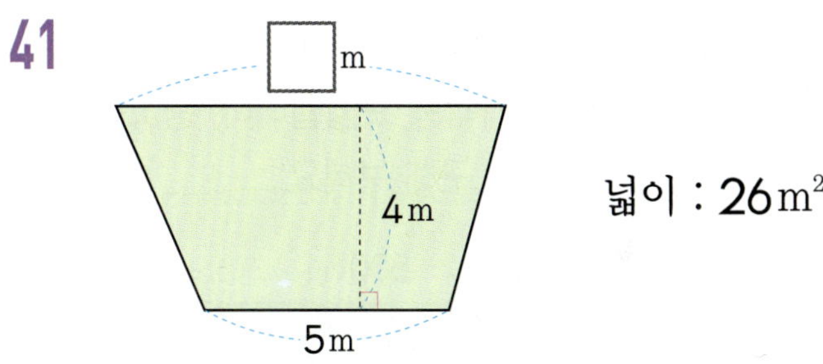

넓이 : 26 m²

42 사다리꼴의 넓이를 구하려고 합니다. 빈칸에 알맞은 수를 쓰세요.

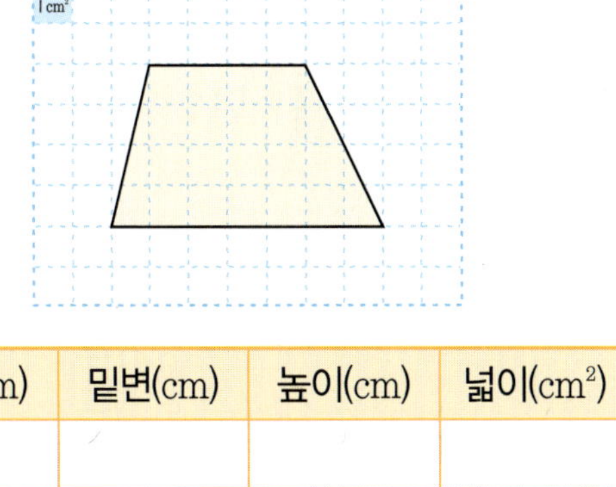

윗변(cm)	밑변(cm)	높이(cm)	넓이(cm²)
4			

43 왼쪽 사다리꼴과 넓이가 같고 모양이 다른 사다리꼴을 1개 그려 보세요.

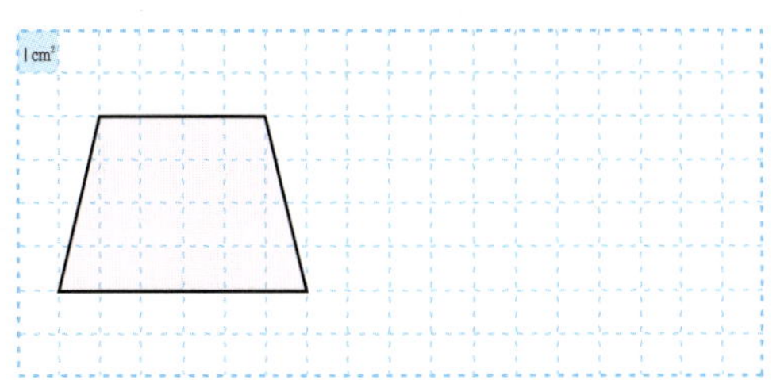

44 둘레가 16cm인 정사각형을 그려 보세요.

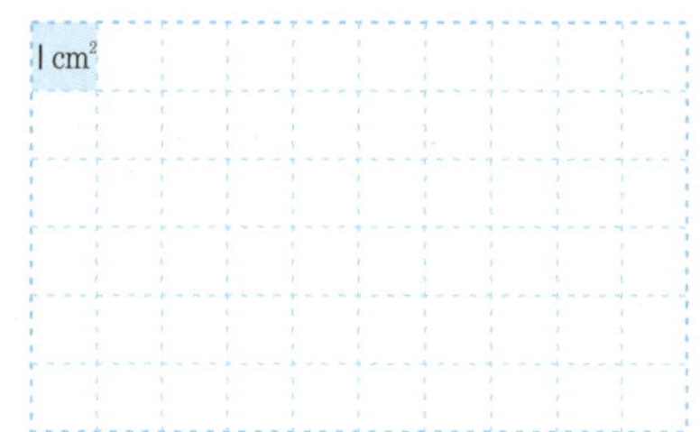

45 고속도로 광고판은 가로가 500cm, 세로가 400cm인 직사각형 모양입니다. 광고판의 넓이가 몇 m^2인지 구해 보세요.

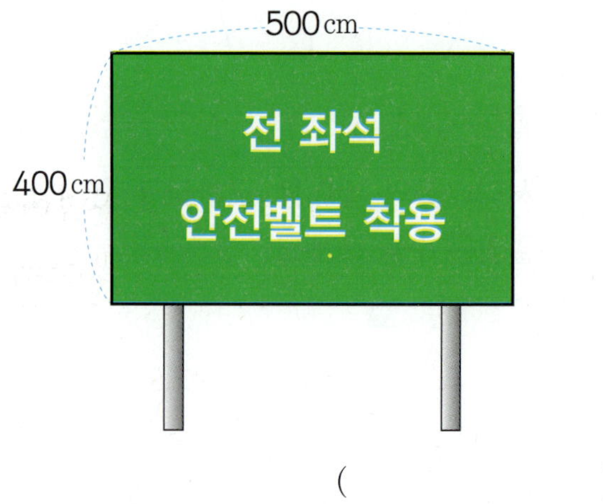

(   )

46 □ 안에 알맞은 수를 써넣으세요.

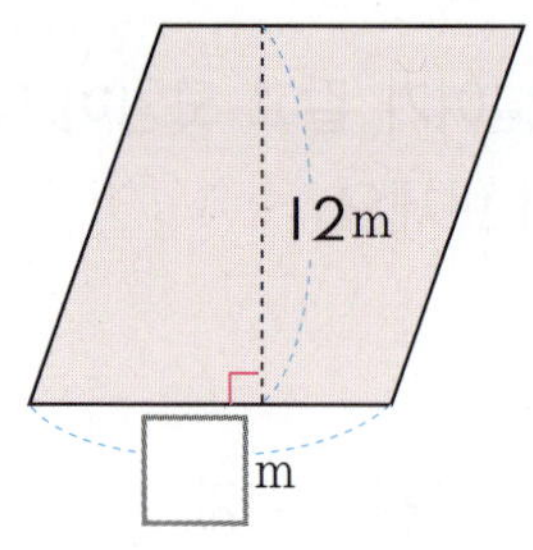

47 그림과 같은 대형 피라미드 모형을 만들고 있습니다. 삼각형 모양의 한쪽 면을 덮는 데 필요한 재료의 넓이는 몇 m^2인지 구해 보세요.

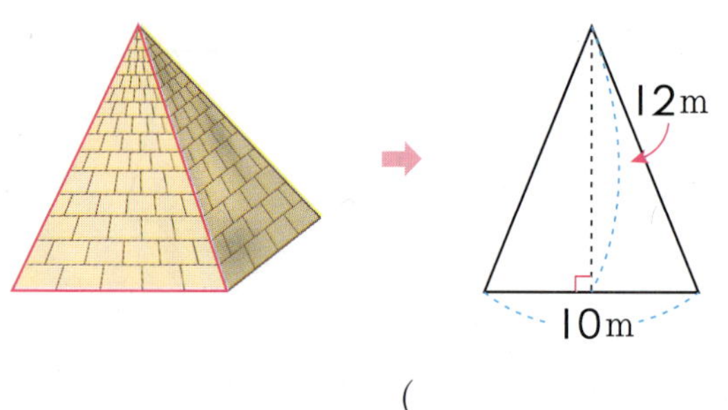

(   )

48 은민이와 세윤이의 대화를 읽고, 각각의 넓이 구하는 방법을 그림에 나타내고 설명해 보세요

> 은민 : 마름모의 넓이를 어떻게 구하면 좋을까?
>
> 세윤 : 난 직사각형을 이용하여 구할 수 있을 것 같아.
>
> 은민 : 난 삼각형 2개로 나누어서 넓이를 구해 봐야겠다.
>
> 세윤 : 내가 생각한 것과 넓이가 같네? 우리 둘 다 잘 풀었는걸?

은민

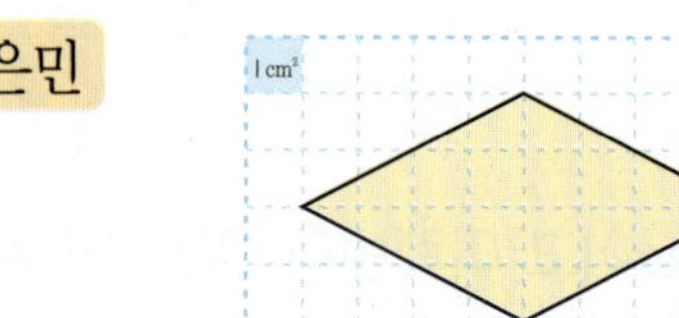

___

세윤

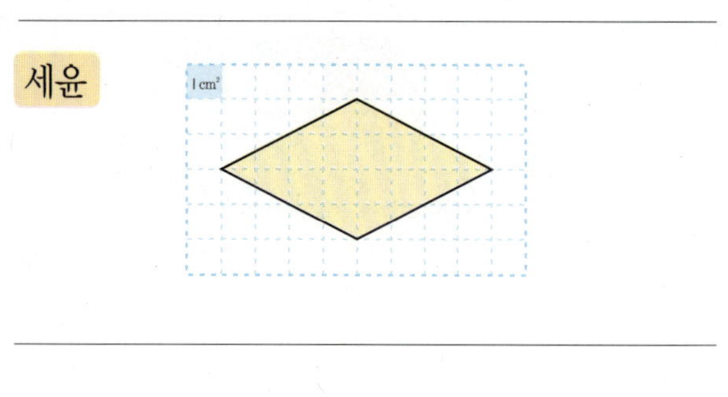

___

유형
BOOK

유형 BOOK

기본편 **5·1**

정답과 풀이

초등 수학 개념 기본서

기본편

개념 BOOK
유형 BOOK

정답과 풀이

정답 및 풀이

개념 마스터

■ 1. 자연수의 혼합 계산

준비 학습
3쪽

1 (1) 60 (2) 47 (3) 591 (4) 686

2 (1) 390 (2) 3690 (3) 24000 (4) 18172

3 7, 378, 17 ; 풀이 참조

4 36, 81, 171, 162, 9 ; 풀이 참조   **5** (1) < (2) =

1 (3)
```
      1
    4 8 9
  + 1 0 2
  -------
    5 9 1
```
(4)
```
    8 15 10
    9 6 0
  - 2 7 4
  -------
    6 8 6
```

2 (2)
```
      4 5
    × 8 2
  -------
      9 0
    3 6 0
  -------
    3 6 9 0
```
(4)
```
      3 0 8
    ×   5 9
  ---------
    2 7 7 2
    1 5 4 0
  ---------
    1 8 1 7 2
```

3 계산 결과 확인 : $54×7=378$,
$378+17=395$

4 계산 결과 확인 : $27×36=972$,
$972+9=981$

5 (1) $308+522=830$, $27×31=837$
→ $830<837$

(2) $123-58=65$, $195÷3=65$
→ $65=65$

교과서 개념 알기
4쪽

1 (1) 36, 59 (2) 63, 13 (3) 앞

교과서 개념 익히기
5쪽

1 24, 50   **2** (위쪽부터) 38 ; 75, 38   **3** 12   **4** 7

5 풀이 참조 ; 49   **6** 풀이 참조 ; 21   **7** 9명

8 400원

1 $41-17+26=24+26=50$

3 괄호 안을 먼저 계산합니다.
$36-(15+9)=36-24=12$

4 $72-(28+37)=72-65=7$

5 $78-43+14=35+14=49$

6 $78-(43+14)=78-57=21$

7 남학생 수와 여학생 수의 합에서 수학을 좋아하는 학생 수를 뺍니다.
→ $18+17-26=35-26=9$(명)

8 $1500-(500+600)=1500-1100=400$(원)

교과서 개념 알기
6쪽

1 (1) 12, 48 (2) 12, 3 (3) 앞

교과서 개념 익히기
7쪽

1 2 ; 18 ; 2, 18, 18   **2** 12, 2   **3** 4, 3   **4** 12

5 풀이 참조 ; 180   **6** 풀이 참조 ; 5   **7** 36 kg

8 3대

1 앞에서부터 차례로 계산합니다.

4 $24\div4\times2=6\times2$
$=12$

5 $150\div5\times6=30\times6=180$

6 $150\div(5\times6)=150\div30=5$

7 $96\,\mathrm{kg}$을 8로 나눈 후 그중 3자루의 무게를 구합니다.
$\rightarrow 96\div8\times3=12\times3=36(\mathrm{kg})$

8 오븐 하나에 구울 수 있는 빵의 수는 $3\times5=15$(개)입니다.
(필요한 오븐의 수)$=45\div15=3$(대)

교과서 개념 알기   8쪽

1 (1) 곱셈   (2) 나눗셈

교과서 개념 익히기   9쪽

1 (위쪽부터) 44 ; 54, 44
2 (위쪽부터) 142 ; 71, 142   3 24, 50, 32
4 20, 32, 25   5 31   6 52   7 33장
8 $36+70\div2-45=26$; $26\,\mathrm{kg}$

5 $19+4\times3=19+12$
$=31$

6 $56-12\div3=56-4$
$=52$

7 가지고 있던 색종이 수에서 사용한 수는 빼고 구입한 수는 더합니다.
$40-5\times3+8=40-15+8=25+8=33$(장)

8 민영이와 은영이가 캔 감자의 양의 합에서 종국이가 캔 감자의 양을 뺍니다.
$36+70\div2-45=36+35-45$
$=71-45$
$=26(\mathrm{kg})$

교과서 개념 알기   10쪽

1 (1) 21, 21, 4, 26, 4, 30   (2) 8, 8, 6, 28, 6, 22

교과서 개념 익히기   11쪽

1 (위쪽부터) 43 ; 30, 3, 27, 43
2 (위쪽부터) 20 ; 6, 12, 4, 20   3 23   4 14
5 51   6 420   7 >   8 1860원

3 $4\times9+36\div6-19=36+6-19$
$=42-19$
$=23$

4 $57+45\div9-8\times6=57+5-8\times6$
$=57+5-48$
$=62-48$
$=14$

5 $8\times6+15\div(7-2)=8\times6+15\div5$
$=48+3=51$

6 $72\div3+(140-8)\times3=72\div3+132\times3$
$=24+396=420$

7 $2\times16-54\div9=32-6=26,$
$37+6\div3-8\times2=37+2-16=39-16=23$
$\rightarrow 26>23$

8 사과 1개의 값 : 840÷2=420(원)

   귤 1개의 값 : 540÷3=180(원)

   전체 금액 : 420+180×8=1860(원)

1-1 (1) 풀이 참조 ; 49　(2) 풀이 참조 ; 136

1-2 예 1000−(400+350)=250 ; 250원

2-1 (1) 풀이 참조 ; 80　(2) 풀이 참조 ; 7　**2-2** 20명

3-1 풀이 참조 ; 71　**3-2** 3300원

4-1 8, 8, 15, 42, 15, 57　**4-2** >

1-1 (1) 56+27−34=49

   (2) 165−(48−19)=136

2-1 (1) 60÷6×8=80

   (2) 196÷(4×7)=7

2-2 (음료수를 받게 되는 사람의 수)

   =12×5÷3=60÷3=20(명)

3-1 6+20×4−15=71

3-2 4800−300×5=3300(원)

4-2 7×5−42÷7+11=35−6+11=29+11=40,

   3×(36−14)÷2=3×22÷2=66÷2=33

   → 40>33

1 (1) 8, 23　(2) 65, 19　**2** (1) 11　(2) 94　**3** 9

4 ㉠　**5** (　)(○)　**6** 3

7 (1) 32×6÷2=96 ; 96　(2) 35÷7×9=45 ; 45

8 <　**9** ·　　**10** (1) 12, 30, 24　(2) 3, 51, 77

11 (1) 45　(2) 19

12 풀이 참조 ; 66장

13 (1) 96÷12에 ○표　(2) 12−4에 ○표

14 4, 36, 53　**15** 풀이 참조 ; 12, 79

16 풀이 참조 ; 5, 4, 39　**17** ③　**18** (1) 15　(2) 80

19 (1) 48, 48, 15, 26, 15, 41

   (2) 12, 6, 24, 19, 43　**20** ×, −

1 (1) 27−19+15=8+15

   ①

   ②　　=23

   (2) 84−(48+17)=84−65

   ①

   ②　　=19

2 (1) 35+16−40=51−40=11

   (2) 165−(23+48)=165−71=94

3 60−(39+□)=12, 39+□=60−12,

   39+□=48, □=9

4 ㉠ 26+37−15=63−15=48

   ㉡ 59−(4+12)=59−16=43 → ㉠>㉡

5 곱셈과 나눗셈이 섞여 있는 식은 앞에서부터 차례로 계산합니다.

6 117÷(13×3)=117÷39=3

8 75÷(5×5)=75÷25=3,

   45÷3×5=15×5=75　→ 3<75

9 12×9÷6=108÷6=18,

   72−(39+17)=72−56=16,

   90−(102−58)=90−44=46

11 (1) 63−9×5+27=63−45+27

   　　　　　　　=18+27

   　　　　　　　=45

   (2) 13×4−11×3=52−11×3

   　　　　　　　=52−33=19

12 ⑩ 빨간색 색종이 수 : $25 \times 2 = 50$(장), 노란색 색종이 수 : $9 \times 4 = 36$(장)

동생에게 20장 주었으므로 하나의 식으로 나타내어 남은 색종이를 구하면 $25 \times 2 + 9 \times 4 - 20 = 66$(장)입니다.

15 $91 - 84 \div 7 = 91 - 12 = 79$

16 $35 + 20 \div (9-4) = 35 + 20 \div 5 = 35 + 4 = 39$

17 ( )가 있는 식에서는 ( ) 안을 가장 먼저 계산합니다.

18 (1) $5 \times 6 - 72 \div 3 + 9 = 30 - 72 \div 3 + 9 = 30 - 24 + 9 = 6 + 9 = 15$

(2) $24 + (60 - 18) \div 6 \times 8 = 24 + 42 \div 6 \times 8 = 24 + 7 \times 8 = 24 + 56 = 80$

20 $2 \times (9-5) = 2 \times 4 = 8$

 17쪽

1 50, 15, 20, 19 ; 66g　**2** 15, 9, 3 ; 45개
3 $500 - (20 \times 15 + 90)$; 110개

1 반죽의 총 무게는 밀가루와 설탕과 천연재료의 무게를 다 더한 뒤 덜어 낸 반죽의 무게를 빼면 됩니다. 따라서 $50 + 15 + 20 - 19$를 하면 총 66g이 됩니다.

2 15개씩 9줄이 있으면 한 판에는 $15 \times 9 = 135$(개)의 반죽을 놓을 수 있습니다.

135개의 반죽에 3장의 종이호일로 똑같이 덮으면 한 장에는 $135 \div 3 = 45$(개)의 반죽을 덮을 수 있습니다.

3 뺄셈을 한 번만 쓰려면 500개 중에서 20개씩 15봉지를 빼고 시식용 90개를 동시에 빼면 됩니다. 따라서 20×15와 90을 더한 개수를 500개에서 뺀 110개가 남은 과자의 개수가 됩니다.

■ 2. 약수와 배수

준비 학습　19쪽

1 16, 32, 56, 64　**2** 1 ; 9 ; 6
3 (1) 4, 24　(2) 5, 15
4 18 ; 12 ; 4 ; 6, 6　**5** $36 \div 4 = 9$
6 (1) 40, 5 ; 40, 5, 8　(2) 63, 9 ; 63, 9, 7

5 $36 - 4 - 4 - 4 - 4 - 4 - 4 - 4 - 4 - 4 = 0$
　→ $36 \div 4 = 9$

6
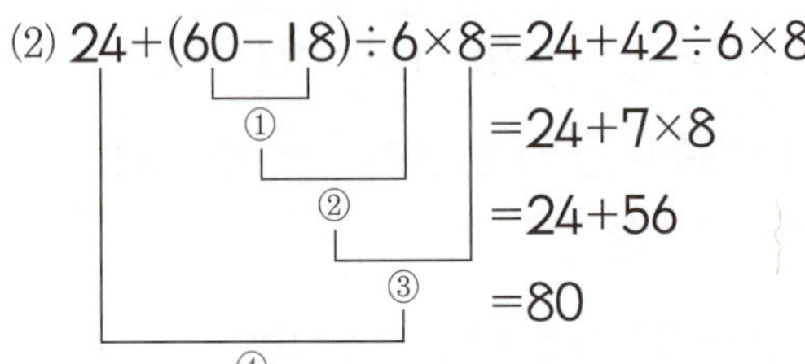

1차시　약수와 배수 찾아보기, 곱을 이용하여 약수와 배수의 관계 알아보기

교과서 개념 알기　20쪽

1 (1) 1, 2, 4, 8　(2) 1, 2, 4, 8　**2** (1) 배수　(2) 약수

교과서 개념 익히기　21쪽

1 약수　**2** (1) 1, 2, 3, 4　(2) 1, 2, 4　**3** 1, 2, 7, 14
4 ③　**5** 20　**6** 7, 14, 21　**7** 배수
8 1, 2, 3, 4, 6, 8, 12, 24　**9** 3가지　**10** 3, 9, 15

2 4를 Ⅰ, 2, 4로 나누면 나누어떨어지므로 4의
약수는 Ⅰ, 2, 4입니다.

3 14를 Ⅰ, 2, 7, 14로 나누면 나누어떨어집니다.

4 ① 3의 3배 → 3×3=9
② 3의 4배 → 3×4=12
④ 3의 5배 → 3×5=15
⑤ 3의 6배 → 3×6=18

5 2의 10배 → 2×10=20

6 7의 Ⅰ배 → 7×1=7, 7의 2배 → 7×2=14,
7의 3배 → 7×3=21

7 ☆=□×△에서 ☆은 □와 △의 배수입니다.

8 ☆=□×△에서 □와 △는 ☆의 약수입니다.

9 9의 약수는 Ⅰ, 3, 9이므로 똑같이 담는 방법은
3가지입니다.

10 홀수 : Ⅰ, ③, 5, 7, ⑨, ⅠⅠ, 13, ⑮, 17, 19
3의 배수 : ③, 6, ⑨, 12, ⑮, 18

2차시 공약수와 최대공약수 구하기

교과서 개념 알기   22쪽

1 (1) 2, 4 (2) 2, 4, 8 (3) 2, 4 (4) 4

교과서 개념 익히기   23쪽

1 (1) 2, 4, 8 (2) 2, 5, 10 (3) Ⅰ, 2   2 Ⅰ, 5
3 Ⅰ, 2, 4   4 Ⅰ, 3, 9   5 Ⅰ, 2, 4, 8   6 3, 5 ; 15
7 12   8 20   9 4명   10 18m

1 (1) 8=Ⅰ×8=2×4 → 8의 약수 : Ⅰ, 2, 4, 8
(2) 10=Ⅰ×10=2×5
→ 10의 약수 : Ⅰ, 2, 5, 10
(3) 8의 약수 : ①, ②, 4, 8
10의 약수 : ①, ②, 5, 10

2 10의 약수 : ①, 2, ⑤, 10
15의 약수 : ①, 3, ⑤, 15
→ 공통된 약수 : Ⅰ, 5

3 12의 약수 : ①, ②, 3, ④, 6, 12
28의 약수 : ①, ②, ④, 7, 14, 28
→ 공통된 약수 : Ⅰ, 2, 4

4 27의 약수 : ①, ③, ⑨, 27
45의 약수 : ①, ③, 5, ⑨, 15, 45
→ 공통된 약수 : Ⅰ, 3, 9

5 32의 약수 : ①, ②, ④, ⑧, 16, 32
56의 약수 : ①, ②, ④, 7, ⑧, 14, 28, 56
→ 공통된 약수 : Ⅰ, 2, 4, 8

6 15와 45의 최대공약수는 3×5=15입니다.

7
```
2 ) 24  36
2 ) 12  18
3 )  6   9
      2   3
```
최대공약수 : 2×2×3=12

8
```
2 ) 80  60
2 ) 40  30
5 ) 20  15
      4   3
```
최대공약수 : 2×2×5=20

9
```
2 ) 12  16
2 )  6   8
      3   4
```
최대공약수는 2×2=4이므로 4
명까지 나누어 줄 수 있습니다.

10
```
2 ) 54  90
3 ) 27  45
3 )  9  15
      3   5
```
최대공약수는 2×3×3=18이므
로 한 변의 길이를 18m로 하면
됩니다.

3차시 공배수와 최소공배수 구하기

교과서 개념 알기   24쪽

1 (1) 9, 12, 15, 18 (2) 12, 16, 20, 24
(3) 12, 24, 12, 12

1 (1) 20, 40　(2) 20　2 60, 120, 180　3 ④
4 24　5 60　6 24　7 3 ; 3, 84　8 17일
9 10시

1 4의 배수 : 4 , 8 , 12 , 16 , ⑳ , 24 , 28 ,
　　　　　32 , 36 , ㊵ ……
　10의 배수 : 10 , ⑳ , 30 , ㊵ ……

2 20의 배수 : 20 , 40 , ⑥⓪ , 80 , 100 ,
　　　　　⑫⓪ , 140 , 160 , ⑱⓪ ……
　30의 배수 : 30 , ⑥⓪ , 90 , ⑫⓪ , 150 ,
　　　　　⑱⓪ ……

3 　5 ⟌ 10 15　→ 최소공배수 : 5×2×3=30
　　　　2　3

4 　　　　　　최대공약수
　8=②×②×2　　　12=②×②×3
　(최소공배수)
　=(최대공약수)×2×3=2×2×2×3=24

5 (최소공배수)=3×4×5=60

8 3과 4의 최소공배수가 12이므로
　5+12=17(일)입니다.

9 10과 12의 최소공배수가 60이므로
　9시+60분=10시입니다.

1-1 3, 5, 15 ; 5 ; 5
1-2 8, 12, 24 ; 6, 10, 15, 30 ; 3, 6 ; 6
2-1 6명　2-2 2권 ; 5권　3-1 50, 60 ; 45, 60, 75 ;
30, 60 ; 30　3-2 40, 48, 56, 64, 72, 80 ; 40,
60, 80 ; 40, 80 ; 40　4-1 42 cm　4-2 24일 후

2-1 12와 30의 최대공약수를 구합니다.
　　2 ⟌ 12 30　12와 30의 최대공약수 :
　　3 ⟌ 6 15　　　　　　　　　2×3=6
　　　　2　5
　　　→ 6명까지 똑같이 나누어 줄
　　　　　수 있습니다.

2-2 동화책과 공책의 수를 최대공약수로 나눕니다.
　동화책 : 12÷6=2(권), 공책 : 30÷6=5(권)

4-1 정사각형의 한 변의 길이는 14와 21의 최소공
　배수와 같습니다.
　　7 ⟌ 14 21　14와 21의 최소공배수 :
　　　　2　3　　　　　　7×2×3=42
　　　→ 정사각형의 한 변의 길이는
　　　　42 cm입니다.

4-2 8과 12의 최소공배수를 구합니다.
　　2 ⟌ 8 12　8과 12의 최소공배수 :
　　2 ⟌ 4 6　　　　　　2×2×2×3=24
　　　　2　3
　　　→ 두 기계를 동시에 점검하는
　　　　날은 24일 후입니다.

1 ㉢　2 1, 16　3 1　4 4, 24, 배수　5 ㉢　6 2
7 ㉡, ㉢　8 ㉡, ㉣　9 36　10 1, 3　11 6
12 (1) 4　(2) 3 ; 3, 6　13 4　14 36, 72, 108
15 36, 72　16 12　17 160　18 60
19 풀이 참조 ; 5명　20 24 m

1 45=1×45, 45=3×15, 45=5×9
　45의 약수 : 1, 3, 5, 9, 15, 45

2 16의 약수 : 1, 2, 4, 8, 16

3 모든 수는 1로 나누어떨어지므로 1은 모든 수
　의 약수가 됩니다.

5 5의 배수 : 5, 10, 15, 20, 25, 30, 35, 40,
　　　　　45, 50 ……

6 짝수는 2로 나누어떨어지는 수이므로 2의 배수
　입니다.

8
　□=△×☆ →　□는 △와 ☆의 배수
　　　　　　　△와 ☆은 □의 약수

9 12의 배수 : 12, 24, 36, 48 ……
　12의 배수 중 18을 약수로 가지는 수는 36,
　72 …… 입니다.

이 중 30보다 크고 50보다 작은 수는 36입니다.

10 6의 약수 : ①, 2 , ③, 6

9의 약수 : ①, ③, 9

→ 6과 9의 공약수 : 1 , 3

11 $18=2\times3\times3$ $24=2\times2\times2\times3$

└──────── 최대공약수 ────────┘

13 $2\,)\underline{16\ \ 20}$ → 최대공약수 : $2\times2=4$
　　$2\,)\underline{\ \ 8\ \ 10}$
　　　　$4\ \ \ \ 5$

14 12의 배수 : 12 , 24 , ㉖, 48 , 60 , ㉒,

84 , 96 , ⑩⑧……

18의 배수 : 18 , ㉖, 54 , ㉒, 90 ,

⑩⑧……

15 36의 배수 36, 72……가 9와 12의 공배수가 됩니다.

16 $\square\div2=6$, $\square=6\times2=12$

17 최소공배수 : $2\times2\times5\times8=160$

18 $2\,)\underline{20\ \ 12}$　두 수 20과 12의 최소공배수를
　　$2\,)\underline{10\ \ \ 6}$　구합니다.
　　　$5\ \ \ \ 3$　　최소공배수 : $2\times2\times5\times3=60$

19 ⑩ 15와 40의 최대공약수를 구합니다.

$5\,)\underline{15\ \ 40}$
　　$3\ \ \ \ 8$

최대공약수가 5이므로 5명까지 나누어 줄 수 있습니다.

20 $2\,)\underline{\ 6\ \ \ 8}$　최소공배수 : $2\times3\times4=24$
　　$3\ \ \ 4$

1 1, 2, 3, 4, 5, 6 ; 1, 2, 3, 6　**2** 2, 4, 6, 8 ; 8

■ 3. 규칙과 대응

1 ⑴ 200씩 ⑵ 10씩 ⑶ 830　**2** 3270, 1250

3 224, 448　**4** 15개　**5** ㉢

6 $120+128=121+127$

1 ⑴ 가로는 210부터 오른쪽으로 200씩 커지는 규칙입니다.

⑵ 세로는 410부터 아래쪽으로 10씩 커지는 규칙입니다.

⑶ 빈칸에는 630보다 200 큰 수인 830입니다.

2 5290부터 시작하여 1010씩 작아지므로 빈칸에 알맞은 수는 3270, 1250입니다.

3 28부터 시작하여 2가 곱해지므로 빈칸에 알맞은 수는 224, 448입니다.

4 $1+2+3+4+5=15$(개)

1차시　두 양 사이의 관계 알아보기, 대응 관계를 식으로 나타내는 방법 알아보기⑴

1 ⑴ 5 ⑵ 6 ⑶ 3 ⑷ 3

1 500원　**2** 500원　**3** 2500원

4 500, 1000, 1500, 2000　**5** $\triangle+500$, $\square-500$

6 5, 10, 15, 20　**7** $\square+3$　**8** $\square-5$　**9** $\triangle\div5$

1 (형의 용돈)=(동생의 용돈)+500

2 (동생의 용돈)=(형의 용돈)−500

3 형의 용돈은 동생의 용돈보다 500원 더 많습니다.

5 동생의 용돈은 형의 용돈보다 500원 더 적습니다.

7 △는 □에 3을 더한 수입니다.

8 △는 □에서 5를 뺀 수입니다.

9 □는 △를 5로 나눈 수입니다.

1 (1) 9, 12 (2) □×3, ○÷3

1 오전 3시, 오전 4시, 오전 5시

2 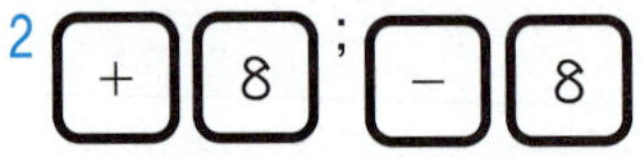

3 15, 20, 25 ; □×5, △÷5   **4** 50개

5 8, 12, 16 ; 12, 18, 24   **6** ○×4, □÷4

7 ○×6, △÷6   **8** 36개, 54개

4 10×5=50(개)

8 (날개의 수)=9×4=36(개)
(다리의 수)=9×6=54(개)

1-1 (1) 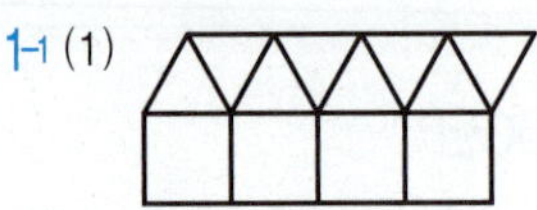   (2) 30개 (3) 10개

2-1 (1) 4, 6 (2) △=☆×2 또는 ☆=△÷2 (3) 20개

3-1 ☆=□×5 또는 □=☆÷5

3-2 30, 35, 40 ; ○=△+10 또는 △=○−10

4-1 (1) 800, 1200 ; 400 (2) 9자루

1-1 (2) 사각형은 1개씩 증가할 때 삼각형은 2개씩 증가합니다.

2-1 (3) 타조의 다리의 수는 타조의 수의 2배이므로 타조가 10마리일 때 타조의 다리의 수는 20개입니다.

4-1 (2) 3600÷400=9(자루)

1   **2** 6, 8, 10   **3** 12, 16
     4 8, 12, 16

5 (1) 4, 4 (2) 4, 4 (3) 24 (4) 8

6 (1) 3 (2) 7 (3) 5 (4) 5   **7** □+7   **8** □×4

9 △=□×3, □=△÷3   **10** 30   **11** 27

12 (왼쪽부터) 3, 16, 5 ; 풀이 참조

13 8, 16, 24, 32   **14** △=□×8, □=△÷8

15 72장   **16** 12송이   **17** (왼쪽부터) 44, 45, 15

18 ◎=☆−31 또는 ☆=◎+31

19 풀이 참조 ; 27살   **20** 14살

5 (3) 6×4=24(명)
(4) 32÷4=8(개)

7 2+7=9, 3+7=10, 4+7=11……이므로 △=□+7입니다.

8 △는 □에 4를 곱한 수입니다.

9 2×3=6, 3×3=9, 4×3=12……이므로 △는 □의 3배입니다.

10 1×2=2, 3×2=6, 5×2=10……이므로 ☆=○×2입니다. 따라서 ○가 15일 때 ☆=15×2=30입니다.

11 ☆=○×2이므로 ○=☆÷2입니다. ☆이 54일 때 ○=54÷2=27입니다.

12 예 강아지의 다리의 수는 강아지의 수의 4배입니다.
1×4=4, 2×4=8……이므로 강아지의 다리의 수는 강아지의 수의 4배입니다.
(강아지의 다리의 수)=(강아지의 수)×4

15 9×8=72(장)

16 96÷8=12(송이)

19 ⑩ 주현이의 나이와 아버지의 나이 사이의 대응 관계를 식으로 나타내면
(주현이의 나이)=(아버지의 나이)−31입니다.
따라서 주현이의 나이는 58−31=27(살)입니다.

20 주현이의 동생은 주현이와 5살 차이가 나고 주현이는 아버지와 31살 차이가 나므로 주현이의 동생은 아버지와 36살 차이가 납니다.
(주현이의 동생의 나이)=50−36=14(살)

45쪽

탐구수학

1 4, 6, 8, 10   **2** 8번   **3** ○×2, △÷2

1 도막 수는 자른 횟수의 2배입니다.
따라서 2×2=4, 3×2=6, 4×2=8, 5×2=10입니다.

2 8×2=16이므로 8번 잘라야 합니다.

■ **4. 약분과 통분** ◀◀◀◀◀◀◀◀◀◀◀◀◀◀◀◀◀◀

47쪽

준비 학습

1 (1) $\dfrac{1}{3}$ (2) $\dfrac{2}{3}$ **2** $\dfrac{11}{11}$, $\dfrac{5}{3}$ **3** (1) $\dfrac{7}{10}$ (2) $\dfrac{5}{9}$

4 (1) < (2) > (3) < (4) <

5 (1) 3 ; 45 (2) 4 ; 40 (3) 7 ; 21

3 $\dfrac{\triangle}{\square}$ ← 색칠한 부분의 수
← 전체의 수

4 (1) $2<4 \rightarrow \dfrac{2}{5} < \dfrac{4}{5}$ (2) $3>2 \rightarrow 3\dfrac{3}{7} > 2\dfrac{2}{7}$

(3) $3\dfrac{2}{9}=\dfrac{32}{9}$ 이므로 $\dfrac{29}{9} < \dfrac{32}{9}$

(4) $\dfrac{17}{5}=3\dfrac{2}{5}$ 이므로 $3\dfrac{2}{5} < 3\dfrac{3}{5}$

5 (1) $3\overline{)\,9\ \ 15}$
$\quad\quad\ \ 3\ \ \ 5$

(2) $2\overline{)\,8\ \ 20}$
$2\overline{)\,4\ \ 10}$
$\quad\ 2\ \ \ 5$

(3) $7\overline{)\,7\ \ 21}$
$\quad\ \ 1\ \ \ 3$

1차시 크기가 같은 분수 알아보기, 분수를 간단하게 나타내기

교과서 개념 알기 48쪽

1 (1) 2, 8 ; 4, 4 ; 8, 2 (2) 8, 4, 2, $\dfrac{2}{3}$

교과서 개념 익히기 49쪽

1 4, $\dfrac{16}{20}$ **2** 2, 4 ; 3, 6 ; 4, 6

3 2, 6 ; 6, 2 ; 6, 2   **4** ㉢   **5** $\dfrac{2}{8}$, $\dfrac{3}{12}$, $\dfrac{4}{16}$

6 기약분수   **7** 7, $\dfrac{2}{3}$ **8** 3, $\dfrac{9}{16}$ **9** $\dfrac{3}{5}$ **10** ㉡, ㉣

1 분모와 분자에 각각 0이 아닌 같은 수를 곱하면 크기가 같은 분수가 됩니다.

4 $\dfrac{3}{4}=\dfrac{3\times2}{4\times2}=\dfrac{6}{8}$

5 $\dfrac{1\times2}{4\times2}=\dfrac{2}{8}$, $\dfrac{1\times3}{4\times3}=\dfrac{3}{12}$, $\dfrac{1\times4}{4\times4}=\dfrac{4}{16}$

8 분모와 분자를 각각 0이 아닌 같은 수로 나누면 크기가 같은 분수가 됩니다.

9 $\dfrac{12}{20}=\dfrac{12\div4}{20\div4}=\dfrac{3}{5}$

10 ㉠ $\dfrac{8}{18}=\dfrac{8\div2}{18\div2}=\dfrac{4}{9}$, ㉢ $\dfrac{17}{51}=\dfrac{17\div17}{51\div17}=\dfrac{1}{3}$

2차시 분모가 같은 분수로 나타내기

교과서 개념 알기 50쪽

1 6, 9, 16, 15, 24 ; 4, 6, 8, 15, 18, 14, 16 ;
9, 8 ; 24, 16 ; 12, 24

51쪽

1 12, 18, 20 ; 16, 9, 32   2 20, 9

3 12, 12, 36 ; 8, 8, 40   4 3, 3, 9 ; 2, 2, 10

5 27, 35   6 (1) $\dfrac{16}{40}$, $\dfrac{25}{40}$ (2) $\dfrac{18}{24}$, $\dfrac{20}{24}$

7 (1) $\dfrac{6}{10}$, $\dfrac{7}{10}$ (2) $\dfrac{21}{24}$, $\dfrac{14}{24}$ 8 16에 ×표

2 크기가 같은 분수를 만들어 분모가 같은 분수를 찾습니다.

5 $\dfrac{9\times3}{14\times3}=\dfrac{27}{42}$, $\dfrac{5\times7}{6\times7}=\dfrac{35}{42}$

6 (1) $2\times8=16$, $5\times5=25$

(2) $3\times6=18$, $5\times4=20$

7 (1) $\dfrac{3\times2}{5\times2}=\dfrac{6}{10}$

(2) $\dfrac{7\times3}{8\times3}=\dfrac{21}{24}$, $\dfrac{7\times2}{12\times2}=\dfrac{14}{24}$

8 분모 4와 6의 최소공배수의 배수(공배수)가 공통분모가 됩니다.

3차시 분수의 크기 비교하기,
분수와 소수의 크기 비교하기

52쪽

1 (1) 9, 9, 27 ; 5, 5, 25 (2) 27 ; > ; 25

53쪽

1 36, 40 ; <   2 24, 25 ; <   3 (1) 3, 2 ; > (2) 4, 5 ; < (3) 6, 5 ; > (4) $\dfrac{3}{4}$, $\dfrac{5}{8}$, $\dfrac{1}{2}$

4 (1) 25, 28 ; < (2) 0.625 ; <   5 $\dfrac{1}{2}$ 6 무

1 $\dfrac{3\times12}{8\times12}=\dfrac{36}{96}$, $\dfrac{5\times8}{12\times8}=\dfrac{40}{96}$ → $\dfrac{36}{96}<\dfrac{40}{96}$

→ $\dfrac{3}{8}<\dfrac{5}{12}$

2 $\dfrac{4\times6}{5\times6}=\dfrac{24}{30}$, $\dfrac{5\times5}{6\times5}=\dfrac{25}{30}$ → $\dfrac{24}{30}<\dfrac{25}{30}$

→ $\dfrac{4}{5}<\dfrac{5}{6}$

4 (1) $0.7=\dfrac{7}{10}$입니다.

$\dfrac{5\times5}{8\times5}=\dfrac{25}{40}$, $\dfrac{7\times4}{10\times4}=\dfrac{28}{40}$ → $\dfrac{25}{40}<\dfrac{28}{40}$

→ $\dfrac{5}{8}<0.7$

(2) $\dfrac{5}{8}=\dfrac{5\times125}{8\times125}=\dfrac{625}{1000}=0.625$

→ $0.625<0.7$ → $\dfrac{5}{8}<0.7$

5 $0.2=\dfrac{2}{10}$, $\dfrac{1\times5}{2\times5}=\dfrac{5}{10}$, $\dfrac{2}{10}<\dfrac{5}{10}$ → $0.2<\dfrac{1}{2}$

6 $\left(\dfrac{2}{5},\dfrac{4}{9}\right)$ → $\left(\dfrac{18}{45},\dfrac{20}{45}\right)$ → $\dfrac{2}{5}<\dfrac{4}{9}$

따라서 무를 심은 밭의 넓이가 더 넓습니다.

54~55쪽

1-1 (1) 6, 21, 12, 35 (2) 6, 12, 3, 3

1-2 (1) $\dfrac{6}{8}$, $\dfrac{9}{12}$에 ○표 (2) $\dfrac{4}{10}$, $\dfrac{2}{5}$에 ○표

2-1 $\dfrac{15}{24}$, $\dfrac{5}{8}$ 2-2 $\dfrac{3}{5}$ 3-1 $\dfrac{135}{150}$, $\dfrac{130}{150}$

3-2 $2\dfrac{21}{48}$, $3\dfrac{22}{48}$ 4-1 ㉯, ㉮, ㉰

1-2 (1) $\dfrac{3\times2}{4\times2}=\dfrac{6}{8}$, $\dfrac{3\times3}{4\times3}=\dfrac{9}{12}$

(2) $\dfrac{8\div2}{20\div2}=\dfrac{4}{10}$, $\dfrac{8\div4}{20\div4}=\dfrac{2}{5}$

2-1 45와 72의 공약수 : 1, 3, 9

$\dfrac{45}{72}$의 분모와 분자를 공약수 1, 3, 9로 나눕니다. $\dfrac{45}{72}=\dfrac{45\div3}{72\div3}=\dfrac{15}{24}$, $\dfrac{45}{72}=\dfrac{45\div9}{72\div9}=\dfrac{5}{8}$

2-2 24와 40의 최대공약수 : 8

$\dfrac{24}{40}$의 분모와 분자를 최대공약수 8로 나눕니다. $\dfrac{24}{40}=\dfrac{24\div8}{40\div8}=\dfrac{3}{5}$

$3\text{-}1$ $\dfrac{9}{10}=\dfrac{9\times15}{10\times15}=\dfrac{135}{150}$, $\dfrac{13}{15}=\dfrac{13\times10}{15\times10}=\dfrac{130}{150}$

$3\text{-}2$ 16과 24의 최소공배수 : 48

$\dfrac{7}{16}=\dfrac{7\times3}{16\times3}=\dfrac{21}{48}$, $\dfrac{11}{24}=\dfrac{11\times2}{24\times2}=\dfrac{22}{48}$

$4\text{-}1$ $\left(\dfrac{4}{5},\ \dfrac{6}{7}\right)\rightarrow\left(\dfrac{28}{35},\ \dfrac{30}{35}\right)$이므로 $\dfrac{4}{5}<\dfrac{6}{7}$

$\left(\dfrac{6}{7},\ \dfrac{7}{9}\right)\rightarrow\left(\dfrac{54}{63},\ \dfrac{49}{63}\right)$이므로 $\dfrac{6}{7}>\dfrac{7}{9}$

$\left(\dfrac{4}{5},\ \dfrac{7}{9}\right)\rightarrow\left(\dfrac{36}{45},\ \dfrac{35}{45}\right)$이므로 $\dfrac{4}{5}>\dfrac{7}{9}$

$\rightarrow\dfrac{6}{7}>\dfrac{4}{5}>\dfrac{7}{9}$

56~58쪽

단원 마무리

1 ㉢, ㉤ 2 $\dfrac{14}{16}$, $\dfrac{21}{24}$ 3 $\dfrac{6}{15}$

4 예 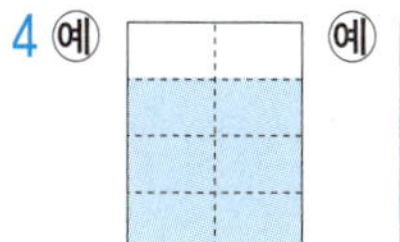 예 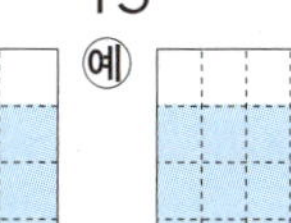 예 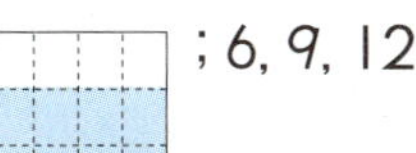 ; 6, 9, 12

5 $\dfrac{9}{15}$, $\dfrac{6}{10}$, $\dfrac{3}{5}$ 6 (1) 6, 6, $\dfrac{2}{3}$ (2) 14, 14, $\dfrac{3}{7}$

7 (1) $\dfrac{7}{9}$ (2) $\dfrac{5}{6}$ 8 $\dfrac{1}{3}$, $\dfrac{3}{5}$, $\dfrac{5}{12}$에 ○표 9 $\dfrac{15}{27}$

10 3, 3, 4, 4 ; 33, 32 11 $\dfrac{45}{54}$, $\dfrac{6}{54}$ 12 $\dfrac{20}{24}$, $\dfrac{21}{24}$

13 $\dfrac{3}{6}$, $\dfrac{4}{6}$ 14 ⑤ 15 $\dfrac{17}{24}$ 16 $\dfrac{17}{24}$, $\dfrac{19}{24}$

17 동시, 새 소식, 그림 18 (1) > (2) =

19 풀이 참조 ; $\dfrac{17}{20}$ 20 민영

1 $\dfrac{4}{16}=\dfrac{4\div4}{16\div4}=\dfrac{1}{4}$, $\dfrac{4}{16}=\dfrac{4\div2}{16\div2}=\dfrac{2}{8}$

2 $\dfrac{7\times2}{8\times2}=\dfrac{14}{16}$, $\dfrac{7\times3}{8\times3}=\dfrac{21}{24}$

3 $\dfrac{2}{5}=\dfrac{2\times3}{5\times3}=\dfrac{6}{15}$

5 18과 30의 공약수는 1, 2, 3, 6입니다.

$\dfrac{18\div2}{30\div2}=\dfrac{9}{15}$, $\dfrac{18\div3}{30\div3}=\dfrac{6}{10}$, $\dfrac{18\div6}{30\div6}=\dfrac{3}{5}$

6 (1) 12와 18의 최대공약수 6으로 나눕니다.

(2) 42와 98의 최대공약수 14로 나눕니다.

7 (1) $\dfrac{\overset{7}{\cancel{21}}}{\underset{9}{\cancel{27}}}=\dfrac{7}{9}$ (2) $\dfrac{\overset{5}{\cancel{10}}}{\underset{6}{\cancel{12}}}=\dfrac{5}{6}$

9 $\dfrac{5}{9}$의 분모와 분자를 각각 2배, 3배, 4배……한 수 중 분모와 분자의 합이 42인 수를 찾습니다.

$\dfrac{5}{9}=\dfrac{10}{18}=\dfrac{15}{27}=\dfrac{20}{36}=\cdots\cdots$

따라서 구하는 분수는 $\dfrac{15}{27}$입니다.

11 $\dfrac{5}{6}=\dfrac{5\times9}{6\times9}=\dfrac{45}{54}$, $\dfrac{1}{9}=\dfrac{1\times6}{9\times6}=\dfrac{6}{54}$

12 $\dfrac{5}{6}=\dfrac{5\times4}{6\times4}=\dfrac{20}{24}$, $\dfrac{7}{8}=\dfrac{7\times3}{8\times3}=\dfrac{21}{24}$

14 분모 12와 36의 최소공배수가 36이므로 36의 배수가 공통분모가 될 수 있습니다.

15 $\dfrac{2}{3}$와 $\dfrac{3}{4}$의 분모를 24로 통분하여 두 분수 사이에 있는 분수를 찾습니다.

$\dfrac{2}{3}=\dfrac{2\times8}{3\times8}=\dfrac{16}{24}$, $\dfrac{3}{4}=\dfrac{3\times6}{4\times6}=\dfrac{18}{24}$

$\rightarrow$ 두 분수 사이에 있는 분수 : $\dfrac{17}{24}$

16 $\left(\dfrac{5}{8},\ \dfrac{11}{12}\right)\rightarrow\left(\dfrac{15}{24},\ \dfrac{22}{24}\right)$이므로 $\dfrac{16}{24}$, $\dfrac{17}{24}$,

$\dfrac{18}{24}$, $\dfrac{19}{24}$, $\dfrac{20}{24}$, $\dfrac{21}{24}$ 중에서 기약분수는 $\dfrac{17}{24}$,

$\dfrac{19}{24}$입니다.

17 $\left(\dfrac{1}{3},\ \dfrac{2}{5}\right)\rightarrow\left(\dfrac{5}{15},\ \dfrac{6}{15}\right)$이므로 $\dfrac{1}{3}<\dfrac{2}{5}$,

$\left(\dfrac{2}{5},\ \dfrac{4}{15}\right)\rightarrow\left(\dfrac{6}{15},\ \dfrac{4}{15}\right)$이므로 $\dfrac{2}{5}>\dfrac{4}{15}$,

$\left(\dfrac{1}{3},\ \dfrac{4}{15}\right)\rightarrow\left(\dfrac{5}{15},\ \dfrac{4}{15}\right)$이므로 $\dfrac{1}{3}>\dfrac{4}{15}$입니다.

$\rightarrow\dfrac{2}{5}>\dfrac{1}{3}>\dfrac{4}{15}\rightarrow$ (동시)>(새 소식)>(그림)

18 (1) $0.6=\dfrac{6}{10}=\dfrac{3}{5}$이므로 $\dfrac{4}{5}>\dfrac{3}{5}(=0.6)$

(2) $0.24=\dfrac{24}{100}$, $\dfrac{6}{25}=\dfrac{6\times4}{25\times4}=\dfrac{24}{100}$

$\rightarrow0.24=\dfrac{6}{25}$

19 예 분모를 100으로 만들기 위해 분모와 분자에

각각 5를 곱합니다.

$$\frac{17}{20}=\frac{17\times5}{20\times5}=\frac{85}{100}=0.85$$

$$\rightarrow 0.85>0.8\text{이므로 }\frac{17}{20}>0.8\text{입니다.}$$

20 소수를 분수로 나타내어 크기를 비교합니다.

$$0.25=\frac{25}{100}=\frac{25\div25}{100\div25}=\frac{1}{4}$$

$$\left(\frac{3}{8},\ \frac{1}{4}\right)=\left(\frac{3}{8},\ \frac{2}{8}\right)\rightarrow\frac{3}{8}>\frac{2}{8}\text{이므로}$$

$$\frac{3}{8}>\frac{1}{4}\text{입니다.}$$

탐구수학

1 예 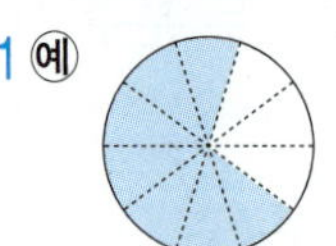 예   2 같습니다에 ○표

2 색칠한 부분의 넓이가 같으므로 두 분수의 크기는 같습니다.

■ 5. 분수의 덧셈과 뺄셈

준비 학습

1 (1) $3\frac{2}{5}$ (2) $\frac{31}{4}$ 2 (1) $1\frac{2}{9}$ (2) $3\frac{4}{5}$

3 (1) $\frac{5}{7}$ (2) $4\frac{5}{9}$ (3) $2\frac{1}{3}$

4 (1) 2, 7 ; 2, 7 ; 1, 4, 1, 2

  (2) 19, 9 ; 10, 1, 4, 1, 2

5 (1) $\frac{5}{20}$, $\frac{4}{20}$ (2) $\frac{9}{30}$, $\frac{14}{30}$

1 (1) $\frac{17}{5}=\frac{15}{5}+\frac{2}{5}=3+\frac{2}{5}=3\frac{2}{5}$

  (2) $7\frac{3}{4}=7+\frac{3}{4}=\frac{28}{4}+\frac{3}{4}=\frac{31}{4}$

2 (1) $\frac{4}{9}+\frac{7}{9}=\frac{11}{9}=1\frac{2}{9}$

  (2) $2\frac{3}{5}+1\frac{1}{5}=(2+1)+\left(\frac{3}{5}+\frac{1}{5}\right)$

$$=3+\frac{4}{5}=3\frac{4}{5}$$

3 (1) $\frac{11}{7}-\frac{6}{7}=\frac{5}{7}$

  (2) $5\frac{7}{9}-1\frac{2}{9}=(5-1)+\left(\frac{7}{9}-\frac{2}{9}\right)$

$$=4+\frac{5}{9}=4\frac{5}{9}$$

  (3) $4-1\frac{2}{3}=\frac{12}{3}-\frac{5}{3}=\frac{7}{3}=2\frac{1}{3}$

5 (1) $\left(\frac{1\times5}{4\times5},\ \frac{1\times4}{5\times4}\right)\rightarrow\left(\frac{5}{20},\ \frac{4}{20}\right)$

  (2) $\left(\frac{3\times3}{10\times3},\ \frac{7\times2}{15\times2}\right)\rightarrow\left(\frac{9}{30},\ \frac{14}{30}\right)$

1차시   진분수의 덧셈

교과서 개념 알기

1 (1) 3, 10 (2) 3, 10, 13

교과서 개념 익히기

1 6, 6, $\frac{5}{6}$ 2 5, 7 ; 35, 7, $\frac{12}{35}$

3 3, 1 ; 15, 1, $\frac{4}{15}$ 4 3, 3 ; 6, $\frac{10}{21}$

5 (1) 18, 20, 38 ; 1, 14, $1\frac{7}{12}$

  (2) 3, 2 ; 9, 10, 19, $1\frac{7}{12}$ 6 $\frac{21}{40}$ 7 $\frac{5}{8}$

1 $\frac{1}{2}=\frac{1\times3}{2\times3}=\frac{3}{6}$, $\frac{1}{3}=\frac{1\times2}{3\times2}=\frac{2}{6}$

4 분모가 다른 두 분수의 덧셈은 두 분모의 곱이나 최소공배수를 공통분모로 하여 통분한 다음 계산합니다.

6 $\square=\frac{2}{5}+\frac{1}{8}=\frac{16}{40}+\frac{5}{40}=\frac{21}{40}$

7 (어제와 오늘 읽은 양)$=\frac{3}{8}+\frac{1}{4}=\frac{3}{8}+\frac{2}{8}=\frac{5}{8}$

교과서 개념 알기　66쪽

1 (1) 6, 6, 11, 1, 3, $4\frac{3}{8}$

　(2) 7, 21, 7, 21, 14, 21, 35, $4\frac{3}{8}$

교과서 개념 익히기　67쪽

1 3, 4, 7, 3, 1, $4\frac{1}{6}$

2 11, 14, 11, 14, 25, 3, $6\frac{3}{22}$

3 8, 11, 8, 11, 32, 55, 87, $4\frac{7}{20}$

4 (1) 풀이 참조　(2) 풀이 참조　　**5** $5\frac{1}{24}$　　**6** $6\frac{1}{12}$

7 $4\frac{7}{60}$ L

4 (1) $2\frac{3}{4}+1\frac{2}{3}=2\frac{9}{12}+1\frac{8}{12}$

$\qquad =(2+1)+\left(\frac{9}{12}+\frac{8}{12}\right)$

$\qquad =3+\frac{17}{12}=3+1\frac{5}{12}=4\frac{5}{12}$

　(2) $2\frac{3}{4}+1\frac{2}{3}=\frac{11}{4}+\frac{5}{3}=\frac{33}{12}+\frac{20}{12}$

$\qquad =\frac{53}{12}=4\frac{5}{12}$

5 $1\frac{5}{8}+3\frac{5}{12}=1\frac{15}{24}+3\frac{10}{24}$

$\qquad =(1+3)+\left(\frac{15}{24}+\frac{10}{24}\right)$

$\qquad =4+\frac{25}{24}=4+1\frac{1}{24}=5\frac{1}{24}$

6 $2\frac{5}{6}+3\frac{1}{4}=\frac{17}{6}+\frac{13}{4}=\frac{34}{12}+\frac{39}{12}$

$\qquad =\frac{73}{12}=6\frac{1}{12}$

7 (우유와 주스의 양)

$\qquad =1\frac{7}{12}+2\frac{8}{15}=1\frac{35}{60}+2\frac{32}{60}$

$\qquad =3+\frac{67}{60}=3+1\frac{7}{60}=4\frac{7}{60}$ (L)

교과서 개념 알기　68쪽

1 (1) 9, 8　(2) 9, 8, 9, 8, 1

교과서 개념 익히기　69쪽

1 (1) 20, 6, 14, 7　(2) 2, 3, 10, 3, 7

2 (1) 12, 10, 2　(2) 21, 20, $\frac{1}{24}$　　**3** (1) $\frac{2}{9}$　(2) $\frac{19}{45}$

4 $\frac{8}{21}$　　**5** $\frac{23}{39}$　　**6** $\frac{11}{40}$　　**7** $>$　　**8** $\frac{7}{30}$ kg

2 (2) 분모 8과 6의 최소공배수는 24입니다.

3 (1) $\frac{5}{12}-\frac{7}{36}=\frac{5\times3}{12\times3}-\frac{7}{36}=\frac{15}{36}-\frac{7}{36}$

$\qquad =\frac{8}{36}=\frac{2}{9}$

　(2) $\frac{5}{9}-\frac{2}{15}=\frac{5\times5}{9\times5}-\frac{2\times3}{15\times3}$

$\qquad =\frac{25}{45}-\frac{6}{45}=\frac{19}{45}$

4 $\square+\frac{2}{7}=\frac{2}{3}$, $\square=\frac{2}{3}-\frac{2}{7}=\frac{14}{21}-\frac{6}{21}=\frac{8}{21}$

5 $\frac{1}{13}+\square=\frac{2}{3}$, $\square=\frac{2}{3}-\frac{1}{13}=\frac{26}{39}-\frac{3}{39}=\frac{23}{39}$

6 $\frac{35}{40}>\frac{24}{40}$, 차 : $\frac{7}{8}-\frac{3}{5}=\frac{35}{40}-\frac{24}{40}=\frac{11}{40}$

7 $\left.\begin{array}{l}\dfrac{5}{6}-\dfrac{2}{5}=\dfrac{25}{30}-\dfrac{12}{30}=\dfrac{13}{30}\\[2mm]\dfrac{1}{3}-\dfrac{1}{10}=\dfrac{10}{30}-\dfrac{3}{30}=\dfrac{7}{30}\end{array}\right] \rightarrow \dfrac{13}{30}>\dfrac{7}{30}$

8 $\frac{5}{6}-\frac{3}{5}=\frac{25}{30}-\frac{18}{30}=\frac{7}{30}$ (kg)

교과서 개념 알기　70쪽

1 (1) 15, 13, 30, 13, 17, $2\frac{1}{8}$　(2) 3, 9, 9, 4, 2

교과서 개념 익히기

1 4, 3, $1\dfrac{1}{10}$　　**2** 예 ; $1\dfrac{2}{9}$

3 25, 6, 25, 6, 1, 19, $1\dfrac{19}{30}$

4 (1) 2, 10, 10, 7　(2) 9, 11, 18, 11, 7

5 3, 10, 18, 10, 5, 3, 18, 10, 2, 8, $2\dfrac{8}{15}$

6 17, 17, 51, 34, 17, $1\dfrac{5}{12}$

핵심유형 익히기

1-1 (1) $\dfrac{43}{45}$　(2) $1\dfrac{5}{12}$　　**1-2** $\dfrac{19}{21}$

2-1 (1) $6\dfrac{1}{2}$　(2) $5\dfrac{5}{14}$　　**2-2** $4\dfrac{3}{28}$ m

3-1 (1) $\dfrac{1}{4}$　(2) $\dfrac{23}{40}$　　**3-2** 보람, $\dfrac{7}{18}$ 시간

4-1 풀이 참조　　**4-2** $\dfrac{5}{12}$ 시간

1-1 (1) $\dfrac{2}{5}+\dfrac{5}{9}=\dfrac{18}{45}+\dfrac{25}{45}=\dfrac{43}{45}$

　　(2) $\dfrac{3}{4}+\dfrac{2}{3}=\dfrac{9}{12}+\dfrac{8}{12}=\dfrac{17}{12}=1\dfrac{5}{12}$

1-2 $\dfrac{1}{3}+\dfrac{4}{7}=\dfrac{7}{21}+\dfrac{12}{21}=\dfrac{19}{21}$

2-1 (1) $3\dfrac{4}{5}+2\dfrac{7}{10}=3\dfrac{8}{10}+2\dfrac{7}{10}=5+\dfrac{15}{10}$

　　　　　$=5+1\dfrac{5}{10}=6\dfrac{5}{10}=6\dfrac{1}{2}$

　　(2) $3\dfrac{1}{2}+1\dfrac{6}{7}=\dfrac{7}{2}+\dfrac{13}{7}=\dfrac{49}{14}+\dfrac{26}{14}$

　　　　　$=\dfrac{75}{14}=5\dfrac{5}{14}$

2-2 $2\dfrac{5}{7}+1\dfrac{11}{28}=2\dfrac{20}{28}+1\dfrac{11}{28}=3+\dfrac{31}{28}$

　　　　　$=3+1\dfrac{3}{28}=4\dfrac{3}{28}$ (m)

3-1 (1) $\dfrac{7}{12}-\dfrac{1}{3}=\dfrac{7}{12}-\dfrac{4}{12}=\dfrac{3}{12}=\dfrac{1}{4}$

　　(2) $\dfrac{7}{8}-\dfrac{3}{10}=\dfrac{35}{40}-\dfrac{12}{40}=\dfrac{23}{40}$

3-2 $\dfrac{5}{6}=\dfrac{15}{18}$, $\dfrac{4}{9}=\dfrac{8}{18}$이므로

보람이가 피아노를 $\dfrac{15}{18}-\dfrac{8}{18}=\dfrac{7}{18}$ (시간) 더

연습했습니다.

4-1 (1) $4\dfrac{2}{9}-2\dfrac{1}{6}=\dfrac{38}{9}-\dfrac{13}{6}=\dfrac{76}{18}-\dfrac{39}{18}$

　　　　　$=\dfrac{37}{18}=2\dfrac{1}{18}$

　　(2) $6\dfrac{2}{5}-3\dfrac{3}{4}=\dfrac{32}{5}-\dfrac{15}{4}=\dfrac{128}{20}-\dfrac{75}{20}$

　　　　　$=\dfrac{53}{20}=2\dfrac{13}{20}$

4-2 $3\dfrac{1}{4}-2\dfrac{5}{6}=3\dfrac{3}{12}-2\dfrac{10}{12}=2\dfrac{15}{12}-2\dfrac{10}{12}$

　　　　　$=(2-2)+\left(\dfrac{15}{12}-\dfrac{10}{12}\right)=\dfrac{5}{12}$ (시간)

단원 마무리

1 (1) $\dfrac{29}{40}$　(2) $1\dfrac{7}{18}$　　**2** 풀이 참조　　**3** 풀이 참조

4 $1\dfrac{1}{12}$　　**5** $\dfrac{8}{15}$ kg　　**6** (1) 3, 3, 8, 2, 4, 2, 4, 1

(2) 17, 11, 68, 33, 101, $4\dfrac{5}{24}$　　**7** $<$

8 $3\dfrac{5}{12}$ km　　**9** 풀이 참조 ; $11\dfrac{1}{20}$ m

10 (1) 10, 3, $\dfrac{7}{15}$　(2) 15, 4, $\dfrac{11}{24}$　　**11** $\dfrac{8}{35}$

12 (1) $\dfrac{11}{36}$　(2) $\dfrac{11}{20}$　　**13** $\dfrac{1}{4}$　　**14** $\dfrac{3}{16}$　　**15** $\dfrac{13}{30}$ m

16 4, 15, 22, 15, 7　　**17** (1) 풀이 참조　(2) 풀이 참조

18 $>$　　**19** $3\dfrac{2}{3}$　　**20** $1\dfrac{7}{10}$ kg

1 (1) $\dfrac{3}{5}+\dfrac{1}{8}=\dfrac{24}{40}+\dfrac{5}{40}=\dfrac{29}{40}$

　　(2) $\dfrac{5}{9}+\dfrac{5}{6}=\dfrac{10}{18}+\dfrac{15}{18}=\dfrac{25}{18}=1\dfrac{7}{18}$

2 $\dfrac{5}{6}+\dfrac{7}{9}=\dfrac{5\times3}{6\times3}+\dfrac{7\times2}{9\times2}=\dfrac{15}{18}+\dfrac{14}{18}$

　　　$=\dfrac{29}{18}=1\dfrac{11}{18}$

6과 9의 최소공배수 18을 공통분모로 하여 계

산합니다.

3 $\dfrac{3}{4}+\dfrac{3}{10}=\dfrac{3\times5}{4\times5}+\dfrac{3\times2}{10\times2}=\dfrac{15}{20}+\dfrac{6}{20}$

$\qquad\qquad =\dfrac{21}{20}=1\dfrac{1}{20}$

4와 10의 최소공배수 20을 공통분모로 하여 계산합니다.

4 $\square=\dfrac{3}{4}+\dfrac{1}{3}=\dfrac{9}{12}+\dfrac{4}{12}=\dfrac{13}{12}=1\dfrac{1}{12}$

5 $\dfrac{1}{5}+\dfrac{1}{3}=\dfrac{3}{15}+\dfrac{5}{15}=\dfrac{8}{15}$ (kg)

7 $3\dfrac{1}{2}+5\dfrac{2}{3}=3\dfrac{3}{6}+5\dfrac{4}{6}=8+\dfrac{7}{6}=9\dfrac{1}{6}=9\dfrac{4}{24}$

$5\dfrac{1}{2}+3\dfrac{3}{4}=5\dfrac{2}{4}+3\dfrac{3}{4}=8+\dfrac{5}{4}=9\dfrac{1}{4}=9\dfrac{6}{24}$

$\rightarrow 9\dfrac{4}{24}<9\dfrac{6}{24}$

8 (집에서 학교까지의 거리)

$=1\dfrac{2}{3}+1\dfrac{3}{4}=1\dfrac{8}{12}+1\dfrac{9}{12}=2+\dfrac{17}{12}$

$=2+1\dfrac{5}{12}=3\dfrac{5}{12}$ (km)

9 예 (삼각형의 세 변의 길이의 합)

$=2\dfrac{3}{4}+3\dfrac{1}{2}+4\dfrac{4}{5}=2\dfrac{3}{4}+3\dfrac{2}{4}+4\dfrac{4}{5}$

$=5\dfrac{5}{4}+4\dfrac{4}{5}=6\dfrac{1}{4}+4\dfrac{4}{5}=6\dfrac{5}{20}+4\dfrac{16}{20}$

$=10\dfrac{21}{20}=11\dfrac{1}{20}$ (m)입니다.

10 두 분수를 통분하여 계산합니다.

11 $\dfrac{15}{35}>\dfrac{7}{35}$ 이므로 $\dfrac{3}{7}-\dfrac{1}{5}=\dfrac{15}{35}-\dfrac{7}{35}=\dfrac{8}{35}$ 입니다.

12 (1) $\dfrac{5}{9}-\dfrac{1}{4}=\dfrac{20}{36}-\dfrac{9}{36}=\dfrac{11}{36}$

(2) $\dfrac{3}{4}-\dfrac{1}{5}=\dfrac{15}{20}-\dfrac{4}{20}=\dfrac{11}{20}$

13 $\dfrac{1}{3}-\square=\dfrac{1}{12}$,

$\square=\dfrac{1}{3}-\dfrac{1}{12}=\dfrac{4}{12}-\dfrac{1}{12}=\dfrac{\cancel{3}^{1}}{\cancel{12}_{4}}=\dfrac{1}{4}$

14 분자가 같으므로 분모가 작을수록 큰 분수입니다.

$\dfrac{1}{4}-\dfrac{1}{16}=\dfrac{1\times4}{4\times4}-\dfrac{1}{16}=\dfrac{4}{16}-\dfrac{1}{16}=\dfrac{3}{16}$

15 (남은 철사의 길이)$=\dfrac{2}{3}-\dfrac{7}{30}=\dfrac{2\times10}{3\times10}-\dfrac{7}{30}$

$\qquad\qquad\qquad =\dfrac{20}{30}-\dfrac{7}{30}=\dfrac{13}{30}$ (m)

17 (1) $5\dfrac{3}{4}-3\dfrac{1}{3}=5\dfrac{9}{12}-3\dfrac{4}{12}$

$\qquad =(5-3)+\left(\dfrac{9}{12}-\dfrac{4}{12}\right)$

$\qquad =2+\dfrac{5}{12}=2\dfrac{5}{12}$

(2) $5\dfrac{3}{4}-3\dfrac{1}{3}=\dfrac{23}{4}-\dfrac{10}{3}=\dfrac{69}{12}-\dfrac{40}{12}$

$\qquad =\dfrac{29}{12}=2\dfrac{5}{12}$

18 $5\dfrac{4}{5}-2\dfrac{3}{10}=(5-2)+\left(\dfrac{8}{10}-\dfrac{3}{10}\right)$

$\qquad =3\dfrac{5}{10}=3\dfrac{1}{2}=3\dfrac{2}{4}$,

$6\dfrac{1}{12}-3\dfrac{1}{3}=6\dfrac{1}{12}-3\dfrac{4}{12}=5\dfrac{13}{12}-3\dfrac{4}{12}$

$\qquad =(5-3)+\left(\dfrac{13}{12}-\dfrac{4}{12}\right)$

$\qquad =2\dfrac{9}{12}=2\dfrac{3}{4}$

$\rightarrow 3\dfrac{2}{4}>2\dfrac{3}{4}$

19 $5\dfrac{2}{15}+\square=8\dfrac{4}{5}$,

$\square=8\dfrac{4}{5}-5\dfrac{2}{15}=8\dfrac{12}{15}-5\dfrac{2}{15}=3\dfrac{10}{15}=3\dfrac{2}{3}$

20 $4\dfrac{3}{5}-2\dfrac{9}{10}=4\dfrac{6}{10}-2\dfrac{9}{10}=3\dfrac{16}{10}-2\dfrac{9}{10}$

$=1\dfrac{7}{10}$ (kg)

77쪽

탐구수학

1 $9, 4$; $9, 4, \dfrac{5}{12}$ 2 $3, 5, 9, 5, 4, 15$

| 준비 학습 | 79쪽 |

1 4개, 2개, 3개   **2** 1, 75   **3** 라

4 (1) 사다리꼴 (2) 정사각형

5 예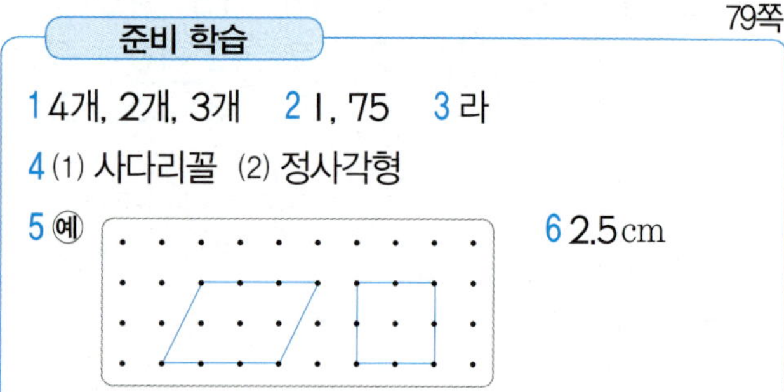   **6** 2.5 cm

6
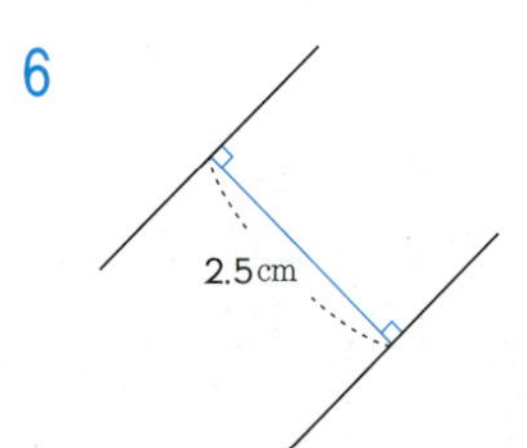

| 1차시 | 정다각형, 사각형의 둘레 구하기 |

| 교과서 개념 알기 | 80쪽 |

1 (1) 4, 60 (2) 12, 6, 18, 36

| 교과서 개념 익히기 | 81쪽 |

1 15 cm   **2** 48 cm   **3** 24 cm   **4** 24 cm

5 42 cm   **6** 50 cm   **7** 32 cm   **8** 직사각형, 2 cm

1 (정삼각형의 둘레)=5×3=15(cm)

2 (정사각형의 둘레)=12×4=48(cm)

3 (정육각형의 둘레)=4×6=24(cm)

4 정사각형의 한 변의 길이를 □라고 하면
□×4=96, □=96÷4=24(cm)입니다.

5 (직사각형의 둘레)=(15+6)×2
=21×2=42(cm)

6 (평행사변형의 둘레)
=(7+18)×2=25×2=50(cm)

7 (마름모의 둘레)=8×4=32(cm)

---

8 (직사각형의 둘레)
=(12+7)×2=19×2=38(cm)
(정사각형의 둘레)=9×4=36(cm)
차 : 38−36=2(cm)

| 2차시 | 1 cm² 알아보기, 직사각형의 넓이 구하기, 1 cm²보다 더 큰 넓이의 단위 알아보기 |

| 교과서 개념 알기 | 82쪽 |

1 (1) 4, 6, 15 (2) 10000, 1000000

| 교과서 개념 익히기 | 83쪽 |

1 ㉢   **2** (1) 5, 4 (2) 4, 20   **3** 3, 18   **4** 5, 5, 25

5 250 cm²   **6** 256 cm²   **7** (1) 20000 (2) 7

8 8 m²   **9** 9 km²

1 cm는 숫자보다 작게 씁니다.

5 (직사각형의 넓이)=(가로)×(세로)
=10×25=250(cm²)

6 (정사각형의 넓이)
=(한 변의 길이)×(한 변의 길이)
=16×16=256(cm²)

8 200 cm=2 m이므로 넓이는 4×2=8(m²)입니다.

9 3000 m=3 km이므로 넓이는 3×3=9(km²)입니다.

| 3차시 | 평행사변형의 넓이 구하기 |

| 교과서 개념 알기 | 84쪽 |

1 (1) 5, 40 (2) 6, 54

교과서 개념 익히기 — 85쪽

1 예 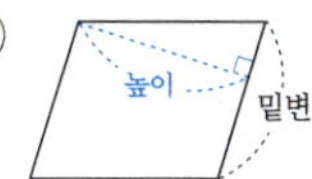 2 120 cm² 3 63 m² 4 66 m²

5 3 cm, 6 cm에 ○표 ; 18 cm²

6 6 m, 11 m에 ○표 ; 66 m² 7 8 8 17

---

1 평행사변형에서 평행한 두 변을 밑변이라 하고, 두 밑변 사이의 거리를 높이라고 합니다.

2 $15 \times 8 = 120 (\text{cm}^2)$

3 $7 \times 9 = 63 (\text{m}^2)$

4 $11 \times 6 = 66 (\text{m}^2)$

5 $3 \times 6 = 18 (\text{cm}^2)$

6 $11 \times 6 = 66 (\text{m}^2)$

7 $13 \times \square = 104, \square = 104 \div 13 = 8$

8 $4 \times \square = 68, \square = 68 \div 4 = 17$

4차시 삼각형의 넓이 구하기

교과서 개념 알기 — 86쪽

1 (1) 4, 20, 10 (2) 7, 2, 42, 2, 21

교과서 개념 익히기 — 87쪽

1 ㉠ ; ㉡ 2 7, 70, 35 3 27, 27, 54, 6
4 30 cm² 5 18 m² 6 8 m 7 6 8 8 cm

---

1 높이는 밑변과 마주 보는 꼭짓점에서 밑변에 수직으로 그은 선분의 길이이므로 ㉡입니다.

4 $10 \times 6 \div 2 = 30 (\text{cm}^2)$

5 $9 \times 4 \div 2 = 18 (\text{m}^2)$

6 (밑변의 길이)$\times 7 \div 2 = 28 (\text{m}^2)$이므로
(밑변의 길이)$= 28 \times 2 \div 7 = 8 (\text{m})$입니다.

7 □를 높이라고 하면 $8 \times (높이) \div 2 = 24 (\text{m}^2)$이므로 (높이)$= 24 \times 2 \div 8 = 6 (\text{m})$입니다.

8 (밑변의 길이)$\times 8 \div 2 = 32 (\text{cm}^2)$이므로
(밑변의 길이)$= 32 \times 2 \div 8 = 8 (\text{cm})$입니다.

5차시 마름모, 사다리꼴의 넓이 구하기

교과서 개념 알기 — 88쪽

1 10, 5, 16, 5, 80, 40

교과서 개념 익히기 — 89쪽

1 6, 60, 30 2 2, 96, 2, 48 3 72 m² 4 36 m²
5 12 6 4, 4, 14, 8, 22 7 56 cm² 8 4 m

---

3 (마름모의 넓이)
= (한 대각선의 길이)$\times$(다른 대각선의 길이)$\div 2$
= $18 \times 8 \div 2 = 72 (\text{m}^2)$

4 $12 \times 6 \div 2 = 36 (\text{m}^2)$

5 (직사각형의 넓이)
= (마름모의 넓이)$\times 2 = 108 \times 2 = 216 (\text{m}^2)$
(세로)$= 216 \div 18 = 12 (\text{m})$

6 (사다리꼴 ㄱㄴㄷㄹ의 넓이)
= (삼각형 ㄱㄴㄷ의 넓이)
　+ (삼각형 ㄱㄷㄹ의 넓이)

7 $(5+9) \times 8 \div 2 = 14 \times 8 \div 2 = 56 (\text{cm}^2)$

8 $(5+8) \times \square \div 2 = 26, 13 \times \square = 26 \times 2 = 52,$
$\square = 52 \div 13 = 4$

핵심유형 익히기 — 90~91쪽

1-1 28 m² 1-2 10 2-1 42 m² 3-1 60 m²
3-2 208 cm² 4-1 28 cm² 4-2 72 m²

1-2 15cm를 밑변이라고 하면 높이는 12cm이고, 18cm를 밑변이라고 하면 높이는 □cm인 평행사변형입니다.

$15 \times 12 = 18 \times \square$

$\rightarrow 180 = 18 \times \square$

$\rightarrow \square = 180 \div 18 = 10$입니다.

2-1 (전체 삼각형의 넓이)

$= 14 \times (6+5) \div 2 = 14 \times 11 \div 2 = 77(m^2)$

(색칠하지 않은 삼각형의 넓이)

$= 14 \times 5 \div 2 = 35(m^2)$

(색칠한 도형의 넓이) $= 77 - 35 = 42(m^2)$

3-1 (마름모의 넓이) $= 10 \times 12 \div 2$

$= 120 \div 2 = 60(m^2)$

3-2 (색칠된 부분의 넓이)

$=$ (마름모의 넓이) $=$ (직사각형의 넓이) $\div 2$

$= 26 \times 16 \div 2 = 208(cm^2)$

4-1 (사다리꼴의 넓이)

$=$ {(윗변의 길이) $+$ (아랫변의 길이)} $\times$ (높이) $\div 2$

$= (9+5) \times 4 \div 2$

$= 14 \times 4 \div 2 = 28(cm^2)$

4-2 (색종이의 넓이) $= (10+14) \times 6 \div 2$

$= 24 \times 6 \div 2 = 72(m^2)$

단원 마무리 *92~94쪽*

1 (1) $32\,cm$ (2) $34\,cm$ 2 ㉠ $-$ $6\,cm^2$ ㉡ $-$ $8\,cm^2$

3 (1) $252\,cm^2$ (2) $225\,cm^2$ 4 (1) 12 (2) 12 5 나

6 ㉮ $-$ $16\,cm^2$ ㉯ $-$ $16\,cm^2$ ㉰ $-$ $16\,cm^2$

7 (1) $288\,cm^2$ (2) $77\,m^2$ 8 $12\,cm$

9 ㉠ $-$ $8\,cm^2$ ㉡ $-$ $8\,cm^2$ 10 ㉠, ㉡, ㉣

11 $98\,cm^2$ 12 28 13 12 14 풀이 참조 ; $6\,cm$

15 $8, 3, 24, 12$ 16 $40\,m^2$ 17 $6, 4, 9, 4, 18$

18 $64\,cm^2$ 19 4 20 $54\,cm^2$

---

1 (1) (정사각형의 둘레) $= 8 \times 4 = 32(cm)$

(2) (직사각형의 둘레)

$= (11+6) \times 2 = 17 \times 2 = 34(cm)$

---

3 (1) $18 \times 14 = 252(cm^2)$

(2) $15 \times 15 = 225(cm^2)$

4 (1) $6000\,m = 6\,km \rightarrow 2 \times 6 = 12(km^2)$

(2) $4000\,m = 4\,km,\ 3000\,m = 3\,km$

$\rightarrow 4 \times 3 = 12(km^2)$

5 $1200\,cm = 12\,m$입니다.

(가의 넓이) $= 16 \times 7 = 112(m^2)$

(나의 넓이) $= 12 \times 12 = 144(m^2)$

$\rightarrow 112 < 144$

6 ㉮의 넓이 : $4 \times 4 = 16(cm^2)$

㉯의 넓이 : $4 \times 4 = 16(cm^2)$

㉰의 넓이 : $4 \times 4 = 16(cm^2)$

7 (1) $24 \times 12 = 288(cm^2)$

(2) $7 \times 11 = 77(m^2)$

8 (평행사변형의 넓이) $= 24 \times 16 = 384(cm^2)$

(직사각형의 세로) $= 384 \div 32 = 12(cm)$

9 ㉠ $4 \times 4 \div 2 = 8(cm^2)$ ㉡ $4 \times 4 \div 2 = 8(cm^2)$

10 ㉠ $2 \times 6 \div 2 = 6(cm^2)$, ㉡ $3 \times 4 \div 2 = 6(cm^2)$

㉢ $4 \times 2 \div 2 = 4(cm^2)$, ㉣ $4 \times 3 \div 2 = 6(cm^2)$

11 (왼쪽 삼각형의 넓이)

$= 9 \times 14 \div 2 = 126 \div 2 = 63(cm^2)$

(오른쪽 삼각형의 넓이)

$= 5 \times 14 \div 2 = 70 \div 2 = 35(cm^2)$

(색칠한 부분의 넓이) $= 63 + 35 = 98(cm^2)$

12 $\square \times 26 \div 2 = 364 \rightarrow \square = 364 \times 2 \div 26 = 28$

13 $12 \times \square \div 2 = 72 \rightarrow \square = 72 \times 2 \div 12 = 12$

14 예 (삼각형의 넓이) $=$ (밑변의 길이) $\times$ (높이) $\div 2$ 이므로 $18 =$ (밑변의 길이) $\times 6 \div 2$입니다. 따라서 밑변의 길이는 $18 \times 2 \div 6 = 6(cm)$입니다.

15 (마름모의 넓이) $=$ (직사각형의 넓이) $\div 2$

$=$ (한 대각선의 길이) $\times$ (다른 대각선의 길이) $\div 2$

16 (마름모의 넓이) $= 8 \times 10 \div 2 = 80 \div 2 = 40(m^2)$

17 (사다리꼴의 넓이)

$=$ (평행사변형의 넓이) $\div 2$

$=$ {(윗변의 길이) $+$ (아랫변의 길이)} $\times$ (높이) $\div 2$

18 $(9+7)×8÷2=16×8÷2=64(cm^2)$

19 $(\square+10)×8÷2=56,\ \square+10=56×2÷8,$
   $\square+10=14,\ \square=14-10=4$

20 (삼각형 ㄱㄴㄹ의 넓이)
   $=8×(높이)÷2=24(cm^2)$이므로 높이는 $6\,cm$
   입니다.
   → (사다리꼴 ㄱㄴㄷㄹ의 넓이)
      $=(8+10)×6÷2=18×6÷2=54(cm^2)$

탐구수학

1 (1) ④, ⑤ (2) $32\,cm^2$ 2 $32\,cm^2$

1 (1) 탱그램 모양 조각 중에서 평행사변형이라 할
      수 있는 것은 ④번과 ⑤번 조각입니다.
   (2) ④번 조각의 밑변은 $4\,cm$이고, 높이는 ⑤번
      조각의 한 변과 같으므로 $4\,cm$입니다.
      따라서 넓이를 구하면 $4×4=16(cm^2)$입니
      다. ⑤번 조각의 넓이는 $4×4=16(cm^2)$입니
      다. → $16+16=32(cm^2)$

2 다음 그림과 같이 ⑤, ⑥, ⑦번 조각으로 사다
   리꼴을 만들 수 있습니다. 따라서 사다리꼴의
   넓이는 $(4+12)×4÷2=16×4÷2=32(cm^2)$입
   니다.

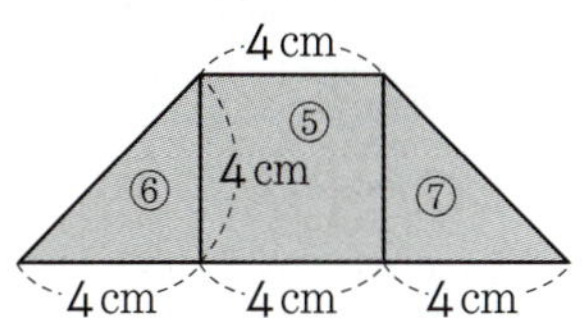

실력 마스터

계산력 문제

2쪽
1 (위쪽부터) 135 ; 92, 135
2 (위쪽부터) 36 ; 12, 36   3 62, 63
4 63, 21   5 205   6 145   7 120   8 45
9 7   10 130

3쪽
1 (위쪽부터) 52 ; 42, 62, 52
2 (위쪽부터) 91 ; 15, 65, 91   3 72, 26, 57
4 4, 55, 38   5 88   6 15   7 37   8 32
9 82   10 50

4쪽
1 (위쪽부터) 12 ; 20, 3, 23, 12
2 (위쪽부터) 36 ; 13, 2, 4, 36   3 72, 9, 6
4 5, 9, 9, 16, 25   5 33   6 21   7 31
8 26   9 65   10 48

5쪽
1 1, 5   2 1, 3, 9   3 1, 2, 7, 14
4 1, 2, 4, 5, 10, 20   5 3, 6, 9, 12, 15
6 4, 8, 12, 16, 20   7 8, 16, 24, 32, 40
8 11, 22, 33, 44, 55   9 6개
10 배수, 약수

6쪽
1 1, 2, 4, 8 ; 8 ; 1, 2, 4, 8   2 2, 3, 6
3 2, 4, 7 ; 4   4 5, 3, 4 ; 15   5 3   6 2
7 6   8 8

7쪽
1 24, 48, 72, 96 ; 24 ; 24, 48, 72, 96
2 2, 5, 20   3 2, 3, 4 ; 72   4 5, 5, 2 ; 150
5 24   6 60   7 48   8 72

8쪽
1 풀이 참조   2 풀이 참조
3 8, 10 ; 풀이 참조   4 7, 8 ; 풀이 참조
5 (1) 풀이 참조 (2) 28개
6 (1) 풀이 참조 (2) 50개

9쪽
1 6, 6   2 4, 4   3 ⑩ $\triangle=\square-5$
4 ⑩ $\triangle=\square×7$ 5 ⑩ $\triangle=\square+3$
6 ⑩ $\triangle=\square÷8$
7 (1) (왼쪽부터) 7, 4 (2) ⑩ $\triangle=9-\square$ (3) 2

10쪽
1 6　2 3　3 2, 12　4 9, 2　5 21, 6, 84
6 27, 9, 3　7 $\dfrac{2}{7}$　8 $\dfrac{1}{2}$　9 $\dfrac{2}{3}$　10 $\dfrac{3}{4}$
11 $\dfrac{1}{3}$　12 $\dfrac{3}{5}$　13 $\dfrac{12}{20}, \dfrac{6}{10}, \dfrac{3}{5}$

11쪽
1 $\dfrac{20}{35}, \dfrac{21}{35}$　2 $\dfrac{15}{20}, \dfrac{16}{20}$　3 $\dfrac{24}{108}, \dfrac{45}{108}$
4 $\dfrac{105}{150}, \dfrac{40}{150}$　5 $\dfrac{9}{12}, \dfrac{2}{12}$　6 $\dfrac{25}{40}, \dfrac{28}{40}$
7 $\dfrac{25}{30}, \dfrac{8}{30}$　8 $\dfrac{4}{48}, \dfrac{9}{48}$　9 <　10 >
11 <　12 >　13 세호

12쪽
1 $\dfrac{10}{21}$　2 $\dfrac{17}{36}$　3 $\dfrac{11}{12}$　4 $1\dfrac{1}{10}$　5 $1\dfrac{7}{24}$
6 $1\dfrac{11}{36}$　7 $4\dfrac{1}{12}$　8 $8\dfrac{11}{20}$　9 $6\dfrac{1}{8}$
10 $4\dfrac{7}{15}$　11 $3\dfrac{3}{56}$ L

13쪽
1 $\dfrac{3}{10}$　2 $\dfrac{17}{42}$　3 $\dfrac{11}{18}$　4 $\dfrac{11}{72}$　5 $3\dfrac{7}{15}$
6 $3\dfrac{11}{20}$　7 $1\dfrac{5}{12}$　8 $3\dfrac{7}{12}$　9 $4\dfrac{17}{24}$
10 $\dfrac{23}{28}$　11 $2\dfrac{5}{21}$ L

14쪽
1 15cm　2 42cm　3 20cm　4 48cm
5 28cm²　6 81cm²　7 10000　8 8　9 7
10 5000000

15쪽
1 28cm²　2 36cm²　3 45m²　4 40m²
5 12cm²　6 15cm²　7 20m²　8 24m²
9 8m

16쪽
1 48cm²　2 70m²　3 45cm²　4 68m²
5 128m²　6 120m²

2쪽　1 앞에서부터 차례로 계산합니다.
5　$179-85+111=94+111$
　　　$=205$
6　$359-65-(132+17)=359-65-149$
　　　$=294-149$
　　　$=145$

7　$24\times(45\div9)=24\times5$
　　　$=120$
8　$54\div6\times5=9\times5$
　　　$=45$
9　$56\div(2\times4)=56\div8$
　　　$=7$
10　$15\times6\div9\times13=90\div9\times13$
　　　$=10\times13$
　　　$=130$

3쪽　1 곱셈을 먼저 계산합니다.
2 나눗셈을 먼저 계산합니다.
5　$15\times7-38+21=105-38+21$
　　　$=67+21$
　　　$=88$
6　$59+24\div8-47=59+3-47$
　　　$=62-47$
　　　$=15$
7　$41-25+7\times3=41-25+21$
　　　$=16+21$
　　　$=37$
8　$27+12-35\div5=27+12-7$
　　　$=39-7$
　　　$=32$
9　$56+(31-18)\times2=56+13\times2$
　　　$=56+26$
　　　$=82$
10　$63-(15+24)\div3=63-39\div3$
　　　$=63-13$
　　　$=50$

5 $19+4\times7\div2=19+28\div2$
   　　　　　　　　$=19+14$
   　　　　　　　　$=33$

6 $7\times24\div(11-3)=7\times24\div8$
   　　　　　　　　　$=168\div8$
   　　　　　　　　　$=21$

7 $2\times16+96\div8-13=32+96\div8-13$
   　　　　　　　　　　$=32+12-13$
   　　　　　　　　　　$=44-13$
   　　　　　　　　　　$=31$

8 $32\div4+(21-15)\times3=32\div4+6\times3$
   　　　　　　　　　　$=8+6\times3$
   　　　　　　　　　　$=8+18$
   　　　　　　　　　　$=26$

9 $58-2\times42\div14+13=58-84\div14+13$
   　　　　　　　　　　$=58-6+13$
   　　　　　　　　　　$=52+13$
   　　　　　　　　　　$=65$

10 $24+(67-11)\div7\times3=24+56\div7\times3$
   　　　　　　　　　　$=24+8\times3$
   　　　　　　　　　　$=24+24$
   　　　　　　　　　　$=48$

9 12의 약수는 1, 2, 3, 4, 6, 12이므로 6개입니다.

5 $3\,)\,\underline{9\quad15}$
   　　$3\quad5$　　최대공약수 : 3

6 $2\,)\,\underline{8\quad10}$
   　　$4\quad5$　　최대공약수 : 2

7 $2\,)\,\underline{12\quad18}$
   $3\,)\,\underline{6\quad9}$
   　　$2\quad3$　　최대공약수 : $2\times3=6$

8 $2\,)\,\underline{16\quad24}$
   $2\,)\,\underline{8\quad12}$
   $2\,)\,\underline{4\quad6}$
   　　$2\quad3$　　최대공약수 : $2\times2\times2=8$

5 $2\,)\,\underline{6\quad8}$
   　　$3\quad4$

최소공배수 : $2\times3\times4=24$

6 $5\,)\,\underline{15\quad20}$
   　　$3\quad4$

최소공배수 : $5\times3\times4=60$

7 $2\,)\,\underline{12\quad16}$
   $2\,)\,\underline{6\quad8}$
   　　$3\quad4$

최소공배수 : $2\times2\times3\times4=48$

8 $2\,)\,\underline{24\quad36}$
   $2\,)\,\underline{12\quad18}$
   $3\,)\,\underline{6\quad9}$
   　　$2\quad3$

최소공배수 : $2\times2\times3\times2\times3=72$

1 예 바퀴의 수는 세발자전거의 수의 3배입니다.
   세발자전거의 수는 바퀴의 수를 3으로 나눈 몫입니다.

2 예 다리의 수는 오징어의 수의 10배입니다.
   오징어의 수는 다리의 수를 10으로 나눈 몫입니다.

3 예 다리의 수는 오리의 수의 2배입니다.
   오리의 수는 다리의 수를 2로 나눈 몫입니다.

4 예 동생의 나이는 윤미의 나이보다 4살 적습니다.
   윤미의 나이는 동생의 나이보다 4살 많습니다.

5 (1) 예 (의자의 수)=(탁자의 수)×4
   (2) $7\times4=28$(개)

6 (1) 예 (오각형의 수)=(변의 수)÷5
  (2) $10 \times 5 = 50$(개)

1 $\dfrac{2\times3}{5\times3}=\dfrac{6}{15}$

2 $\dfrac{6\div2}{14\div2}=\dfrac{3}{7}$

3 $\dfrac{1\times2}{3\times2}=\dfrac{2}{6},\ \dfrac{1\times4}{3\times4}=\dfrac{4}{12}$

4 $\dfrac{12\div2}{18\div2}=\dfrac{6}{9},\ \dfrac{12\div6}{18\div6}=\dfrac{2}{3}$

5 $\dfrac{1\times3}{7\times3}=\dfrac{3}{21},\ \dfrac{1\times6}{7\times6}=\dfrac{6}{42},$
  $\dfrac{1\times12}{7\times12}=\dfrac{12}{84}$

6 $\dfrac{36\div2}{54\div2}=\dfrac{18}{27},\ \dfrac{36\div6}{54\div6}=\dfrac{6}{9},$
  $\dfrac{36\div18}{54\div18}=\dfrac{2}{3}$

7 $\dfrac{4}{14}=\dfrac{\cancel{4}^{2}}{\cancel{14}_{7}}=\dfrac{2}{7}$

8 $\dfrac{4}{8}=\dfrac{\cancel{4}^{1}}{\cancel{8}_{2}}=\dfrac{1}{2}$

9 $\dfrac{8}{12}=\dfrac{\cancel{8}^{2}}{\cancel{12}_{3}}=\dfrac{2}{3}$

10 $\dfrac{15}{20}=\dfrac{\cancel{15}^{3}}{\cancel{20}_{4}}=\dfrac{3}{4}$

11 $\dfrac{14}{42}=\dfrac{\cancel{14}^{1}}{\cancel{42}_{3}}=\dfrac{1}{3}$

12 $\dfrac{54}{90}=\dfrac{\cancel{54}^{6}}{\cancel{90}_{10}}=\dfrac{\cancel{6}^{3}}{\cancel{10}_{5}}=\dfrac{3}{5}$

13 분모와 분자를 24와 40의 공약수인 2,
4, 8로 각각 약분합니다.

1 $\left(\dfrac{4\times5}{7\times5},\ \dfrac{3\times7}{5\times7}\right) \rightarrow \left(\dfrac{20}{35},\ \dfrac{21}{35}\right)$

2 $\left(\dfrac{3\times5}{4\times5},\ \dfrac{4\times4}{5\times4}\right) \rightarrow \left(\dfrac{15}{20},\ \dfrac{16}{20}\right)$

3 $\left(\dfrac{2\times12}{9\times12},\ \dfrac{5\times9}{12\times9}\right) \rightarrow \left(\dfrac{24}{108},\ \dfrac{45}{108}\right)$

4 $\left(\dfrac{7\times15}{10\times15},\ \dfrac{4\times10}{15\times10}\right) \rightarrow \left(\dfrac{105}{150},\ \dfrac{40}{150}\right)$

5 $\left(\dfrac{3\times3}{4\times3},\ \dfrac{1\times2}{6\times2}\right) \rightarrow \left(\dfrac{9}{12},\ \dfrac{2}{12}\right)$

6 $\left(\dfrac{5\times5}{8\times5},\ \dfrac{7\times4}{10\times4}\right) \rightarrow \left(\dfrac{25}{40},\ \dfrac{28}{40}\right)$

7 $\left(\dfrac{5\times5}{6\times5},\ \dfrac{4\times2}{15\times2}\right) \rightarrow \left(\dfrac{25}{30},\ \dfrac{8}{30}\right)$

8 $\left(\dfrac{1\times4}{12\times4},\ \dfrac{3\times3}{16\times3}\right) \rightarrow \left(\dfrac{4}{48},\ \dfrac{9}{48}\right)$

9 $\dfrac{3\times8}{7\times8}=\dfrac{24}{56},\ \dfrac{7\times7}{8\times7}=\dfrac{49}{56} \rightarrow \dfrac{24}{56}<\dfrac{49}{56}$

10 $\dfrac{5\times3}{8\times3}=\dfrac{15}{24},\ \dfrac{5\times2}{12\times2}=\dfrac{10}{24}$
  $\rightarrow \dfrac{15}{24}>\dfrac{10}{24}$

11 $0.6=\dfrac{6}{10}=\dfrac{6\times3}{10\times3}=\dfrac{18}{30},\ \dfrac{5\times5}{6\times5}=\dfrac{25}{30}$
  $\rightarrow \dfrac{18}{30}<\dfrac{25}{30}$

12 $0.8=\dfrac{8}{10}=\dfrac{4}{5}=\dfrac{12}{15} \rightarrow \dfrac{13}{15}>\dfrac{12}{15}$

13 $\left(\dfrac{2}{5},\ \dfrac{1}{3}\right) \rightarrow \left(\dfrac{6}{15},\ \dfrac{5}{15}\right) \rightarrow \dfrac{2}{5}>\dfrac{1}{3}$

1 $\dfrac{1}{3}+\dfrac{1}{7}=\dfrac{1\times7}{3\times7}+\dfrac{1\times3}{7\times3}$
  $=\dfrac{7}{21}+\dfrac{3}{21}=\dfrac{10}{21}$

2 $\dfrac{1}{4}+\dfrac{2}{9}=\dfrac{1\times9}{4\times9}+\dfrac{2\times4}{9\times4}$
  $=\dfrac{9}{36}+\dfrac{8}{36}=\dfrac{17}{36}$

3 $\dfrac{3}{4}+\dfrac{1}{6}=\dfrac{3\times3}{4\times3}+\dfrac{1\times2}{6\times2}$
  $=\dfrac{9}{12}+\dfrac{2}{12}=\dfrac{11}{12}$

4 $\dfrac{1}{2}+\dfrac{3}{5}=\dfrac{1\times5}{2\times5}+\dfrac{3\times2}{5\times2}$
  $=\dfrac{5}{10}+\dfrac{6}{10}=\dfrac{11}{10}=1\dfrac{1}{10}$

5   $\dfrac{5}{8}+\dfrac{2}{3}=\dfrac{5\times3}{8\times3}+\dfrac{2\times8}{3\times8}$

$\quad\quad=\dfrac{15}{24}+\dfrac{16}{24}=\dfrac{31}{24}=1\dfrac{7}{24}$

6   $\dfrac{7}{18}+\dfrac{11}{12}=\dfrac{7\times2}{18\times2}+\dfrac{11\times3}{12\times3}$

$\quad\quad=\dfrac{14}{36}+\dfrac{33}{36}=\dfrac{47}{36}=1\dfrac{11}{36}$

7   $2\dfrac{1}{3}+1\dfrac{3}{4}=2\dfrac{4}{12}+1\dfrac{9}{12}$

$\quad\quad=(2+1)+\left(\dfrac{4}{12}+\dfrac{9}{12}\right)$

$\quad\quad=3+\dfrac{13}{12}=3+1\dfrac{1}{12}=4\dfrac{1}{12}$

8   $3\dfrac{3}{4}+4\dfrac{4}{5}=3\dfrac{15}{20}+4\dfrac{16}{20}$

$\quad\quad=(3+4)+\left(\dfrac{15}{20}+\dfrac{16}{20}\right)$

$\quad\quad=7+\dfrac{31}{20}=7+1\dfrac{11}{20}=8\dfrac{11}{20}$

9   $2\dfrac{1}{4}+3\dfrac{7}{8}=\dfrac{9}{4}+\dfrac{31}{8}=\dfrac{18}{8}+\dfrac{31}{8}$

$\quad\quad=\dfrac{49}{8}=6\dfrac{1}{8}$

10   $2\dfrac{2}{3}+1\dfrac{4}{5}=\dfrac{8}{3}+\dfrac{9}{5}=\dfrac{40}{15}+\dfrac{27}{15}$

$\quad\quad=\dfrac{67}{15}=4\dfrac{7}{15}$

11   (진수와 수현이가 마신 우유의 양)

$=1\dfrac{3}{7}+1\dfrac{5}{8}=1\dfrac{24}{56}+1\dfrac{35}{56}$

$=2+\dfrac{59}{56}=2+1\dfrac{3}{56}=3\dfrac{3}{56}$(L)

13쪽

1   $\dfrac{4}{5}-\dfrac{1}{2}=\dfrac{4\times2}{5\times2}-\dfrac{1\times5}{2\times5}$

$\quad\quad=\dfrac{8}{10}-\dfrac{5}{10}=\dfrac{3}{10}$

2   $\dfrac{5}{6}-\dfrac{3}{7}=\dfrac{5\times7}{6\times7}-\dfrac{3\times6}{7\times6}$

$\quad\quad=\dfrac{35}{42}-\dfrac{18}{42}=\dfrac{17}{42}$

3   $\dfrac{5}{6}-\dfrac{2}{9}=\dfrac{5\times3}{6\times3}-\dfrac{2\times2}{9\times2}$

$\quad\quad=\dfrac{15}{18}-\dfrac{4}{18}=\dfrac{11}{18}$

4   $\dfrac{7}{8}-\dfrac{13}{18}=\dfrac{63}{72}-\dfrac{52}{72}=\dfrac{11}{72}$

5   $5\dfrac{2}{3}-2\dfrac{1}{5}=5\dfrac{10}{15}-2\dfrac{3}{15}$

$\quad\quad=(5-2)+\left(\dfrac{10}{15}-\dfrac{3}{15}\right)$

$\quad\quad=3+\dfrac{7}{15}=3\dfrac{7}{15}$

6   $6\dfrac{4}{5}-3\dfrac{1}{4}=6\dfrac{16}{20}-3\dfrac{5}{20}$

$\quad\quad=(6-3)+\left(\dfrac{16}{20}-\dfrac{5}{20}\right)$

$\quad\quad=3+\dfrac{11}{20}=3\dfrac{11}{20}$

7   $3\dfrac{7}{12}-2\dfrac{1}{6}=\dfrac{43}{12}-\dfrac{13}{6}=\dfrac{43}{12}-\dfrac{26}{12}$

$\quad\quad=\dfrac{17}{12}=1\dfrac{5}{12}$

8   $5\dfrac{1}{3}-1\dfrac{3}{4}=5\dfrac{4}{12}-1\dfrac{9}{12}=4\dfrac{16}{12}-1\dfrac{9}{12}$

$\quad\quad=(4-1)+\left(\dfrac{16}{12}-\dfrac{9}{12}\right)$

$\quad\quad=3+\dfrac{7}{12}=3\dfrac{7}{12}$

9   $7\dfrac{1}{3}-2\dfrac{5}{8}=7\dfrac{8}{24}-2\dfrac{15}{24}=6\dfrac{32}{24}-2\dfrac{15}{24}$

$\quad\quad=(6-2)+\left(\dfrac{32}{24}-\dfrac{15}{24}\right)$

$\quad\quad=4+\dfrac{17}{24}=4\dfrac{17}{24}$

10   $2\dfrac{1}{4}-1\dfrac{3}{7}=\dfrac{9}{4}-\dfrac{10}{7}=\dfrac{63}{28}-\dfrac{40}{28}=\dfrac{23}{28}$

11   (남은 물의 양)

$=3\dfrac{2}{3}-1\dfrac{3}{7}=3\dfrac{14}{21}-1\dfrac{9}{21}=2\dfrac{5}{21}$(L)

14쪽

1   $3\times5=15$(cm)

2   $6\times7=42$(cm)

3   (직사각형의 둘레)$=(7+3)\times2$

$\quad\quad\quad\quad=10\times2=20$(cm)

4   (마름모의 둘레)$=12\times4=48$(cm)

5   (직사각형의 넓이)$=7\times4=28$(cm²)

6   (정사각형의 넓이)$=9\times9=81$(cm²)

 1 (평행사변형의 넓이)
　　=(밑변의 길이)×(높이)
　　=7×4=28(cm²)

2 6×6=36(cm²)

3 5×9=45(m²)

4 8×5=40(m²)

5 (삼각형의 넓이)
　　=(밑변의 길이)×(높이)÷2
　　=6×4÷2=12(cm²)

6 10×3÷2=15(cm²)

7 8×5÷2=20(m²)

8 6×8÷2=24(m²)

9 (삼각형의 넓이)
　　=16×(높이)÷2=64(m²)이므로
　　높이는 8m입니다.

16쪽 1 (마름모의 넓이)
　　=(한 대각선의 길이)
　　　×(다른 대각선의 길이)÷2
　　=12×8÷2=48(cm²)

2 (마름모의 넓이)=14×10÷2=70(m²)

3 (사다리꼴의 넓이)
　　={(윗변의 길이)+(아랫변의 길이)}
　　　×(높이)÷2
　　=(8+10)×5÷2
　　=18×5÷2=45(cm²)

4 (사다리꼴의 넓이)
　　=(7+10)×8÷2
　　=17×8÷2=68(m²)

5 정사각형 안에 그린 마름모의 넓이는
　　(정사각형의 넓이)÷2입니다.
　　(마름모의 넓이)=16×16÷2=128(m²)

6 (색종이의 넓이)
　　=(6+18)×10÷2
　　=24×10÷2=120(m²)

■ 단원별 문제 다지기 ◀◀◀◀◀◀◀◀◀◀◀◀◀◀◀◀◀◀

1단원 　자연수의 혼합 계산

교과서 핵심개념　　　　　　　　　　18～19쪽

1 (1) 45, 71　(2) 57, 22　2 (1) 24　(2) 4　3 (1) 48
(2) 18　4 (1) 28　(2) 26　5 (1) 17　(2) 32

2 (1) 12×6÷3=72÷3=24
　(2) 2×56÷(7×4)=2×56÷28
　　　　　　　　　=112÷28
　　　　　　　　　=4

3 (1) 63+27−14×3=63+27−42
　　　　　　　　　=90−42
　　　　　　　　　=48
　(2) 72−(4+2)×9=72−6×9
　　　　　　　　　=72−54
　　　　　　　　　=18

4 (1) 25−81÷9+12=25−9+12
　　　　　　　　　=16+12
　　　　　　　　　=28
　(2) 30−64÷(11+5)=30−64÷16
　　　　　　　　　=30−4
　　　　　　　　　=26

5 (1) 6×4−63÷9=24−63÷9
　　　　　　　　=24−7
　　　　　　　　=17
　(2) 22+5×(22−14)÷4=22+5×8÷4
　　　　　　　　　　=22+40÷4
　　　　　　　　　　=22+10
　　　　　　　　　　=32

문제 다지기　　　　　　　　　　　20～21쪽

20쪽 1 35, 43　2 (위쪽부터) 190 ; 71, 190
　　　3 (1) 21　(2) 36　4 <　5 (1) 21　(2) 50
　　　6 4×12　7 107　8 6모둠
21쪽 1 < ; 풀이 참조　2 풀이 참조　3 74
　　　4 11살

20쪽 3 (1) $7×6÷2=42÷2=21$
(2) $96÷8×3=12×3=36$

4 $64÷(20-4)=64÷16=4 → 4<5$

5 (1) $16+9×8-67=16+72-67$
$=88-67$
$=21$
(2) $56-54÷(6+3)=56-54÷9$
$=56-6$
$=50$

6 곱셈이나 나눗셈을 먼저 계산합니다.

7 $67+8×(21-6)÷3=67+8×15÷3$
$=67+120÷3$
$=67+40$
$=107$

8 $24÷8+21÷7=3+21÷7$
$=3+3$
$=6(모둠)$

21쪽 1 $36-(12+8)=36-20=16$;
$36-12+8=24+8=32$

2 $14+(17-9)×3=14+8×3$
$=14+24$
$=38$

3 $11+(38-25)×6-75÷5$
$=11+13×6-75÷5$
$=11+78-15$
$=89-15$
$=74$

4 아버지의 연세 : $(84+4)÷2=44(세)$
민지의 나이 : $44÷4=11(살)$

---

1 (1) $7, 24$ (2) $26, 109$　**2** (1) 42 (2) 313
3 (1) $>$ (2) $=$　**4** 2　**5** 10　**6** 53개
7 (1) 144 (2) 52　**8** $36÷9$
9 풀이 참조 ; 105자루　**10** $54, 81, 109$
11 $13, 140, 13, 127$　**12** 32　**13** 14
14 (1) $=$ (2) $>$　**15** $45, 45, 9, 5, 9, 14$
16 $6, 12, 6, 12, 18, 30$　**17** ✕　**18** 16
19 $+, ÷$　**20** 40800원

2 (1) $21+59-38=80-38=42$
(2) $285+(207-179)=285+28=313$

3 (1) $18-9+36=45, 38+23-19=42$
$→ 45>42$
(2) $45-(8+2)=45-10=35,$
$16+(37-18)=16+19=35$
$→ 35=35$

4 민호 : $32-14+28-9=18+28-9$
$=46-9$
$=37$
수영 : $87-(34+12)-6=87-46-6$
$=41-6=35$
$→$ 차 : $37-35=2$

5 $82-(28+\square)=44$
$→ 28+\square=38$
$→ \square=10$

6 $35+47-29=82-29=53(개)$

7 (1) $108÷9×12=12×12$
$=144$
(2) $24×39÷3÷6=936÷3÷6$
$=312÷6$
$=52$

8 혼합 계산식에서 $(\ \ )$ 안을 가장 먼저 계산하므로 $36÷9$를 가장 먼저 계산합니다.

9 예 모둠의 수를 구하여 연필 15자루를 곱합니다.

(연필 수)=42÷6×15=7×15=105(자루)

12 $35+12\times8-99=35+96-99$
$=131-99$
$=32$

13 $33+72\div9-27=33+8-27$
$=41-27$
$=14$

14 (1) $104-8\times6=104-48=56$,
$24+96\div3=24+32=56$
→ $56=56$

(2) $11\times(17-12)=11\times5=55$,
$168\div(8+4)=168\div12=14$
→ $55>14$

15 곱셈과 나눗셈을 먼저 계산하고 덧셈과 뺄셈을 계산합니다.

16 곱셈과 나눗셈을 먼저 계산하고 덧셈과 뺄셈을 계산합니다.

17 $7\times(40-15)\div5=7\times25\div5=175\div5=35$
$5\times(24-6)\div2=5\times18\div2=90\div2=45$

18 $25\times(\square\div8)-14=36$
→ $25\times(\square\div8)=50$
→ $\square\div8=2$
→ $\square=16$

19 $5\times(5\div5)-5+5=5(\times)$
$5\times(5+5)-5\div5=49(\bigcirc)$

20 (남은 돈)=(지난 달까지 예금한 돈)
$+$(이 달에 예금한 돈)
$-$(이 달에 찾은 돈)
$=35800+6000\times4-19000$
$=40800$(원)

교과서 핵심개념　　　　　26~27쪽

1 (1) 3, 2, 1 ; 3, 4, 6　(2) 24, 36, 48 ; 24, 36, 48
2 (1) 6, 8　(2) 약수, 배수
3 3 ; 3, 12 ; 12 ; 1, 2, 3, 4, 6, 12
4 2, 3 ; 2, 3, 36 ; 36 ; 36, 72, 108

문제 다지기　　　　　28~29쪽

28쪽 **1** 2, 4, 8, 16 ; 2, 4, 8, 16　　**2** 33개
3 (1) 1, 2, 4, 5, 10, 20
(2) 1, 2, 3, 5, 6, 10, 15, 30
(3) 1, 2, 5, 10　(4) 10
4 (1) 1, 2, 4 ; 4　(2) 1, 2, 3, 6 ; 6
5 (1) 12, 16, 24　(2) 12, 18, 24　(3) 12, 24
(4) 12　　**6** (1) 40, 80 ; 40　(2) 24, 48 ; 24
29쪽 **1** 27, 9 ; 3, 9, 27　　**2** 60　　**3** 68
4 오후 1시 56분

28쪽 **2**　$200\div6=33\cdots2$ → 33개

4 공약수는 최대공약수의 약수입니다.

6 공배수는 최소공배수의 배수입니다.

29쪽 **1** ●×▲=■일 때, ●와 ▲는 ■의 약수입니다.

2 24의 약수의 합입니다.
$1+2+3+4+6+8+12+24=60$

3 16, 24의 최대공약수 : 8
15, 12의 최소공배수 : 60
→ $8+60=68$

4 8과 14의 최소공배수를 구하면 56이므로 오후 1시 56분에 동시에 도착합니다.

단원 마무리 30~32쪽

1 1, 2, 4, 8, 16 2 ㉠, ㉣, ㉥
3 6, 12, 18, 24, 30 4 10, 20, 30, 40, 50
5 14, 35, 42, 70 6 (1) 배수 (2) 약수 7 1, 3 ; 3
8 1, 2, 3, 4, 6, 12 ; 1, 2, 3, 6, 9, 18 ; 1, 2, 3, 6 ; 6
9 (1) 1, 2, 4 (2) 1, 2, 4 (3) 같습니다에 ○표
10 18, 9, 6 ; 1, 2, 3, 6, 9, 18
11 1, 2, 4, 5, 10, 20 12 48, 96, 144 ; 48
13 (1) 18, 36, 54 (2) 18, 36, 54 (3) 같습니다에 ○표 14 32, 48 15 32, 48
16 30, 60, 90, 120, 150
17 풀이 참조 ; 2와 3의 공배수 또는 6의 배수
18 6 ; 90 19 4 ; 72 20 풀이 참조 ; 12개

1 $16\div1=16$, $16\div2=8$, $16\div4=4$, $16\div8=2$, $16\div16=1$ → 16의 약수 : 1, 2, 4, 8, 16

2 (오른쪽 수)÷(왼쪽 수)가 나누어떨어져야 합니다.
㉠ $6\div2=3$, ㉡ $8\div3=2\cdots2$,
㉢ $15\div6=2\cdots3$, ㉣ $72\div8=9$,
㉤ $45\div10=4\cdots5$, ㉥ $52\div13=4$

3 6을 1배, 2배, 3배……한 수를 찾습니다.
$6\times1=6$, $6\times2=12$, $6\times3=18$,
$6\times4=24$, $6\times5=30$……

4 10을 1배, 2배, 3배……한 수를 찾습니다.
$10\times1=10$, $10\times2=20$, $10\times3=30$,
$10\times4=40$, $10\times5=50$……

5 7을 1배, 2배, 3배…… 한 수를 찾습니다.
$7\times2=14$, $7\times5=35$, $7\times6=42$, $7\times10=70$

6 (1) $4\times5=20$ → 4의 5배는 20입니다.
$5\times4=20$ → 5의 4배는 20입니다.
따라서 20은 4와 5의 배수입니다.
(2) $20\div4=5$ → 20은 4로 나누어떨어집니다.
$20\div5=4$ → 20은 5로 나누어떨어집니다.
따라서 4와 5는 20의 약수입니다.

7 9와 12의 공통된 약수는 1, 3이고, 공약수 1과 3에서 가장 큰 수는 3입니다.

8 $12=1\times12=2\times6=3\times4$
→ 12의 약수 : 1, 2, 3, 4, 6, 12
$18=1\times18=2\times9=3\times6$
→ 18의 약수 : 1, 2, 3, 6, 9, 18
공약수 : 1, 2, 3, 6 최대공약수 : 6

9 (1) 16의 약수 : (1), (2), (4), 8, 16
28의 약수 : (1), (2), (4), 7, 14, 28
→ 공약수 : 1, 2, 4
(2) 최대공약수는 4이므로 4의 약수는 1, 2, 4가 됩니다.

10 18의 약수 : 1, 2, 3, 6, 9, 18
→ 두 수의 최대공약수 18의 약수가 어떤 두 수의 공약수가 됩니다.

11 $20=1\times20=2\times10=4\times5$
→ 20의 약수 : 1, 2, 4, 5, 10, 20
→ 20의 약수가 두 수의 공약수가 됩니다.

12 16의 배수 : 16, 32, (48), 64, 80, (96), 112, 128, (144)……
24의 배수 : 24, (48), 72, (96), 120, (144), 168……
→ 공배수 : 48, 96, 144……
최소공배수 : 48

13 (1) 6의 배수 : 6, 12, (18), 24, 30, (36), 42, 48, (54)……
9의 배수 : 9, (18), 27, (36), 45, (54)……
→ 6과 9의 공배수 : 18, 36, 54……
(2) 6과 9의 최소공배수는 18이므로
$18\times1=18$, $18\times2=36$, $18\times3=54$……

14 $16\times1=16$, $16\times2=32$, $16\times3=48$

15 두 수의 공배수는 16의 배수와 같습니다.

16 30의 배수 : $30\times1=30$, $30\times2=60$, $30\times3=90$, $30\times4=120$, $30\times5=150$……
최소공배수 30의 배수가 어떤 두 수의 공배수가 됩니다.

17

1	②	❌	④	5	❌⑥	7	⑧	❌	⑩
11	❌⑫	13	⑭	❌	⑯	17	❌⑱	19	⑳
❌	㉒	23	❌㉔	25	㉖	❌㉗	㉘	29	❌㉚

○표와 ×표가 겹친 수는 6, 12, 18, 24, 30 으로 2와 3의 공배수 또는 2와 3의 최소공배수 인 6의 배수입니다.

18 $18=2\times3\times3$ ⎫ 최대공약수 : $2\times3=6$
$30=2\times3\times5$ ⎭ → 최소공배수 :
$$2\times3\times3\times5=90$$

19
```
2 ) 36  8
2 ) 18  4     최대공약수 : 2×2=4
     9  2     최소공배수 : 2×2×9×2=72
```

20 ㉫ 24와 36의 최대공약수를 구합니다.
```
2 ) 24  36     최대공약수 : 2×2×3=12
2 ) 12  18     접시 12개가 있으면 사과 2개,
3 )  6   9     귤 3개씩 담을 수 있습니다.
     2   3
```

교과서 핵심개념　　　　34~35쪽

1 11, 12, 13 ; 풀이 참조
2 14, 15, 16 ; (유미의 나이)+2002, (연도)−2002
3 ☆+11, △−11　　**4** ○×2, △÷2

1 ㉫ 누나는 동생보다 2살 더 많습니다.

문제 다지기　　　　36~37쪽

36쪽 **1** (1) 18, 24, 30 (2) 24명 (3) 5개 (4) 6배
　　(5) 풀이 참조　**2** 6분
　3 (1) 6 (2) 5 (3) 3, 3
　4 (왼쪽부터) 9, 5, 6 ; ☆=△×3, △=☆÷3
　5 □=○×7, ○=□÷7

37쪽 **1** (1) 21, 28, 35 (2) 42자루
　2 (1) 6 (2) 큽니다에 ○표
　3 △=□÷4, □=△×4
　4 △=○×9, ○=△÷9

36쪽 **1** (2) 4×6=24(명)
　(4) 1×6=6, 2×6=12, 3×6=18……
　　이므로 (학생 수)=(의자 수)×6
　(5) ㉫ 학생 수는 의자 수의 6배입니다.
　　‘의자 수는 학생 수를 6으로 나눈 몫
　　입니다.’도 답이 됩니다.

3 0 → 3, 1 → 4, 2 → 5……이므로 ▲는
★보다 3 큰 수입니다.

37쪽 **1** (2) 연필의 수는 필통의 수의 7배입니다.
　　→ 6×7=42(자루)

2 (1) 8−2=6, 9−3=6, 10−4=6,
　　11−5=6, 12−6=6이므로
　　○와 ☆의 차는 6입니다.

3 △는 □를 4로 나눈 몫입니다. △는 □에
4를 곱한 수입니다.

단원 마무리　　　　38~40쪽

1 15, 20, 25 ; 5　　**2** (왼쪽부터) 6, 4 ; 풀이 참조
3 (1) 풀이 참조 (2) 풀이 참조　**4** 6, 6
5　　　　**6** 3, 5　**7** ○=□+3 또는 □=○−3
8 (1) (왼쪽부터) 9, 5
　　(2) ▽=□×3 또는 □=▽÷3
9 (1) 8, 9 ; ☆=○+3 또는 ○=☆−3
　(2) 6, 5 ; ○=13−☆ 또는 ☆=13−○
10 12, 24, 30　**11** 6배　**12** 풀이 참조 ; 48개
13 □=○×6 또는 ○=□÷6　**14** 24, 32, 40
15 40시간　**16** 6일　**17** 80시간
18 □=△+32 또는 △=□−32
19 210, 280, 350　**20** 7시간

2 ㉫ 다리 수는 닭의 수의 2배입니다.

3 (1) ㉫ △는 □보다 5 더 큽니다.
　　또는 □는 △보다 5 더 작습니다.
　(2) ㉫ △는 □의 3배입니다.
　　또는 □는 △를 3으로 나눈 몫입니다.

9 (1) $5-2=3$, $6-3=3$, $7-4=3$이므로
$☆=○+3$ 또는 $☆=○-3$

(2) $4+9=13$, $5+8=13$, $6+7=13$이므로
$○=13-☆$ 또는 $☆=13-○$

12 예 의자의 수는 식탁의 수의 6배이므로 식탁의 수와 의자의 수 사이의 대응 관계를 식으로 나타내면 (의자의 수)=(식탁의 수)×6입니다. 식탁이 8개일 때 의자는 $8×6=48$(개)입니다.

15 $5×8=40$(시간)

16 $48÷8=6$(일)

17 $10×8=80$(시간)

20 $490÷70=7$(시간)

4단원 약분과 통분

교과서 핵심개념
42~43쪽

1 $\dfrac{15}{24}$, $\dfrac{35}{56}$, $\dfrac{10}{16}$에 ○표 2 (1) 48 (2) 5

3 (1) 1, 2, 4 (2) 2, 10 ; 4, 3

4 (1) 6, 6, 8, 15, 12 ; 2, 6, 8, 5, 6 (2) 4, 3 ; 8, 6

5 (1) > (2) < 6 $\dfrac{3}{8}$, $\dfrac{7}{12}$, $\dfrac{5}{6}$

2 (1) $\dfrac{3}{8}=\dfrac{3×6}{8×6}=\dfrac{18}{48}$ (2) $\dfrac{20}{36}=\dfrac{20÷4}{36÷4}=\dfrac{5}{9}$

문제 다지기
44~45쪽

44쪽 1 2, 3 ; 6, 9 2 $\dfrac{8}{18}$, $\dfrac{12}{27}$에 ○표 3 ③

4 (1) $\dfrac{1}{4}$ (2) $\dfrac{3}{5}$ 5 (1) $\dfrac{5}{15}$, $\dfrac{6}{15}$ (2) $\dfrac{18}{30}$, $\dfrac{25}{30}$

6 (1) $\dfrac{8}{12}$, $\dfrac{9}{12}$ (2) $\dfrac{15}{24}$, $\dfrac{22}{24}$ 7 (1) < (2) <

8 <, 10, 0.6 ; 5, <

45쪽 1 $\dfrac{13}{30}$ 2 $\dfrac{7}{24}$, $\dfrac{5}{18}$ 3 $\dfrac{24}{68}$ 4 6개 5 다

44쪽 2 $\dfrac{4}{9}=\dfrac{4×2}{9×2}=\dfrac{4×3}{9×3}=\dfrac{4×4}{9×4}=……$

→ $\dfrac{4}{9}=\dfrac{8}{18}=\dfrac{12}{27}=\dfrac{16}{36}=……$

3 $\dfrac{12}{36}$를 약분할 수 있는 수는 두 수의 공약수이므로 1, 2, 3, 4, 6, 12입니다.

4 분모와 분자의 최대공약수로 각각을 나눕니다.

7 (1) $\dfrac{7×2}{10×2}=\dfrac{14}{20}$, $\dfrac{3×5}{4×5}=\dfrac{15}{20}$

→ $\dfrac{7}{10}<\dfrac{3}{4}$

(2) $\dfrac{3×5}{4×5}=\dfrac{15}{20}$, $\dfrac{4×4}{5×4}=\dfrac{16}{20}$

→ $2\dfrac{3}{4}<2\dfrac{4}{5}$

45쪽 1 약분하기 전 : $\dfrac{3×6}{5×6}=\dfrac{18}{30}$

분자에 5를 더하기 전 : $\dfrac{18-5}{30}=\dfrac{13}{30}$

2 $\dfrac{21}{72}$을 기약분수로 나타내면 $\dfrac{7}{24}$이고, $\dfrac{20}{72}$을 기약분수로 나타내면 $\dfrac{5}{18}$입니다.

3 $\dfrac{6}{17}=\dfrac{12}{34}=\dfrac{18}{51}=\dfrac{24}{68}=……$ 중 분모와 분자의 합이 92인 분수는 $\dfrac{24}{68}$입니다.

4

$\dfrac{2}{3}$	$\dfrac{3}{4}$	$\dfrac{57}{84}$, $\dfrac{58}{84}$, $\dfrac{59}{84}$, $\dfrac{60}{84}$,
‖	‖	$\dfrac{61}{84}$, $\dfrac{62}{84}$
$\dfrac{56}{84}$	$\dfrac{63}{84}$	

5 $\dfrac{7}{8}=\dfrac{7×125}{8×125}=\dfrac{875}{1000}=0.875$입니다.

→ $0.4<0.75<0.875$

단원 마무리

46~48쪽

1 (1) 2, 3 ; 6, 6 (2) 2, 3 ; 6, 8

2 (1) $\frac{6}{8}$, $\frac{9}{12}$, $\frac{12}{16}$ (2) $\frac{4}{10}$, $\frac{6}{15}$, $\frac{8}{20}$ 3 $\frac{25}{30}$

4 (1) $\frac{4}{12}$, $\frac{2}{6}$, $\frac{1}{3}$ (2) $\frac{12}{18}$, $\frac{8}{12}$, $\frac{6}{9}$, $\frac{4}{6}$, $\frac{2}{3}$

5 ㉠, ㉢ 6 2, 4 ; 2, 4 ; 4, 3 7 $\frac{15}{25}$, $\frac{6}{10}$, $\frac{3}{5}$

8 풀이 참조 9 6, $\frac{3}{4}$ 10 ㉡, ㉣, ㉥ 11 24

12 $2\frac{18}{30}$, $1\frac{5}{30}$ 13 $\frac{20}{36}$, $\frac{21}{36}$

14 4, 20 ; 3, 21 ; < 15 ㉡ 16 $\frac{2}{3}$, $\frac{1}{2}$, $\frac{4}{9}$

17 풀이 참조 ; 46, 47, 48 18 (1) < (2) >

19 0.25 20 주스

1 (1) 분수의 분모나 분자에 같은 수 2나 3을 곱하여도 처음 분수와 크기가 같습니다.
(2) 분수의 분모나 분자를 수 2나 3으로 나누어도 처음 분수와 크기가 같습니다.

2 (1) $\frac{3}{4}=\frac{3\times2}{4\times2}=\frac{3\times3}{4\times3}=\frac{3\times4}{4\times4}$
$\rightarrow \frac{3}{4}=\frac{6}{8}=\frac{9}{12}=\frac{12}{16}$
(2) $\frac{2}{5}=\frac{2\times2}{5\times2}=\frac{2\times3}{5\times3}=\frac{2\times4}{5\times4}$
$\rightarrow \frac{2}{5}=\frac{4}{10}=\frac{6}{15}=\frac{8}{20}$

3 $\frac{5}{6}=\frac{5\times2}{6\times2}=\frac{5\times3}{6\times3}=\frac{5\times4}{6\times4}=\frac{5\times5}{6\times5}=\cdots\cdots$
$\rightarrow \frac{5}{6}=\frac{10}{12}=\frac{15}{18}=\frac{20}{24}=\frac{25}{30}\cdots\cdots$

4 (1) $\frac{8}{24}=\frac{8\div2}{24\div2}=\frac{8\div4}{24\div4}=\frac{8\div8}{24\div8}$
$\rightarrow \frac{8}{24}=\frac{4}{12}=\frac{2}{6}=\frac{1}{3}$
(2) 분수의 분모와 분자를 각각 같은 수 2, 3, 4, 6, 12로 나누면 크기가 같은 분수가 만들어집니다.

5 분수의 분모와 분자에 각각 0이 아닌 같은 수를 곱하거나 나누어도 크기가 같은 분수가 됩니다.
$\frac{6}{9}=\frac{6\div3}{9\div3}=\frac{2}{3}$, $\frac{6}{9}=\frac{6\times2}{9\times2}=\frac{12}{18}$

6 $\begin{array}{r|rr} 2 & 8 & 12 \\ \hline 2 & 4 & 6 \\ \hline & 2 & 3 \end{array}$ 최대공약수 : $2\times2=4$
8과 12의 공약수 : 1, 2, 4
공약수 2, 4로 나눕니다.

7 $\frac{30}{50}=\frac{30\div2}{50\div2}=\frac{30\div5}{50\div5}=\frac{30\div10}{50\div10}$
$\rightarrow \frac{30}{50}=\frac{15}{25}=\frac{6}{10}=\frac{3}{5}$

8 예 $\frac{\overset{9}{\cancel{18}}}{\underset{15}{\cancel{30}}}\rightarrow\frac{\overset{3}{\cancel{9}}}{\underset{5}{\cancel{15}}}\rightarrow\frac{3}{5}$ → 18과 30의 공약수 2, 3으로 약분합니다.

9 $\begin{array}{r|rr} 2 & 18 & 24 \\ \hline 3 & 9 & 12 \\ \hline & 3 & 4 \end{array}$ 최대공약수 : $2\times3=6$
$\frac{18}{24}=\frac{18\div6}{24\div6}=\frac{3}{4}$

10 ㉡ $\frac{\overset{2}{\cancel{4}}}{\underset{3}{\cancel{6}}}=\frac{2}{3}$ ㉣ $\frac{\overset{1}{\cancel{13}}}{\underset{1}{\cancel{13}}}=1$ ㉥ $\frac{\overset{1}{\cancel{13}}}{\underset{4}{\cancel{52}}}=\frac{1}{4}$

11 분모 6과 8의 최소공배수를 구합니다.
$\begin{array}{r|rr} 2 & 6 & 8 \\ \hline & 3 & 4 \end{array}$ → 최소공배수 : $2\times3\times4=24$

12 $(2\frac{3\times6}{5\times6}, 1\frac{1\times5}{6\times5})\rightarrow(2\frac{18}{30}, 1\frac{5}{30})$

13 $\begin{array}{r|rr} 3 & 9 & 12 \\ \hline & 3 & 4 \end{array}$ → 최소공배수 : $3\times3\times4=36$
$\frac{5}{9}=\frac{5\times4}{9\times4}=\frac{20}{36}$, $\frac{7}{12}=\frac{7\times3}{12\times3}=\frac{21}{36}$

14 $\frac{5}{6}=\frac{20}{24}$, $\frac{7}{8}=\frac{21}{24}\rightarrow\frac{5}{6}<\frac{7}{8}$

15 ㉠ $\frac{2}{3}(=\frac{8}{12})<\frac{3}{4}(=\frac{9}{12})$
㉡ $\frac{2}{3}(=\frac{10}{15})>\frac{3}{5}(=\frac{9}{15})$
㉢ $\frac{2}{3}(=\frac{14}{21})<\frac{5}{7}(=\frac{15}{21})$

16 $(\frac{4}{9}, \frac{2}{3})\rightarrow(\frac{4}{9}, \frac{6}{9})\rightarrow\frac{4}{9}<\frac{2}{3}$
$(\frac{2}{3}, \frac{1}{2})\rightarrow(\frac{4}{6}, \frac{3}{6})\rightarrow\frac{2}{3}>\frac{1}{2}$
$(\frac{4}{9}, \frac{1}{2})\rightarrow(\frac{8}{18}, \frac{9}{18})\rightarrow\frac{4}{9}<\frac{1}{2}$
$\rightarrow\frac{4}{9}<\frac{1}{2}<\frac{2}{3}$

17 ㉮ 공통분모가 63인 분수로 통분합니다.

$$\frac{5}{7}=\frac{5\times9}{7\times9}=\frac{45}{63},\ \frac{7}{9}=\frac{7\times7}{9\times7}=\frac{49}{63}$$

$$\rightarrow \frac{45}{63}<\frac{\square}{63}<\frac{49}{63}\rightarrow 45<\square<49$$이므로

□ 안에 들어갈 수 있는 자연수는 46, 47, 48입니다.

18 (1) $0.5=\frac{5}{10}=\frac{1}{2}$입니다.

$0.5=\frac{1}{2}=\frac{6}{12}$이므로 $\frac{5}{12}<\frac{6}{12}$입니다.

$$\rightarrow \frac{5}{12}>0.5$$

(2) $1\frac{3}{4}=1\frac{3\times5}{4\times5}=1\frac{15}{20}$,

$1.7=1\frac{7}{10}=1\frac{7\times2}{10\times2}=1\frac{14}{20}$이므로

$1\frac{15}{20}>1\frac{14}{20}$입니다. $\rightarrow 1\frac{3}{4}>1.7$

19 $0.5=\frac{5}{10}=\frac{1}{2}$, $0.25=\frac{25}{100}=\frac{1}{4}$입니다.

분자가 1인 분수는 분모가 클수록 작습니다.

$$\rightarrow \frac{1}{2}>\frac{1}{3}>\frac{1}{4},$$

$$\left(\frac{3}{7},\ \frac{1}{4}\right)\rightarrow\left(\frac{12}{28},\ \frac{7}{28}\right)\rightarrow\frac{3}{7}>\frac{1}{4}$$

따라서 $0.25\left(=\frac{1}{4}\right)$이 가장 작습니다.

20 $\frac{1}{4}=\frac{25}{100}$, $0.4=\frac{4}{10}=\frac{40}{100}$이므로

$\frac{1}{4}<0.4$입니다. $\rightarrow$ 우유<주스

5단원　분수의 덧셈과 뺄셈

교과서 핵심개념　50~51쪽

1 20, 9, 29, $1\frac{5}{24}$

2 9, 10, 9, 10, 5, 19, 5, 4, $6\frac{4}{15}$

3 (1) $4\frac{5}{18}$ (2) $5\frac{9}{20}$

4 (1) 5, 2, 5, 4, 1 (2) 4, 3, 20, 9, 11

5 (1) $3\frac{13}{40}$ (2) $1\frac{13}{18}$

3 (1) $1\frac{4}{9}+2\frac{5}{6}=1\frac{8}{18}+2\frac{15}{18}$

$$=(1+2)+\left(\frac{8}{18}+\frac{15}{18}\right)$$

$$=3+\frac{23}{18}=3+1\frac{5}{18}=4\frac{5}{18}$$

(2) $3\frac{7}{10}+1\frac{3}{4}=\frac{37}{10}+\frac{7}{4}=\frac{74}{20}+\frac{35}{20}$

$$=\frac{109}{20}=5\frac{9}{20}$$

5 (1) $4\frac{5}{8}-1\frac{3}{10}=4\frac{25}{40}-1\frac{12}{40}=3\frac{13}{40}$

(2) $3\frac{1}{6}-1\frac{4}{9}=\frac{19}{6}-\frac{13}{9}=\frac{57}{18}-\frac{26}{18}$

$$=\frac{31}{18}=1\frac{13}{18}$$

문제 다지기　52~53쪽

52쪽　1 8, 3, 11　2 4, 9, 4, 3, 4, 1

3 3, 2, 9, 10, 19, $1\frac{7}{12}$

4 (1) $\frac{13}{18}$ (2) $6\frac{5}{12}$　5 8, 3, 5

6 4, 1, 3, $1\frac{1}{2}$　7 13, 7, 26, 21, 5

8 (1) $\frac{7}{20}$ (2) $1\frac{5}{18}$

53쪽　1 $\frac{17}{20}$km　2 $6\frac{2}{15}$m　3 $\frac{3}{8}$　4 $\frac{1}{15}$L

5 $1\frac{9}{20}$kg

52쪽

4 (1) $\dfrac{5}{9}+\dfrac{1}{6}=\dfrac{10}{18}+\dfrac{3}{18}=\dfrac{13}{18}$

(2) $2\dfrac{3}{4}+3\dfrac{2}{3}=2\dfrac{9}{12}+3\dfrac{8}{12}=5+\dfrac{17}{12}$

$\qquad\qquad =5+1\dfrac{5}{12}=6\dfrac{5}{12}$

8 (1) $\dfrac{3}{4}-\dfrac{2}{5}=\dfrac{15}{20}-\dfrac{8}{20}=\dfrac{7}{20}$

(2) $2\dfrac{5}{6}-1\dfrac{5}{9}=2\dfrac{15}{18}-1\dfrac{10}{18}=1\dfrac{5}{18}$

53쪽

1 (집에서 학교까지의 거리)

$\quad$ =(집에서 문구점까지의 거리)

$\qquad$ +(문구점에서 학교까지의 거리)

$\quad =\dfrac{1}{4}+\dfrac{3}{5}=\dfrac{5}{20}+\dfrac{12}{20}=\dfrac{17}{20}$(km)

2 (승호가 가지고 있는 테이프의 길이)

$\quad$ =(빨간색 테이프의 길이)

$\qquad$ +(파란색 테이프의 길이)

$\quad =2\dfrac{1}{3}+3\dfrac{4}{5}=2\dfrac{5}{15}+3\dfrac{12}{15}$

$\qquad\qquad =5\dfrac{17}{15}=6\dfrac{2}{15}$(m)

3 가장 큰 분수 : $\dfrac{7}{8}$, 가장 작은 분수 : $\dfrac{1}{2}$

$\quad \rightarrow$ 두 분수의 차 : $\dfrac{7}{8}-\dfrac{1}{2}=\dfrac{7}{8}-\dfrac{4}{8}=\dfrac{3}{8}$

4 $\dfrac{2}{5}-\dfrac{1}{3}=\dfrac{6}{15}-\dfrac{5}{15}=\dfrac{1}{15}$(L)

5 $9\dfrac{1}{4}-7\dfrac{4}{5}=9\dfrac{5}{20}-7\dfrac{16}{20}$

$\qquad\qquad =8\dfrac{25}{20}-7\dfrac{16}{20}=1\dfrac{9}{20}$(kg)

---

1 3, 2, 5　　2 (1) 5, 6, 11　(2) 10, 15, 25, $1\dfrac{7}{18}$

3 (1) $\dfrac{13}{20}$　(2) $1\dfrac{7}{40}$　　4 $\dfrac{12}{35}$　5 5, 8, 13, 3, $4\dfrac{3}{10}$

6 10, 12, 10, 12, 22, 1, 7, $5\dfrac{7}{15}$

7 (1) 15, 14, 15, 14, 29, 1, 5, $4\dfrac{5}{24}$

$\quad$ (2) 21, 19, 63, 38, 101, $4\dfrac{5}{24}$

8 (1) $5\dfrac{1}{20}$　(2) $6\dfrac{7}{12}$　　9 <　10 8, 3, 5

11 (1) $\dfrac{1}{10}$　(2) $\dfrac{7}{24}$　　12 2, 2, 3, $2\dfrac{3}{8}$

13 (1) 15, 34, 51, 34, $1\dfrac{17}{36}$

$\quad$ (2) 41, 35, 123, 70, 53, $1\dfrac{17}{36}$　　14 $2\dfrac{4}{15}$

15 $1\dfrac{17}{24}$　16 <　17 $3\dfrac{7}{15}$　18 $1\dfrac{15}{22}$　19 ∙——∙
$\qquad\qquad\qquad\qquad\qquad\qquad\qquad\qquad\quad$ ∙——∙

20 풀이 참조 ; $4\dfrac{5}{12}$m

---

1 색칠된 칸 수를 세어 분자의 자리에 씁니다.

2 (2) 9와 6의 최소공배수 18로 통분하여 더합니다.

3 (1) $\dfrac{1}{4}+\dfrac{2}{5}=\dfrac{5}{20}+\dfrac{8}{20}=\dfrac{13}{20}$

$\quad$ 4와 5의 곱으로 통분하여 더합니다.

$\quad$ (2) $\dfrac{3}{10}+\dfrac{7}{8}=\dfrac{12}{40}+\dfrac{35}{40}=\dfrac{47}{40}=1\dfrac{7}{40}$

$\quad$ 10과 8의 최소공배수 40으로 통분하여 더합니다.

4 (이틀 동안 읽은 양)$=\dfrac{1}{7}+\dfrac{1}{5}=\dfrac{5}{35}+\dfrac{7}{35}=\dfrac{12}{35}$

5 색칠된 칸 수를 세어 분자에 씁니다.

8 (1) $3\dfrac{1}{4}+1\dfrac{4}{5}=3\dfrac{5}{20}+1\dfrac{16}{20}=4+1\dfrac{1}{20}=5\dfrac{1}{20}$

$\quad$ (2) $2\dfrac{3}{4}+3\dfrac{5}{6}=\dfrac{11}{4}+\dfrac{23}{6}=\dfrac{33}{12}+\dfrac{46}{12}$

$\qquad\qquad =\dfrac{79}{12}=6\dfrac{7}{12}$

9 $1\dfrac{2}{3}+2\dfrac{3}{4}=1\dfrac{8}{12}+2\dfrac{9}{12}=4\dfrac{5}{12}$

$\rightarrow 4\dfrac{5}{12}<4\dfrac{7}{12}$

11 (1) $\dfrac{3}{5}-\dfrac{1}{2}=\dfrac{6}{10}-\dfrac{5}{10}=\dfrac{1}{10}$

(2) $\dfrac{7}{8}-\dfrac{7}{12}=\dfrac{21}{24}-\dfrac{14}{24}=\dfrac{7}{24}$

12 분모를 8로 통분하고, 자연수는 자연수끼리, 분수는 분수끼리 뺍니다.

14 $3\dfrac{3}{5}-1\dfrac{1}{3}=3\dfrac{9}{15}-1\dfrac{5}{15}=2\dfrac{4}{15}$

15 $4\dfrac{5}{6}-3\dfrac{1}{8}=4\dfrac{20}{24}-3\dfrac{3}{24}=1\dfrac{17}{24}$

16 $3\dfrac{13}{24}-2\dfrac{3}{8}=3\dfrac{13}{24}-2\dfrac{9}{24}=1\dfrac{4}{24}=1\dfrac{1}{6}$,

$3\dfrac{2}{3}-2\dfrac{1}{4}=3\dfrac{8}{12}-2\dfrac{3}{12}=1\dfrac{5}{12}$

$\rightarrow 1\dfrac{1}{6}=1\dfrac{2}{12}$이므로 $1\dfrac{2}{12}<1\dfrac{5}{12}$입니다.

17 $5\dfrac{3}{10}-1\dfrac{5}{6}=5\dfrac{9}{30}-1\dfrac{25}{30}=4\dfrac{39}{30}-1\dfrac{25}{30}$

$=3\dfrac{14}{30}=3\dfrac{7}{15}$

18 $4\dfrac{2}{11}-2\dfrac{1}{2}=\dfrac{46}{11}-\dfrac{5}{2}=\dfrac{92}{22}-\dfrac{55}{22}$

$=\dfrac{37}{22}=1\dfrac{15}{22}$

19 $3\dfrac{2}{9}-1\dfrac{3}{4}=3\dfrac{8}{36}-1\dfrac{27}{36}$

$=2\dfrac{44}{36}-1\dfrac{27}{36}=1\dfrac{17}{36}$,

$4\dfrac{7}{36}-2\dfrac{5}{6}=4\dfrac{7}{36}-2\dfrac{30}{36}$

$=3\dfrac{43}{36}-2\dfrac{30}{36}=1\dfrac{13}{36}$

20 예 (남은 털실의 길이)

$=8\dfrac{1}{6}-3\dfrac{3}{4}=8\dfrac{2}{12}-3\dfrac{9}{12}=7\dfrac{14}{12}-3\dfrac{9}{12}$

$=(7-3)+\left(\dfrac{14}{12}-\dfrac{9}{12}\right)=4+\dfrac{5}{12}=4\dfrac{5}{12}$입니다.

6단원 다각형의 둘레와 넓이

교과서 핵심개념

1 (1) $12\,\text{cm}$　(2) $20\,\text{cm}$　**2** (1) $10\,\text{cm}^2$　(2) $16\,\text{cm}^2$

3 (1) $12\,\text{cm}^2$　(2) $14\,\text{m}^2$　**4** (1) $10\,\text{cm}^2$　(2) $24\,\text{cm}^2$

5 (1) $20\,\text{m}^2$　(2) $32\,\text{m}^2$

4 (1) $4\times5\div2=10\,(\text{cm}^2)$

(2) $8\times6\div2=24\,(\text{cm}^2)$

5 (1) $8\times5\div2=20\,(\text{m}^2)$

(2) $(6+10)\times4\div2=16\times4\div2=32\,(\text{m}^2)$

문제 다지기

60쪽　**1** $5\,\text{cm}$　**2** $34\,\text{cm}$　**3** $10,\,8$　**4** $176\,\text{cm}^2$

5 8　**6** 16　**7** $27\,\text{cm}^2$　**8** $81\,\text{cm}^2$

9 $108\,\text{cm}^2$

61쪽　**1** $81\,\text{m}^2$　**2** $60\,\text{cm}^2$

3 (1) $128\,\text{m}^2$　(2) $416\,\text{m}^2$

4 (1) $612\,\text{cm}^2$　(2) $648\,\text{cm}^2$

60쪽　**1** 둘레가 $45\,\text{cm}$이므로 한 변의 길이는

$45\div9=5\,(\text{cm})$입니다.

2 $(12+5)\times2=17\times2=34\,(\text{cm})$

4 (도화지의 넓이)=(가로)×(세로)

$=11\times16=176\,(\text{cm}^2)$

5 $10\times\square=80,\ \square=80\div10=8$

6 $\square\times9\div2=72,\ \square=72\times2\div9=16$

7 $6\times9\div2=27\,(\text{cm}^2)$

8 $18\times9\div2=81\,(\text{cm}^2)$

9 $27+81=108\,(\text{cm}^2)$

61쪽　**1** (직사각형의 둘레)

$=(12+6)\times2=36\,(\text{m})$이므로

(정사각형의 한 변의 길이)

$=36\div4=9\,(\text{cm})$입니다.

$\rightarrow$ (정사각형의 넓이)$=9\times9=81\,(\text{m}^2)$

2 (밑변의 길이)$\times 2=36-6\times 2=24$(cm)
이므로 밑변의 길이는 12cm입니다.
→ (평행사변형의 넓이)
$=12\times 5=60$(cm^2)

3 (1) $16\times 16\div 2=128$(m^2)
(2) $32\times 26\div 2=416$(m^2)

4 (1) $(32+19)\times 24\div 2=612$(cm^2)
(2) $(47+25)\times 18\div 2=648$(cm^2)

단원 마무리 62~64쪽

1 32cm   **2** 26cm   **3** ㉢   **4** 9cm^2 **5** 8cm
6 121cm^2 **7** (1) 40000 (2) 6 (3) 7000000
(4) 3 **8** 3cm   **9** 48m^2 **10** 13cm   **11** 18cm
12 ㉡, ㉠, ㉢   **13** (1) 24m^2 (2) 12m^2 **14** 12cm
15 풀이 참조 ; 25 **16** 125m^2 **17** 12 **18** 72cm^2
19 26cm^2 **20** (1) 12 (2) 15

1 $8\times 4=32$(cm)

2 (평행사변형의 둘레)$=\{($가로$)+($세로$)\}\times 2$
$=(8+5)\times 2=26$(cm)

4 1cm^{2}인 작은 정사각형이 9개가 있으므로 9cm^{2}입니다.

5 (직사각형의 넓이)$=($가로$)\times($세로$)$이므로
세로는 $120\div 15=8$(cm)입니다.

6 (정사각형의 둘레)$=($한 변의 길이$)\times 4$이므로
한 변의 길이는 $44\div 4=11$(cm)입니다.
정사각형의 넓이는 $11\times 11=121$(cm^2)입니다.

8 높이는 두 밑변 사이의 거리로 1cm인 모눈 3칸이므로 3cm가 됩니다.

9 밑변의 길이 6m, 높이 8m
→ (넓이)$=6\times 8=48$(m^2)

10 (평행사변형의 넓이)$=($밑변의 길이$)\times($높이$)$이므로 $104\div 8=13$(cm)입니다.

11 (정사각형의 넓이)$=12\times 12=144$(cm^2)
평행사변형의 높이를 □cm라고 하면
$8\times$□$=144$, □$=144\div 8=18$(cm)입니다.

12 평행선 사이의 거리가 같으므로 세 삼각형의 높이는 같습니다. 높이가 일정한 삼각형의 넓이는 밑변의 길이가 길수록 넓습니다.

13 (1) 밑변의 길이 8m, 높이 6m
→ (넓이)$=8\times 6\div 2=24$(m^2)
(2) 밑변의 길이 6m, 높이 4m
→ (넓이)$=6\times 4\div 2=12$(m^2)

14 (삼각형의 넓이)$=($밑변의 길이$)\times($높이$)\div 2$이므로 높이는 $108\times 2\div 18=216\div 18=12$(cm)입니다.

15 예 밑변의 길이 15cm, 높이 20cm인 삼각형의 넓이는 밑변의 길이 □cm, 높이 12cm인 삼각형의 넓이와 같습니다. $15\times 20\div 2=$□$\times 12\div 2$이므로 □$=150\div 6=25$입니다.

16 색칠한 마름모의 넓이는 (직사각형의 넓이)$\div 2$입니다.
→ $25\times 10\div 2=125$(m^2)

17 $7\times$□$\div 2=42$, $7\times$□$=84$, □$=12$

18 두 대각선의 길이가 각각 12cm이므로
(마름모의 넓이)$=12\times 12\div 2=72$(cm^2)입니다.

19 (사다리꼴의 넓이)
$=(5+8)\times 4\div 2=13\times 4\div 2=26$(cm^2)

20 (1) □는 사다리꼴의 높이입니다.
→ $(8+16)\times$□$\div 2=144$,
$24\times$□$\div 2=144$, □$=12$
(2) □는 사다리꼴의 아랫변입니다.
→ $(13+$□$)\times 7\div 2=98$, $13+$□$=28$,
□$=15$

익힘 마스터

■ 1. 자연수의 혼합 계산

2~6쪽

1 (1) 11 (2) 23 (3) 22　2 (1) 48 (2) 15
3 19+17−33=3 ; 3명
4 (1) 48÷6에 ○표 (2) 6×2에 ○표
5 (1) 14 (2) 18 (3) 48　6 (1) 27 (2) 0 (3) 6 (4) 28
7 7×12÷4=21 ; 21자루
8 예 72÷(4×3)=6 ; 6시간　9 (1) 28 (2) 105
10 > ; 풀이 참조
11 2000−200×8+500=900 ; 900원
12 45−(3+4)×5=10 ; 10개
13 (1) 48÷8에 ○표 (2) 21−15에 ○표
14 (1) 69 (2) 13 (3) 29　15 풀이 참조
16 12÷6+9÷3=5 ; 5모둠
17 예 5000−(800+4800÷12)=3800 ; 3800원
18 ㉡, ㉣, ㉠, ㉢　19 (1) 45 (2) 55 (3) 36
20 (1) 7 (2) 30
21 풀이 참조 ; 16 ; 8 ; 8, 48 ; 56 ; 26
22 140÷7+8×3−35=9 ; 9개
23 (1) (위쪽부터) 4 ; 6, 4 (2) (위쪽부터) 3 ; 24, 3
(3) (위쪽부터) 21 ; 3, 15, 21
(4) (위쪽부터) 30 ; 28, 7, 5, 30
24~27 풀이 참조
28 예 10000−(500×4+2800+5600÷2)
=2400 ; 2400원

10 56−4+2×6=56−4+12
=52+12=64
56−(4+2)×6=56−6×6
=56−36=20

15 42+(36−18)÷3=42+18÷3
=42+6
=48

21 (20−4)÷2+3×16−30

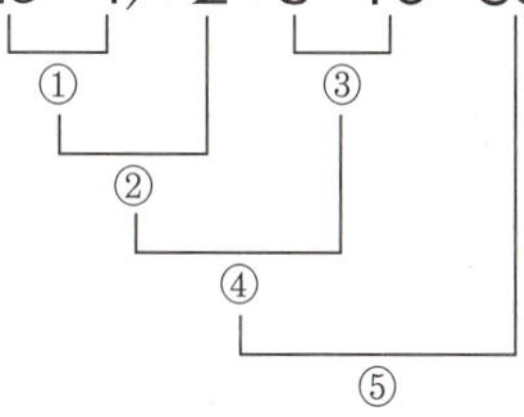

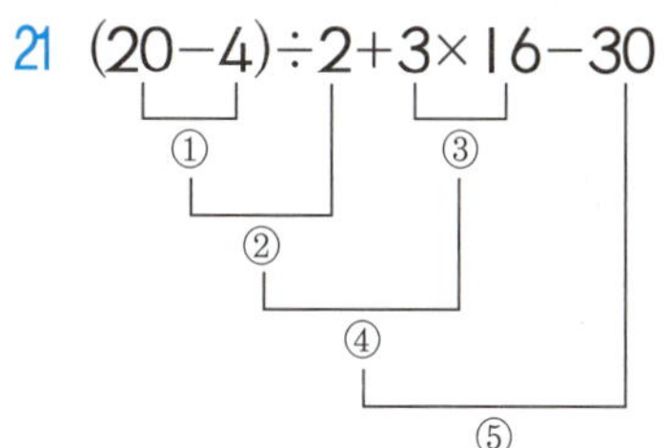

24 16+8−(3+7)=16+8−10
=24−10
=14

25 8×12÷6=96÷6
=16

26 20+2×9−8=20+18−8
=38−8
=30

27 10−{15−(9−3)}÷3=10−(15−6)÷3
=10−9÷3
=10−3
=7

■ 2. 약수와 배수

7~11쪽

1 1, 2, 7, 14 ; 1, 2, 7, 14　2 2, 4, 6, 8, 10
3 (1) 3, 6, 9, 12, 15 (2) 4, 8, 12, 16, 20
4 (○)(×)　5 12　6 112　7 11번
(×)(○)
8 (1) 2, 4, 5, 10, 20 (2) 2, 4, 5, 10, 20
9 (1) 배수 (2) 약수
10 24, 12, 8, 6 ; 3, 4, 6, 8, 12, 24 ;
3, 4, 6, 8, 12, 24
11 예 24　12 (1) 1, 2, 3, 4, 6, 12 (2) 12
13 (1) 1, 3, 7, 21 (2) 1, 5, 7, 35 (3) 1, 7 (4) 7
14 (1) 1, 3, 5, 15 (2) 1, 2, 3, 6, 9, 18 (3) 1, 3
(4) 3　15 1, 2, 4, 11, 22, 44　16 7명
17 2, 2, 4　18 3 ; 3, 9　19 ㉡　20 8명
21 (1) 20, 40, 60 (2) 20
22 (1) 3, 6, 9, 12, 15 (2) 5, 10, 15, 20, 25
(3) 15, 30, 45, 60, 75 (4) 15　23 6, 12, 18
24 3, 4, 72　25 7, 2, 3 ; 7, 2, 3, 84　26 36
27 2번　28 1명, 2명, 3명, 6명, 9명, 18명에 ○표
29 20, 24, 28에 ○표　30

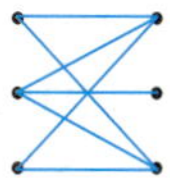

31 16 ; 96
32 2송이 ; 3송이
33 12주 후
34 1, 2, 5, 10　35 60분, 오전 9시

5 $9 \to 3$개, $12 \to 6$개, $16 \to 5$개, $19 \to 2$개

7 $60 \div 6 = 10$(번), 오전 8시부터 출발하므로
   $10 + 1 = 11$(번)입니다.

19 ㉠ 4 ㉡ 6 ㉢ 3

27 3과 4의 최소공배수 : 12
    → 12분 후, 24분 후

■ 3. 규칙과 대응
12~15쪽

1 △△△△△   2 14 ; 40   3 25개
   4 풀이 참조

5 (1) 8, 12, 16 (2) 풀이 참조

6 (1) 6, 9, 12 (2) 풀이 참조   7 2도막   8 3번

9 4, 5, 6   10 △+1, □−1

11 ○=◇×7, ◇=○÷7

12 (1) 8 (2) 4 (3) △=10−○, ○=10−△

13 10, 15, 20   14 풀이 참조   15 45개   16 8팩

17 13, 14, 15   18 풀이 참조   19 (왼쪽부터) 3, 12

20 ○=△+1 또는 △=○−1   21 3, 4, 5, 6

22 14개   23~26 풀이 참조

27 △=□−25 또는 □=△+25   28 27, 36

4 ⑩ 사각형의 수는 삼각형의 수의 2배입니다.

5 (2) ⑩ 자동차의 바퀴의 수는 자동차의 수의 4배
   입니다.

6 (2) ⑩ 의자의 수는 탁자의 수의 3배입니다.

14 ⑩ (요구르트의 수)=(요구르트 팩의 수)×5

18 ⑩ (현진이의 나이)=(연도)−2003

23 ⑩ 삼각형의 수는 사각형의 수에 2를 더한 것입
    니다.

24 ⑩ (삼각형의 수)=(사각형의 수)+2

25 □×3=△ 또는 △÷3=□

26 □÷4=△ 또는 △×4=□

■ 4. 약분과 통분
16~20쪽

1 같은에 ○표

2 (1) ⑩ 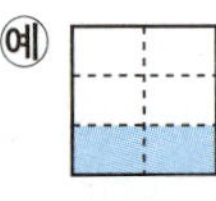 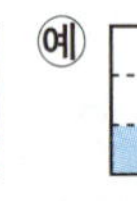   (2) 예

3 3조각   4 (1) 6, 12, 12 (2) 8, 5

5 $\dfrac{12}{27}$, $\dfrac{36}{81}$, $\dfrac{20}{45}$에 ○표   6 $\dfrac{16}{56}$, $\dfrac{18}{63}$ 7 $\dfrac{12}{30}$

8 (1) $\dfrac{6}{9}$, $\dfrac{4}{6}$, $\dfrac{2}{3}$ (2) $\dfrac{15}{20}$, $\dfrac{6}{8}$, $\dfrac{3}{4}$

9 (1) 9, 9, $\dfrac{2}{5}$ (2) 36, 36, $\dfrac{1}{2}$ 10 (1) $\dfrac{1}{4}$ (2) $\dfrac{2}{5}$

11 $\dfrac{5}{7}$, $\dfrac{11}{14}$에 ○표   12 2, 3, 6   13 $\dfrac{56}{72}$

14 1, 3, 5, 7   15 4, $\dfrac{6}{12}$, 9, $\dfrac{12}{18}$; 12, 18

16 12, 25   17 12, 24, 36

18 12, $\dfrac{36}{96}$; 8, $\dfrac{40}{96}$; $\dfrac{36}{96}$, $\dfrac{40}{96}$

19 3, $\dfrac{9}{24}$; 2, $\dfrac{10}{24}$; $\dfrac{9}{24}$, $\dfrac{10}{24}$ 20 $\dfrac{45}{63}$, $\dfrac{14}{63}$

21 (1) 10, 9 ; > (2) 10, 12 ; <   22 (1) > (2) >

23 6, > ; 15, 14 ; > ; 9, > ; $\dfrac{7}{12}$, $\dfrac{5}{8}$, $\dfrac{3}{4}$

24 (위쪽부터) $\dfrac{11}{12}$; $\dfrac{4}{5}$, $\dfrac{11}{12}$ 25 (1) = (2) >

26 1.3, $1\dfrac{1}{5}$, $\dfrac{4}{5}$, 0.7   27 $\dfrac{1}{2}$; $\dfrac{4}{8}$

28 $\dfrac{3}{7}$, $\dfrac{24}{56}$에 ○표   29 5, 15 ; 4, 8   30 $\dfrac{3}{4}$

31 4, 20 ; 3, 15   32 $\dfrac{5}{6}$

33 ⑩ ◐ ⑩ ◕ ; $\dfrac{3}{4}$, $\dfrac{2}{3}$, 0.5

■ 5. 분수의 덧셈과 뺄셈
21~25쪽

1 2 ; ⑩ ▭ ; ⑩ ▭ ; 1 ; 2, 1, 3, 1

2 4, 3, 8, 3, $\dfrac{11}{12}$ 3 2, 4, 3, $\dfrac{7}{10}$

4 (1) $\dfrac{11}{12}$ (2) $\dfrac{29}{36}$ 5 $\dfrac{11}{15}$컵

6 3, 4, 9, 8, 17, $1\dfrac{5}{12}$ 7 20, 9, 29, $1\dfrac{5}{24}$

8 (1) $1\dfrac{7}{24}$ (2) $1\dfrac{12}{35}$ 9 [풀이 참조]   10 $1\dfrac{17}{60}$ kg

11 15, 7, 15, 7, 22, $4\dfrac{1}{21}$

12 7, 14, 25, $4\dfrac{1}{6}$ 13 (1) $4\dfrac{19}{36}$ (2) $4\dfrac{5}{39}$

14 (1) 풀이 참조 (2) 풀이 참조

15 3 ; 예 [그림] ; 예 [그림] ; 2 ; 3, 2, 1

16 9, 4, $\dfrac{5}{12}$ 17 2, 2, 4, 3, $\dfrac{1}{10}$

18 (1) $\dfrac{7}{12}$ (2) $\dfrac{13}{36}$ 19 $\dfrac{4}{15}$ 큰 술

20 7, 11, 14, 11, $\dfrac{3}{8}$

21 10, 2, 1, 10, 7, 1, 3, $1\dfrac{1}{4}$ 22 (1) $4\dfrac{1}{4}$ (2) $2\dfrac{4}{9}$

23 (1) 풀이 참조 (2) 풀이 참조

24 11, 3, 22, 15, $\dfrac{7}{10}$ 25 3, 9, 9, 4, $1\dfrac{2}{3}$

26 (1) $\dfrac{4}{9}$ (2) $1\dfrac{11}{14}$ 27 >   28 $3\dfrac{17}{24}$ 컵

29 (1) $\dfrac{19}{20}$ (2) $\dfrac{3}{10}$ 30 $1\dfrac{1}{12}$

31 (1) $2\dfrac{17}{24}$ (2) $3\dfrac{2}{15}$ 32 >   33 $1\dfrac{1}{3}$

34 풀이 참조   35 풀이 참조

14 (1) $2\dfrac{3}{5}+1\dfrac{3}{10}=2\dfrac{6}{10}+1\dfrac{3}{10}$

$$=(2+1)+\left(\dfrac{6}{10}+\dfrac{3}{10}\right)$$

$$=3+\dfrac{9}{10}=3\dfrac{9}{10}$$

(2) $2\dfrac{3}{5}+1\dfrac{3}{10}=\dfrac{13}{5}+\dfrac{13}{10}=\dfrac{26}{10}+\dfrac{13}{10}$

$$=\dfrac{39}{10}=3\dfrac{9}{10}$$

23 (1) $2\dfrac{1}{4}-1\dfrac{1}{6}=2\dfrac{3}{12}-1\dfrac{2}{12}$

$$=(2-1)+\left(\dfrac{3}{12}-\dfrac{2}{12}\right)$$

$$=1+\dfrac{1}{12}=1\dfrac{1}{12}$$

(2) $2\dfrac{1}{4}-1\dfrac{1}{6}=\dfrac{9}{4}-\dfrac{7}{6}=\dfrac{27}{12}-\dfrac{14}{12}$

$$=\dfrac{13}{12}=1\dfrac{1}{12}$$

34 $\dfrac{5}{14}-\dfrac{3}{10}=\dfrac{5\times5}{14\times5}-\dfrac{3\times7}{10\times7}$

$$=\dfrac{25}{70}-\dfrac{21}{70}=\dfrac{4}{70}=\dfrac{2}{35}$$

35 이유 : 예 $\dfrac{1}{3}$ 을 $\dfrac{3}{9}$ 으로 바꾸어 계산해야 하는데

분모만 9로 바꾸어 계산했습니다.

바른 계산 : $\dfrac{4}{9}-\dfrac{1}{3}=\dfrac{4}{9}-\dfrac{3}{9}=\dfrac{1}{9}$

■ 6. 다각형의 둘레와 넓이

26~32쪽

1 (1) 15 cm (2) 35 cm   2 6

3 (1) 16 cm (2) 14 cm   4 (1) 8 cm (2) 12 cm

5 2 cm   6 예 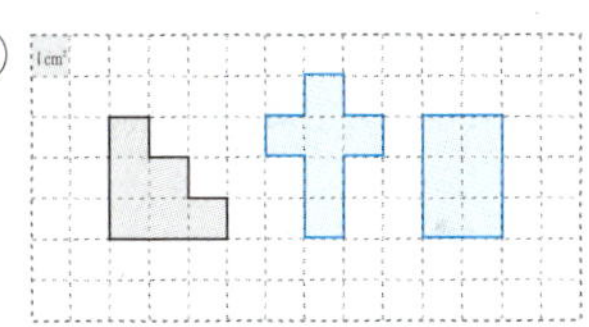

7 6 cm² ; 10 cm²   8 5, 35   9 (1) 84 (2) 169

10 24 cm²   11 (1) 10000 (2) 5 (3) 1 (4) 8000000

12 28   13 (1) 8 (2) 9   14 예 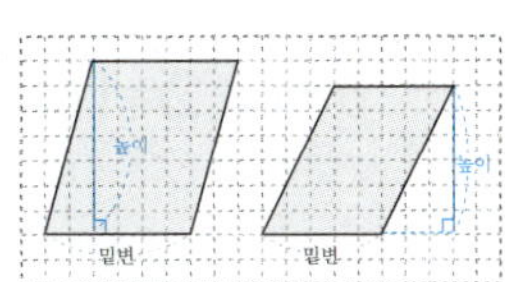

15 24   16 50   17 21   18 9   19 13   20 14

21 예 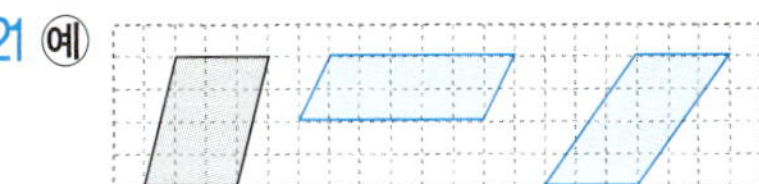

22 (1) (2) 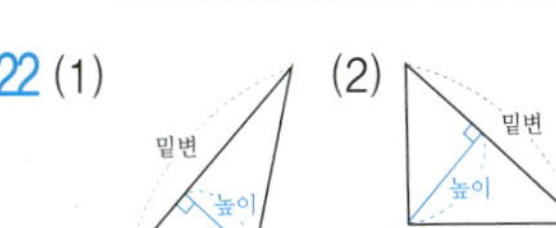   23 20   24 21

25 8 cm   26 8   27 5   28 (위쪽부터) 6, 12 ; 8, 20

29 예 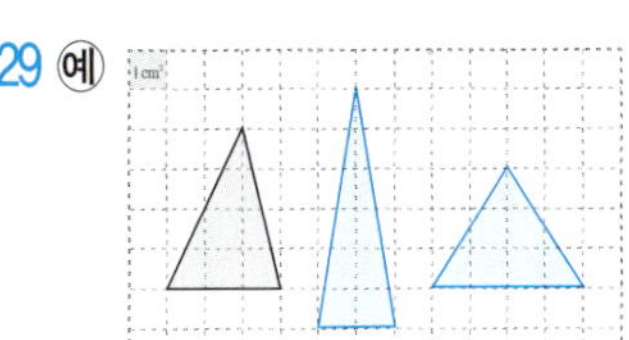

30 (1) 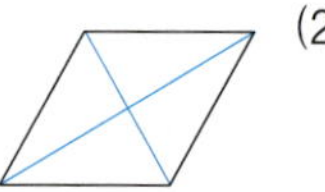 (2) 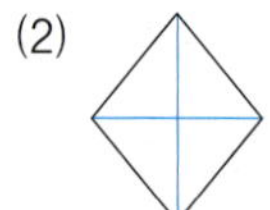

31 직사각형, 한 대각선의 길이　**32** 33

33 (1) 16　(2) 20　**34** ㉠ 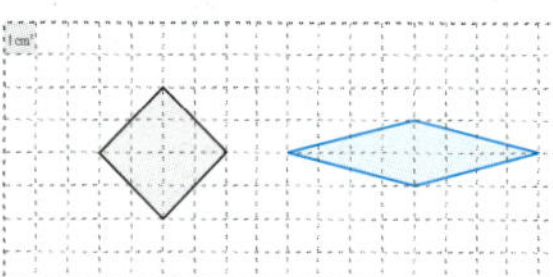

35 1120 cm²　**36** 윗변 ; 높이　**37** 63　**38** 112

39 120 m²　**40** 8　**41** 8　**42** 7, 4, 22

43 ㉠ 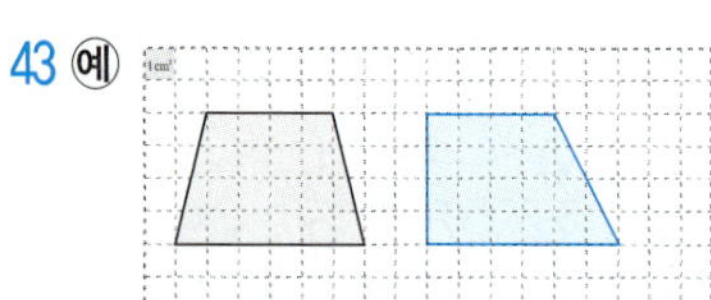

44 ㉠ 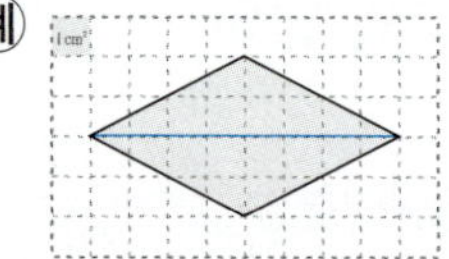　**45** 20 m²　**46** 9

47 60 m²

48 풀이 참조

48 은민　㉠ 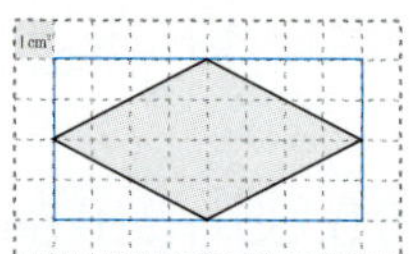

㉠ 삼각형 2개로 나누어 합을 구하면
$$8 \times 2 \div 2 + 8 \times 2 \div 2 = 16(cm^2)$$입니다.

세윤

㉠ 직사각형의 넓이를 반으로 나누면
$$8 \times 4 \div 2 = 16(cm^2)$$입니다.

1 48　**2** >　**3** ②　**4** 150원

5 (1) 2, 3　(2) 18, 36　**6** (1) 15, 배수　(2) 15, 약수

7 8 ; 96　**8** 6명　**9** □÷2, △×2　**10** 48번

11 (1) 4, $\dfrac{8}{36}$　(2) 3, $\dfrac{4}{10}$

12 (1) $\dfrac{25}{30}$, $\dfrac{9}{30}$　(2) $\dfrac{7}{12}$, $\dfrac{9}{12}$　**13** (1) <　(2) >

14 >　**15** (1) $8\dfrac{7}{12}$　(2) $1\dfrac{13}{24}$　**16** $1\dfrac{7}{40}$ m

17 (1) 72 cm　(2) 110 cm　**18** 588 m²　**19** 18 cm

20 8 m

1 29+□=★이라 하면 100−★=23에서
★=77입니다.
29+□=77, □=48

2 18×(3+5)=18×8=144,
18×3+5=54+5=59
→ 144>59

3 20+48÷8×3−7×5
　　　└─┘
　　　　①

4 3000−(300×5+450×3)
=3000−(1500+1350)
=3000−2850=150(원)

5 (1) 6의 약수는 1, 2, 3, 6입니다.
(2) 9의 배수는 9, 18, 27, 36……입니다.

6 3을 5배, 5를 3배 한 수 15는 3과 5의 배수입니다. 15를 나누어떨어지게 하는 수 3과 5는 15의 약수입니다.

7
$$\begin{array}{r} 2\,)\underline{24\ \ 32} \\ 2\,)\underline{12\ \ 16} \\ 2\,)\underline{\ \ 6\ \ \ 8} \\ 3\ \ \ 4 \end{array}$$
최대공약수 : 2×2×2=8
최소공배수 :
2×2×2×3×4=96

8 18과 30의 최대공약수는 6입니다.
공책 18÷6=3(권)과 연필 30÷6=5(자루)를 6명에게 나누어 줄 수 있습니다.

9 △는 □를 2로 나눈 수입니다. 또는 □는 △를 2배 한 수입니다.

10 장구를 치는 횟수는 북을 치는 횟수의 8배입니다.

→ $6 \times 8 = 48$(번)

11 (1) 분모와 분자에 각각 0이 아닌 같은 수를 곱하면 크기가 같은 분수가 됩니다.

(2) 분모와 분자를 각각 0이 아닌 같은 수로 나누면 크기가 같은 분수가 됩니다.

12 (1) 6과 10의 최소공배수는 30입니다.

(2) 12와 4의 최소공배수는 12입니다.

13 두 분수를 통분하여 크기를 비교합니다.

(1) $\left(\dfrac{6}{7}, \dfrac{7}{8}\right) \rightarrow \left(\dfrac{48}{56}, \dfrac{49}{56}\right) \rightarrow \dfrac{48}{56} < \dfrac{49}{56}$

(2) $0.4 = \dfrac{4}{10} = \dfrac{2}{5}$입니다.

$\left(\dfrac{7}{15}, \dfrac{2}{5}\right) \rightarrow \left(\dfrac{7}{15}, \dfrac{6}{15}\right) \rightarrow \dfrac{7}{15} > \dfrac{6}{15}$

14 $\dfrac{3}{16} + \dfrac{5}{12} = \dfrac{9}{48} + \dfrac{20}{48} = \dfrac{29}{48}$,

$\dfrac{5}{6} - \dfrac{3}{8} = \dfrac{20}{24} - \dfrac{9}{24} = \dfrac{11}{24} = \dfrac{22}{48}$

$\rightarrow \dfrac{29}{48} > \dfrac{22}{48}$

15 (1) $6\dfrac{5}{6} + 1\dfrac{3}{4} = 6\dfrac{10}{12} + 1\dfrac{9}{12}$

$= (6+1) + \left(\dfrac{10}{12} + \dfrac{9}{12}\right)$

$= 7 + \dfrac{19}{12} = 7 + 1\dfrac{7}{12} = 8\dfrac{7}{12}$

(2) $3\dfrac{3}{8} - 1\dfrac{5}{6} = 3\dfrac{9}{24} - 1\dfrac{20}{24} = 2\dfrac{33}{24} - 1\dfrac{20}{24}$

$= (2-1) + \left(\dfrac{33}{24} - \dfrac{20}{24}\right)$

$= 1 + \dfrac{13}{24} = 1\dfrac{13}{24}$

16 $2\dfrac{4}{5} - 1\dfrac{5}{8} = 2\dfrac{32}{40} - 1\dfrac{25}{40} = 1\dfrac{7}{40}$(m)

17 (1) $9 \times 8 = 72$(cm)

(2) $(35 + 20) \times 2 = 55 \times 2 = 110$(cm)

18 (평행사변형의 넓이) = (밑변의 길이) × (높이)

$= 28 \times 21 = 588$(m^2)

19 (삼각형의 넓이) = $\square \times 11 \div 2 = 99$,

$\square = 99 \times 2 \div 11 = 198 \div 11 = 18$(cm)

20 높이를 $\square$라고 하면,

사다리꼴의 넓이는 $(7+9) \times \square \div 2 = 64$입니다.

$16 \times \square = 64 \times 2 = 128 \rightarrow \square = 128 \div 16 = 8$

memo

정답과 풀이

정답과 풀이